U0280183

PERFUME

A Century of Scents

香水

一个世纪的气味

Lizzie Ostrom

［英］莉齐·奥斯特罗姆 著

刘若欣 顾晨曦 译

李孟苏 审校

重庆大学出版社

目录

The Theatrical Teens

The Roaring Twenties

序言｜百种香水 百年留香

气味是人类历史发展进程中悄无声息、如影随形的伴侣。清晨，我们会喷或涂一点香水驱散我们眼中的睡意，而晚上，在这个游玩嬉戏的最佳时刻，香水更是与我们形影不离，让我们独领风骚。有些香水会像考拉一样黏在主人身上，直到死亡将他们分离。另一些则没那么幸运，也许就流行几年或者几个月，很快便被后起之秀取代。还有一些则化身为生命中某个阶段或记忆的载体：我的第一瓶香水、大学时期、旅行时光、曾被小偷光顾过的潮湿公寓，还有不愿再提及的六个月，等等。

站在胜利阶梯上的政客们散发着意气风发的气息，当他们走下政坛时，气味也随之散去。演员们使用香水是为了更好地进入即将扮演的下一个角色。它甚至出现在谈判、角力、犯罪、聚会、演出和诱惑，以及任何声名狼藉又平淡无奇的场景中，并扮演支持其主人、为主人增强信心的角色。气味，根据使用者和使用目的的不同，意味着权力、解放、美丽、堕落、归属或者逃避。它可以代表一项运动、一个部落、一种亚文化。它可以代表传统，或被摒弃的过去，就像20世纪60年代的广藿香精油一样。即使某人去世了，气味也能以某种形式重现他：就像我们虽然无法再和逝去的爱人面对面说话，但是我们依然能闻到他们衣服上的味道，仿佛他们刚刚脱下最喜欢的毛衣。

在早期的销售中，香水是一个自我膨胀的产品：贴着令人难以接受的价格标签，吹嘘自己的潜力。这是它的策略。毕竟，这是经过精心配制的酒精。香水是最放纵的乐趣之一，因为在这个崇尚环境卫生和广泛使用消毒剂的时代，我们很少需要掩盖臭味，它高高地站在马斯洛需求层次的顶端，仿佛天堂里天使头上的光环。当别人向我们推销香水时，被推销给我们的还有我们从未触及的生活方式。当然，性爱也是其中的一部分，不论是在可以眺望埃菲尔铁塔的阁楼，或是在被仔细清理过的、散发着清香的草地。当模特躺在草坪上、躺椅上、床上或悬崖顶上时，香水也出售一种改变心情的慵懒，一种自由的、无忧无虑的、波澜不惊的情绪。在不断被吸引到香水国度的过程中，我们发现，香水似乎让人琢磨不透，我们所熟悉的商业广告都宣泄着一些乖张的情绪，似乎毫无逻辑可言。比如："她了解他的灵魂。这是属于他们的，他们的时刻。"

后来它走进了梦幻之地，但在当时，人们认为香水很可能会成为下一件"皇帝的新衣"，比瓶装矿泉水更加给人招摇撞骗的感觉。音乐是时代的脉搏，是动荡和改革的前兆。时尚展示了自我表达和接受能力。但是香水呢？似乎太微不足道，不是吗？它还能表达些什么呢？

有人告诉我们，嗅觉是打开记忆的神奇钥匙，有时候我们的记忆里的确有一幅生动的画面与一种特殊气味联系在一起。幸运的话，它可能来自我们童年一个田园牧歌般的时刻，那时我们建造了树屋，为松鼠们举办了一场茶话会。如果不走运，它可能来自教室，我们遭遇了校园暴力。然而，当闻到不太熟悉的气味时，比如另一个人外套的气味，会有这样一种感觉：好像自己被绑架，被蒙住了双眼，迷失方向，感觉到达某个地方，却无法分辨到底是哪里。识别出一种气味，但对它的身份感到完全困惑，这足够令人沮丧。后来，一个朋友告诉我们"那是帕科香水（Paco Rabanne）"，这句话带领我们走出迷雾，这是一个解脱的时刻。这一刻，仿佛魔方已还原！世界恢复和平。香水让我们变得不再索然无味，但我们应该如何开始阐述它在历史中扮演的重要角色呢？

其实，几乎所有人都是品味香水的行家。我们可能无法解读每个香水的香调和原料或记住每一个香水品牌，但我们善于判断，靠嗅觉分辨闻到的气味。这些判断对我们来说是因人而异的，一旦产生了便不可动摇:“那味道很年轻。这个闻起来像我奶奶的味道。那边的那个闻起来很香。这个瓶子很便宜。这个挺昂贵的。这瓶香水是为嬉皮士量身打造的。这个是一夜情香水。”如果我们能把这些气味——廉价的、妖艳的、陈旧的——聚在一起，那我们就是在观看大卫·林奇（David Lynch）的电影。

在理解我们——无论是作为共同体还是个体——对香味如何反应的过程中，我们便可以开始讲述这个无形的参考点在20世纪究竟扮演着怎样的角色。50年前，香水是人们可望却不可即之物，代表激情和危险，现在却变得稀松平常，我们能从碰到的任何人身上嗅到香水的味道，无论是年方二八的女子还是白发苍苍的老太太。同样的现象还出现在我们对基督教名字是传统还是新潮的评价，或者对十年前制作的电视节目的评价，曾经代表了时代的新鲜血液，现在看来却显得模糊和过时。

香水反映的是一个时代最具吸引力、最令人激动兴奋的气味，而我们此刻的焦点——纷繁复杂的20世纪——对于我们今天所熟悉的香水产业的形成起着至关重要的作用。在这个一百年里，我们决定将香水直接喷洒在皮肤上，而不再是手帕上。它见证某些气味与性别画上等号，被人们定义为“男性香水”或“女性香水”。在这样一个化学创新不断进步的百年里，香水制造商们发现了成百上千种新分子，不再受到有限的自然材料和香水类型的限制。这引发了各种新奇气味和气味效果的爆发式增长，比如芳香化学剂“Calone”——又称西瓜酮——在20世纪80年代催生了海洋味香水，带给人们在海草间潜泳的感受。我们可能不知道这些材料的名称，但我们能通过嗅觉辨别它们的味道。

那么香水使用者该如何定义呢？正如20世纪的许多消费品一样，我们看到香水在当时是精英阶层和有闲阶层特有的伙伴，而到了现在，逐渐从高端艺术品转变成了面向大众市场的商品。由于价格合理，香水已经走进了千家万户，人们被越发精巧的营销手段所吸引，被名人效应所影响，香水影响中心也从欧洲——尤其是法国——转移到美国。

谈到20世纪，我们实际上是在怀旧。一场有关过去一百年里的气味的考证为我们提供了一个机会，可以重温那些我们曾经用过的，也许还在享受的香水，或那些我们的母亲、父亲和朋友们曾经用过的，而我们想要却从未敢用的香水。如果让时间倒退得更久远些，那些我们快要忘记的人——我们的曾祖父母和他们的祖先们——的气味为我们打开了一扇窗，想象他们生活的世界，仿佛通过同样的香味，我们也能呼吸当年一样的空气。

在这里，我不得不预警：这本关于香水之旅的书籍中提及的一些香水已经消失了，特别是20世纪初出品的。最近几十年，也有一些走下神坛，很快从货架上消失。在我选择的香水中，还有许多至今仍在生产，但也改良了配方——无论更保守还是更大胆——这样它们才能跟上商业市场日新月异的变化，或许是出于应对监管压力，或许是因为曾经唾手可得的原料现在变得困难、昂贵。一款20世纪20年代的香水可能使用最初的名字发布新款，继续为人们提供快乐，但有些人可能会认为它完全是一款新的香水。

你可能还想知道，为何本书会讲述那些如渡渡鸟般已经消失的香水，有什么意义呢？我们可以通过泛黄的老照片重新制作旧款礼服，但不可能轻易地复制出渐渐消失的香味。香水瓶里的液体当然不是故事的全部，我们仍可以享受挖掘那些已经退出舞台的香水的乐趣。即使对于那些现成的、等着我们去探索的香水，我们要做的也不仅仅是描述香味。就像我们会为了封面购买书籍，我们选购香水时，也会考虑名字、广告语或者代言明星，有时甚至仅凭这些信息，在香水喷洒到皮肤之前就爱上了它。

这就是为什么，在这本书中，我们选择了一百种香水——每十年选取十种香水——每一种香水都讲述着不同的故事。有些是其创造者技艺的极致体现，设计天衣无缝，通过层层剥离，将独特的美丽展示在世人面前，并获得罕见的荣誉，被世人称作“经典”。有些“消失的香水”在属于它们的时代里，收获无数赞赏，现在却越来越模糊，比如：黑缎（Black Satin）、催眠（Hypnotique）、白色香肩（White Shoulders）。有些香水之所以入选，因为它们中肯地传达出所处时代的信息，完美地概括了当时的生活态度、社会焦点、文化，而这一切都体现在香水本身或者香水瓶设计上（20世纪的香水瓶真是形态万千：细管状玻璃瓶、自由女神像，更有甚者，手榴弹形状）。

让我们直奔正题，准备好了吗？有少数香水在工艺方面受到质疑——只能说它们勉强达到了“香水”的标准［比如：门依（Mennen）的“须后水”（Skin Bracer），似乎还有其他品牌？］。有些香水通过坚持不懈的努力、天才的营销和把握时代精神，走向全球。它们发迹于广播和街区，后来走入大街小巷，甚至成为家喻户晓的圣诞节礼物。这里透露出一种信息：香味讲述的不仅是使用者的故事，也将创造者的故事分享给世人。有时候，那些关于使用者和创造者的故事往往比香水背后的概念更引人入胜。它可能是有关个人的故事，也可能是一大拨人的故事，比如：20世纪50年代数以百万计的美国女性与丈夫晚上外出前会喷洒青春朝露（Youth Dew），十几岁的男孩都喜欢用凌仕（Lynx），某个年代的男性去夜总会时喜欢用乔普（Joop！）。

有时候你需要一份美味的牛排，好好犒劳一下自己，其他时候，在附近咖啡馆里点一份加热的培根三明治就够了。同样的，我们这个时代的香水汇集了稀有和普通的品种。这本书记载的不是最好的香水（只有小部分人就算蒙着眼睛，也能识别出最好的香水）；相反，它记载的是被喜爱的、最奇特的、最令人吃惊的，还有那些我们曾经感叹过的气味，因为我们一直记得它附加在我们身上的魅力。

在接下来的香水之旅中，我们将穿越到美好时代的巴黎感受宫廷香水，它们曾经是法国贵族的宠儿，如今又为满足现代资产阶级的需要重新塑造自己。我们将会遇到20世纪20年代的梦想家和特立独行的人，他们将香水打包售给聪明的年轻人，让他们享受着香水以嗅觉回馈的兴奋感和违禁行为。在20世纪40年代的美国，我们将会发现第二次世界大战是如何使佛罗里达沼泽地——在那里视野所及的地方都长满了茉莉花——变成法国新南部这一想法流产的。之后，我们将打开20世纪50年代“体面男性”的浴室柜，他们对香水情有独钟，不得不忍受剃须后将香水产品轻拍在脸颊带来的刺痛，我们还会了解他们那出生在婴儿潮时期的女儿们步入16岁时对甜蜜气息的新香水的需求。到了80年代，代表职场强势形象的香水很自然地出现在人们的面前，之后的10年里，与之背道而驰的继任者应运而生，这些香水与穿着得体的白衬衫和黑裤子一起满足办公环境的要求。

每一种气味都有自己的故事。它们都被自己所处的时代所束缚，但是也会对其他气味产生影响。当我们走过这个世纪时，许多老牌香水如同卫兵一般继续与我们同行，在它们生命的后期盛放，找到自己的辉煌时代。因此，当我们谈到90年代的香水时——CK唯一（CK One）、伊丽莎白·雅顿（Elizabeth Arden）的太阳花（Sunflowers）和蒂埃里·穆勒（Thierry Mugler）的天使（Angel）——它们仍然与我们同在，并且继续撰写着它们自己的故事，究竟是朝着终点冲刺，或是蹒跚前行，又或是面临下柜的命运，都等着我们去发现。

即使是那些我们不熟悉的香水，在它们的时代里的角色还是一目了然。对我而言，美体小铺（The Body Shop）的白麝香（White

Musk）是适合我的；对于那些15岁左右的少年而言，之前使用卡纷（Carven）的玛姬（Ma Griffe），15岁之后可能喜欢戈雅（Goya）的曼达水（Aqua Manda）——虽然这可能只是在英国，但书中谈及的其他香水将会引起世界各地读者的共鸣。无论我们是香水爱好者还是普通读者，我们都可以回顾过去某个时刻用过什么香水：这些香水也许会让我们想起当时约会的对象；重现我们曾经经历过的场景。20世纪的香水故事也是我们自己的故事。

让我们一起阅读，一起回忆，一起保持嗅觉的敏锐……因为一大批香水正扑鼻而来。

你们的，

莉齐·奥斯特罗姆

丰富的美好时代

1900年
至
1909年

The Bountiful Belle Époque

1900
—
1909

Le Parfum Idéal

理 想

霍比格恩特公司，19xx年

❘ 蜂后之香 ❘

19世纪末期，一众时尚弄潮儿不遗余力地向世人展示世纪末的美好生活，人称吉布森女郎。透过美国艺术家查尔斯·达那·吉布森（Charles Dana Gibson）略带嘲讽的描绘，吉布森女郎的形象跃然纸上：她们身上散发着年轻一辈的蓬勃朝气，比任何一代人都更加崇尚自由，轻而易举地就能俘获男人的心。吉布森女郎身材火辣、纤纤细腕、蜂腰丰乳。在人们看来，她们如此完美的体形归功于坚持运动，事实上，当时有一种直身紧身衣，正是她们保持魔鬼身材的时尚利器。还有爱德华时代的发型！蓬松的发髻高耸在头顶，看上去似乎里面可以存放午餐便当。

吉布森女郎外表酷酷的，似乎随时可以来一场友谊网球赛，但近距离接触时，她们都不约而同地流露出不屑一顾的表情。换句话说，她们就是一群有钱的风流女子。她们的这种形象在一些漫画作品中得到百分百的还原：她们成群结队，用挑逗的笑容和“谁啊？我吗？”这样的词句折磨着男性爱慕者，或是用别针去扎个子矮小的男士。有一个典型的例子叫作“花园里的爱”，描绘出这样一幅场景：一位身着白衣的女子，亭亭玉立，指挥着五个饱受相思之苦的男士整理草坪。其中一人抬着头痴迷地盯着她，完全没有注意到手中的割草机正朝着几个陶罐冲去。另外两人由于太迷恋女子的身影，也没有意识到竟然将一棵树苗倒立着种植在草坪上。

很快，吉布森女郎的形象渐渐地从单一的宣传彩页成为一种商品现象，她们美丽的脸庞如雨后春笋般出现在瓷器餐盘、桌布和烟灰缸上。如果能通过她们来销售过滤器，那么可以想象吉布森女郎的魅力一定能为香水销售所用。使用这种销售手段的，正是理想香水。

这款“完美香水”的制造商是霍比格恩特公司——一家创立于1775年的法国公司，有着尊贵的贵族“血统”。传闻（也可能是为促进销售的杜撰），当年玛丽·安托瓦内（Marie Antoinette）王后企图打扮成农民逃离雅各宾派的追捕，但却由于她身上霍比格恩特香水的神秘香味，被追踪并逮捕了。霍比格恩特在这场革命中幸存下来，并得到沙皇和皇后的庇护。自此，绝大部分俄罗斯贵族便开始宠爱霍比格恩特香水，其产业因此获得了巨大成功。面对如此高端的顾客群体，开发特殊产品的压力也与日俱增。

“理想”香水的推出是20世纪香水产业的首次盛事。事实上，理想香水早已研制出来，只是一直等到1900年巴黎世界博览会上才以“新时代香水”为名揭开了神秘面纱。作为当时世界上最大的商品贸易盛会，1900年世界博览会以埃菲尔铁塔为主入口，分为18个令人炫目的展区，参展的每个国家精心布置了展厅，吸引了数以百万计的参观者，首都人口一时间激增百分之七。世界上第一部自动扶梯、规模宏大的神奇灯光秀，都在世博会上崭露头角。此外，艺术及工艺的进步也是展览的另一大重点。所有参展的调香师在最时尚的建筑中竞相打造各自的主题展厅，不遗余力地推广自家的时尚产品，刚刚发布了其地铁设计的赫克多·吉玛尔（Hector Guimard）也在其中。展厅里遍布凉亭、壁画和波光粼粼的喷泉，所有这些设计都是为了让产品更加诱人。特别制作并滚动播放的宣传片，更是引得参观者循声而来。

理想香水是霍比格恩特公司的主打产品。香水瓶是带有巴卡拉（Baccarat）公司的招牌设计风格的雕花玻璃瓶，被放在一个有着东方地毯的图案的华丽盒子里，盒身上是烫金的标签，标签上的吉布森女郎正优雅地俯身闻着花香。这种借助妙龄女郎形象塑造产品的策略，如同邀请名人作为品牌形象大使一样栩栩如生。《Vogue》杂志美女作家在20世纪30年代回忆道：“商标上的金色女郎转眼间就能将我们带回过去，那时我们母亲的梳妆台上都有一瓶理想香水。”

当然，香水本身也是最理想的。味道是完美的——并不是一种独特的种类，而是混合了一整束花的芬芳。在19世纪，“混合花香”已经流行，但主要依赖天然材料。在新技术的加持下，理想香水通过萃取合成了令人振奋的全新材料，在市面上脱颖而出。此外，理想香水的香味也是暧昧的，对于使用者而言，他们也无法完全解释这个味道，无法精确定位它——这才是重点。这款带有艺术和神秘气息的香水赋予了使用者维多利时代的香水无法赋予的气质，让其夸张的价格物有所值。香水瓶上闪闪发光的吉布森女郎印章正是营销手段的完美补充，时刻告诫女性朋友们，香水能加倍散发自身的魅力——就像蜂后一样。

Le Trèfle Incarnat 深红三叶草

L.T. 皮维公司，1900年

人造香

“天然的，还是合成的？”一直是香水领域多年以来争论的话题。人们常说他们只喜欢天然的或者有机的香水，并不喜欢现在我们拿到的那些“化学物质”。

事实上，有三种观点比较瞩目。第一种观点是人们对朴素主义的崇尚，相较于复杂的配方，他们更喜欢简单的马鞭草古龙水和它干净的蜜蜂花味道。

第二种观点是对有天然香味的香水的喜爱，无论是香水月季还是柑橘香的味道。然而，事实上有些香水散发出来的“化学物质”味道让人感觉刺鼻，这并不意味着它们比其他香水的制作工艺有更多的人造因素，但它们的味道通常被人们解读为“赝品”（“不天然”）。因为这些香味和清洁产品、廉价的厕所喷雾剂以及其他功能性除臭器的味道如出一辙，根本无法让我们把它们与优质香联系起来。

第三种观点与用于皮肤护理、纺织品和食品的合成原料有关：天然的都是纯净而温和的，合成原料则是粗糙、有毒且有刺激性。事实上，世间万物都有其化学特性，这种现象正变得越来越微妙：如今，天然原料中的某些分子结构有时会被移除，目的是除去潜在的过敏原。

在1900年，当多数人购买含有香豆素和紫罗酮的香水时，他们对合成分子的概念还一无所知。香水业使用这些新型原料不过才十五年左右，而消费者们根本没有想过除了鲜花、水果、树木萃取精华，还能用其他原料来制作香水。当1900年“深红三叶草”香水亮相巴黎世博会时，也只有香水业内部对其成分展开初步的讨论，它的问世并未引起行业过多的兴趣。由于L.T. 皮维（L.T. Piver）的发明绝对算得上是科学发展的进步，敢于尝试的香水制造商们将其运用到产品生产中，不再停留于过去。

这种香味的基础是一种馥奇香蕨类植物——本身带有一种神奇的味道（并非所有的蕨类都有味道）——通过添加一种全新的材料：水杨酸戊酯，合成出一种青草地的芳香。干草、佛手柑和薰衣草的混合芳香，加上幸运的三叶草形状，深红三叶草香水一上市便获得巨大成功。这种全新的香味令人心旷神怡，仿佛把人们带回到爱德华时代传统野餐的草地上。试想一下，当女士们已经习惯几十年来充斥在她们周围的同一种香水味，突然出现新的选择会怎样。一定跟当年突然出现的蓝色以外的原创穿衣风格一样引起轰动。短短几年间，“深红三叶草”这个名字已经家喻户晓，丝毫不像是新鲜事物，并且完美地进入各种文学作品。

然而，深红三叶草的确充满争议，因为它太独特了。在行业规范领域，它遭到严重质疑。其合成材料可能通过了检验，但其独特的香气以及在妙龄女子群体中的风靡程度，使得它被冠上了“人造的”名号。贝尔塔·拉克（Berta Ruck）1915年的畅销小说《米利翁小姐的女仆》（*Miss Million's Maid*）讲述了一个女仆和主人的换位闹剧。书中的碧翠丝试图控制她曾经的女仆米利翁身上的轻浮举止，便尾随米利翁到了一家气氛“疯狂”的餐馆，随即感受到“一股温暖的气流”，夹杂着各种香气，“咖啡、烟草、热腾腾的食物，还有一些只有在伯灵顿拱廊街才能闻到的味道”。丁香、红没药、“俄罗斯紫罗兰”以及格罗史密斯公司出品的著名香水“可爱的花朵”（Phul-Nana）——其中“最沁人心脾、最容易分辨的，还有深红三叶草香水”。碧翠丝立马意识到，一个真正的女人一定需要香水来为自己锦上添花。

这种香味也出现在其他英国畅销小说中，尤其出现在伦敦皮卡迪利大街人头攒动的夜生活中。1912年康普顿·马肯兹（Compton

Mackenzie）的作品《嘉年华》（*Carnival*）讲述了一名伦敦舞女的生活，发生在贝尔法斯特大歌剧院。那里充斥着各种香味："赤素馨花、天竺薄荷、红没药、深红三叶草掩盖了恶棍们的阶层"。

1909年还有一部令人难忘的小说《钻石切割》（*Diamonds Cut Paste*），由埃杰顿（Egerton）和艾格尼丝·卡斯尔（Agnes Castle）夫妇合著，书中将深红三叶草香水描绘成房间里的空气污染——"完全抑制鲜花健康生长"。一位端庄的女士告诉朋友，"你不知道深红三叶草吗？它可是高级阶层的象征。亲爱的，它的香味就像是在某个酒店、餐馆里一瞬间吸引你的香气——每个周日下午顺流而下。"

乘船顺流而下，为了释放天性？我们在哪儿上岸呢？

Climax

高 潮

西尔斯公司，1900年

邮购香水

鉴于20世纪初出现的几乎所有著名的香水产品都来自奢侈的法国制造商，1900年的香水自然被认为是富人的游戏，工薪阶层无力消费也从不奢求，并且人们还认为这种东西可能对身体有害。

事实却恰恰相反。这些“新奇花哨的商品”在大众消费市场上呈现出一派欣欣向荣的景象，特别是在美国。原因在于，这些产品相当普通，不容易让人记住。令人惊讶的是，20世纪初，高露洁公司销售超过500种花露水（我们还在抱怨现在出品的香水种类太多）。从1880年起，美国本土第一家大型化妆品制造商理查德·哈德纳特（Richard Hudnut）公司已经面向中产阶级销售香水，产品包括：安妮女王古龙水和紫罗兰香水。还有其他几家知名的公司：来自底特律的弗雷德里克·斯特恩斯公司（Frederick Stearns & Co.）和加州香水公司（California Perfume Company）——后来的雅芳（Avon）。

这些公司的大部分产品都在药店和普通日用品店销售，然而从20世纪初期开始，最大力推广香水产品的是一家叫西尔斯的零售商（后来的西尔斯·罗巴克公司）。1888年，理查德·西尔斯（Richard Sears）在芝加哥发布了邮购商品目录之际，恰逢铁路在北美的广袤土地上加速成网。之前，美国的国内物资运输简直是噩梦；现在，企业家的财富梦想随着铁路的发达慢慢实现。最初，他从邮购手表开始，价格亲民，包退包换，承诺将高品质的货品送到联邦的任何地方。从1896年起，对乡村地区免邮费。很快，公司业务迅速扩大，一年更新两次邮购目录，产品也不再局限于手表。香料、餐具、服装、浴缸、农场用具、窗帘、建筑材料，应有尽有。毫不夸张地说，人们几乎能在它家的目录里找到任何需要的东西，西尔斯公司就像是一台巨大的物品传送机，不论你身处何方，它都能将商品送到消费者的手中。不论是东海岸还是西海岸的家庭，都通过夹在其中的布样订购时尚服装材料、最新款的墙纸。这些样上都喷洒了西尔斯家的香水月季香水。

西尔斯公司的成功缘于他们产品经营的广度。不同于其他公司拥有自己的销售团队，每个销售代表的销售方式五花八门，比如加州香水公司，西尔斯公司的邮购目录给消费者带来的是统一的产品介绍。这无疑是站在消费者的角度，尽可能提供让他们最心仪的商品。直接投递的方式，也免去了多余的中间环节。西尔斯公司常常标榜其投身于民的热情："我们的产品销售到全美的各个城镇……距离根本不是问题。"它甚至借用蒙着双眼的正义女神的形象来推广自家的邮购目录，仿佛在向公众宣示，它家的产品目录就像法案那样权威。

尤为重要的是，西尔斯公司高度重视顾客隐私。当消费者们需要购买某些特殊商品时，去当地的商店往往比较尴尬，它们是八卦的来源地，常常一传十，十传百。因此，人们总是津津乐道西尔斯的隐私保护服务。这就意味着，任何不愿意让人看到自己热衷香水和美妆产品的女士，都能悄无声息地订购最新目录上介绍的任何产品，来满足自己的购物欲。早期，目录页码顺序是这样编排的：在1897年，香水紧挨着令人血脉偾张的两性产品；两年后，它们出现在妆前用品［如妮农的秘密（Secret de Ninon）的祛斑膏和蔷薇医生砷片］的后面。到了1900年，目录上才应市场需求的激增，开辟了香水专栏。

消费者们都清楚，西尔斯目录上通常只列出一些品种，比如：清新干草香水和丁香香水，后面加上"等等"的字眼，仿佛在说暗语"你懂的"。香水的价格也很亲民，小瓶装只要25美分（相当于现在7美元），可是产品“货真价实”，与哈德纳特和高露洁销售的一模一样。西尔斯成功的秘诀在于包装上下的功夫，通过琳琅满目的包装等级和样式，体现产品的与众不同。为了与花露水区别开来，香水通过“三种萃取”盛放在造型简单的玻璃瓶中，最昂贵、最负盛名的是西罗科“Seroco”香水（这个名字听上去像是意大利语，却是公司自创的，分别取自西尔斯 “Sears”、罗巴克“Roebuck”及公司“Company”三个单词的前两个字母）。排名第二的是“高潮”香水。这难道就是目录上香水与两性用品并列排序的原因吗？难道西尔斯的高潮依兰依兰香水是性爱的催化剂？事实上，这又是西尔斯公司在玩文字游戏，使用刺激且夸张的词汇引起读者的兴趣。后来，为了更方便查找目录，“高潮”这个词可以用来泛指卧室内外的任何产品。竹质鱼竿、儿童车、卫生纸都可以叫“高潮”。

自此，香水越来越普及，西尔斯公司功不可没。

Mouchoir de Monsieur 手帕先生

娇兰公司，1904年

¦ 悠闲一族之香 ¦

我自认为我的法语炉火纯青，想当然地将“Mouchoir de Monsieur”翻译成英文“Mister Moustache”（胡须先生），并认为这个名字对于古龙水来说再贴切不过，也许现在会启发读者创立一个全新的品牌。然而，这个名词的确切翻译是“手帕先生”，并拥有独一无二的意义，通过这个名词，我们仿佛能看到绅士们抛出手帕挑起战斗，又或是拿手帕擦去女士脸上的泪花辅以安慰。手帕对于绅士的意义远远超过我们的想象。

事实上，这个名字非常普通。在19世纪，几乎市面上所有的液体香水都能用于手帕。摄政王及其继承者们常常将香水喷洒在一小块手帕上随身携带，每当遇到令人不悦的气体和污染物，便拿出来捂住口鼻（大多数人使用的是小时候的口水巾）。

当然，香水的本质是愉悦身心，不仅仅是地特尔[1]的高级版本。在19世纪初，绅士们为了更完美地展示自己的形象，纷纷使用香水手帕，引来社会评论员的嘲笑。1819年前后出现了一幅充满嘲讽意味的漫画，一位身材纤细的花花公子不幸将手帕掉落到人行道上，由于衣着过于紧身，为了捡起手帕，他挣扎着弯曲自己的身体，几乎做出了劈叉的动作，引得旁观者笑声连连。

“手帕先生”香水出现在1904年，正是手帕时代的开端。这次，娇兰公司并没有一味追求创新，而是向英国制香业传统致敬。在早期产品掌上明珠香水的启发下，创造了该经典产品的法国版本。在美好时代，有这样一群人成为娇兰公司的理想客户：他们是城里的悠闲阶层——法语称“flâneurs”，英文翻译为“strollers”（闲逛者，褒义）或者“loafers”（游荡者，贬义）。他们生活不易，希望在大街上寻找快乐，游荡在秀场和咖啡店里，喜欢凑凑热闹，找点新鲜的话题写写日记和信件。他们努力摆脱自己面对的真实生活，这样就能更好地体验那种脱离社会的奇妙感受。手帕先生香水正是他们闲逛巴黎时的理想伴侣。跟深红三叶草一样，手帕先

1　地特尔：Dettol，一种杀菌剂。

生在蕨类香水的基础上，通过平衡奶香味的香豆素与薰衣草这两种香味制作而成。此外，它还散发着淡淡的动物体味（动物体味从动物中提取而来，或是从麝香籽之类具有动物特征的植物中提取）。为了与城市生活的种种气息联系起来，手帕香水对闲逛者的玩世不恭与现实生活的杂乱无章实现了有机的平衡，仿佛在提醒香水使用者，他并非不食人间烟火，只要他愿意，他兜里有钱，随时可以回到自己温馨的家里。

牛 至 L'Origan

科蒂公司，1905年

¦ 美丽殿堂香水 ¦

这是一个街区。人形模特们身着紧跟时代潮流的华丽服饰、披着光滑油亮的皮草，对玻璃外的路人都是致命的吸引。空旷的场地、镜子、钢筋，伴着四重奏的下午茶、烹饪示范、时装秀，还有充满东方异域风情的舞台布景。一切应有尽有。

20世纪的头几年，百货商店如雨后春笋般在大城市冒了出来，购物也顺理成章地成为一种休闲娱乐方式，这也造就了零售业的突飞猛进。但这一切对于传统的小型商店店主就不那么友好了。随着商品的精细化分区，香水也拥有了自己的天地。1910年，当时世界上最著名的大型百货公司之一——伦敦的塞尔福里奇百货大楼，非常巧妙地将香水柜台设置在一楼，利用芳香吸引顾客，这种陈设一直持续到今天。1883年，左拉（Zola）在小说《女士的天堂》（*Au Bonheur des Dames*）中描绘到，商场经理艾克塔夫·穆雷非常明智地在店里设置了紫罗兰香水喷泉，配合亚麻布销售，这就是早期香水营销的案例。

弗朗索瓦·科蒂（François Coty）来自科西嘉岛，是一位嗅觉敏锐、雄心勃勃的企业家，正是他开拓了香水品牌在百货商店的销售蓝图。1900年的巴黎博览会上，他被莱俪和巴卡拉公司设计时髦的玻璃制品所吸引，意识到精美的定制玻璃瓶具有独特的魅力。他还了解到，一些大型制造商研发出了新型合成材料，创造出了很多香味。科蒂敏锐的直觉即将为他带来巨大的财富——价值超过十亿英镑的财富——使他摇身一变成为法国最富有和最具影响力的人物。他与一位出色的化学家一起，成功说服莱俪公司为自己的产品制作玻璃器皿。一家大型化工制剂公司也加入了他的事业，为他调制香水配方。科蒂之所以成功，缘于他创建规模的能力，将自己的金点子实实在在地做成了产品并大规模生产，面向全世界销售。科蒂大型制造工厂，也就是人们熟知的“香水之城”（la Cité des Parfums）的开张，标志着科蒂香水帝国的崛起。

传说，为了吸引顾客，科蒂竟然在极具声望的卢浮宫大商场故意将玫瑰与红蔷薇（Le Rose Jacqueminot）香水瓶打翻在地，让香味蔓延，引得女性顾客们像采蜜的蜜蜂一样蜂拥而至，纷纷询问这诱人的花香为何物，怎样才能够买到。也有人说，这些女性顾客都是科蒂的托儿，这是他自导自演的一出闹剧。还有人说，是科蒂的妻子在柜台整理花艺时，不小心打翻香水瓶。或许这个故事有过分炒作的嫌疑，因为它让我们感受到了新鲜事物的“突然出现”，这与过去缓慢、模糊的转变截然相反。无论真假，科蒂公司的发家史与美国早期的品牌贸易大相径庭。第一个做香水促销的零售商是1905年坐落于盐湖城的施拉姆药房，它也是百货公司的一个柜台。

玫瑰与红蔷薇香水本身就是成功的，馥郁的玫瑰花香搭配上紫罗兰，仿佛从留声机中飘荡而出的旋律。这款香水的灵感来自一种以19世纪一位骁勇的法国将军命名的深红玫瑰。很快，玫瑰与红蔷薇香水以及科蒂公司的名声享誉世界，一时间竟然与香邂格蕾（Roger & Gallet）、霍比格恩特等大牌公司齐名。

从1905年到1925年，科蒂旗下的明星产品的声望竟在一时间成为行业标准。著名的香水研究历史学家迪尼斯·博利厄（Denyse Beaulieu）曾说道，其他的香水制造商也在此基础上开发自家的产品，最著名的就是雅克·娇兰公司。以科蒂的西普香水（Chypre）为灵感，娇兰公司制作了蝴蝶夫人香水（Mitsouko）；1921年科蒂的祖母绿香水（Emeraude）成就了娇兰家的一千零一夜香水（Shalimar）；而牛至香水也成为娇兰旗下蓝调时光香水（L’Heure Bleue）的教母。

正是牛至香水开辟了香水业的“东方植物”系列：橙花、天芥菜、康乃馨、香草和琥珀。来自东方的香气，是夜幕降近时的神秘精灵，非常适合情人约会。牛至香水一经上市，便风靡大众，到1919年，年销售额已经高达670万美元。作为潮流的风向标，人们除了将它作为萃取物和淡香水使用，还用于多种其他产品，似乎成了美丽的代名词。特别值得一提的是，牛至在早期被用来制作掩盖腋臭的香粉。后来，被用在科蒂自家生产的空气蜜粉中，吸引数以百万计的女士争相购买，一抹就能消除讨厌的油光。我们不禁会问：如果现在我们有机会接触原汁原味的牛至香水，它会不会因为我们的解读而闻起来有粉尘味道——还是，只有牛至的香味？

嗅闻微风　　Shem-el-Nessim

格罗史密斯公司，1906年

┆阿拉伯之夜香水┆

在美好时代，每打开一份女性杂志，人们很容易在分类广告版面找到一则篇幅很小却非常吸引人的广告，主角是牛至香水的前身："东方"香水。这是一个被滥用的词汇，几乎商店里半数以上的产品都和这个词有关系。你认为现在的百货公司非常热衷于店内推销吗？试试"阿拉的花园"时装秀的规模，或者把楼层改成古老的东方庙宇吧。

19世纪末20世纪初，"东方"这个词汇描绘的正是任何馥郁而芳香，能让你心甘情愿地臣服的气味。由于神秘而浓郁的配方，人们通常认为“复杂的”女性更适合使用（这里的“复杂”与“挑剔”相反，“挑剔”的女性只钟爱单一配方的植物香水）。这些香味往往不易察觉，就像藏匿在家具里的丝质香囊，又或是深入到花瓶底座的香料，很容易被遗忘。

“许多女性钟爱甜蜜的味道，不仅因为它的美好，更多的是无法抗拒”，1899年美国《Vogue》杂志的一篇香水评论这样提到，将东方香味之于女性的强制魔力描绘得淋漓尽致。的确，许多售卖东方香水的品牌通常这样描述：躺在沙发上闻一闻，即刻进入美梦，仿佛被麻醉了一般。英国公司格罗史密斯的“嗅闻微风”香水，是以古埃及生育节命名，意为“芳香的梦，引领人们体验东方的奢华”。香水的标志是一位躺卧着的无性别精灵，飘浮在其头顶的是一片芳香云朵或者说是美梦的泡沫。彼得·潘的故事也告诉我们，芳香剂能让灵魂离开身体去到神秘的地方。然而，并不是所有人都追求这样的感受，自高贵的维多利亚时代以来，东方香水常常与懒散相提并论，有些女性甚至沉溺于香味足不出户，日渐消瘦。人们认为来自东方的香水味如同鸦片一般让人上瘾，是非常危险的，而广告宣传却不以为然。

针对这种慵懒香水成瘾的女性，美国人贝尔纳尔·马克哈登（Bernarr Macfadden）发起了体育文化运动。为了实现自己的抱负，他首先在伦敦舰队街成立了一家运动用品专卖店。同时，还创办了《体育文化》（*Physical Culture*）杂志，向大众传递自己这个小小帝国的观点，后来，杂志改名为《美丽和健康》（*Beauty and Health*）。在现代人的眼里，杂志内容一点也不吸引人。除了一些儿童举重的照片故事，杂志还告诫读者脱下紧身衣（有益身心健康），放弃弹奏钢琴（这个观点不太好），因为这些对于找到伴侣毫无益处。那些浪费肌肉追求毫无健康意义活动的女性是可悲的。为什么呢？因为她们没有足够的力量来享受“性爱的活力”，当然，是指夫妻之间的行为，用杂志的话来说，是为了孕育“优秀的后代”的行为。

对于体育文化的信徒来说，香水味，即使只是淡淡的，都是不需要的。马克哈登认为：

> 哪怕是带有一丝丝脂粉味的女性，都是弓腰驼背，要么太胖，要么太瘦、胸骨塌陷……脸色不好。她们到底想化成什么样？她们素颜的时候看上去真有那么可怕吗，抑或化了妆也一样？她们也用古龙水，这是为了告诉我们这些在嗅觉范围内的人，她们缺乏健康所散发的温和的气味。

嗅闻微风香水于1906年发布，与崇尚体育文化那帮人的理念格格不入，淡淡的杏仁味给人阳光洒在皮肤上的感觉。没有一种户外运动属于封闭的室内，远离窥探的眼神，可以懒懒散散地倒上一杯甜雪莉酒豪饮。庆幸的是，在下架几十年后，格罗史密斯公司在原有配方的基础上做了一点小小的改进，重新将这款香水推向市场。这一次，嗅闻微风香水不再受到笨蛋（以及马克哈登先生）的干扰。

Après l'Ondée　雨过天晴

娇兰公司，1906年

紫色香水

帕尔马紫罗兰的味道充满争议。那些成长于派对包时代的人们可能还记得下面的场景：在充气城堡里待了太长时间之后，疲惫地回到家中，急切地希望在蛋糕和气球中间找到一袋爱心糖[1]，拉出来的却是紫罗兰味道的。这是多么令人沮丧的时刻啊！

帕尔马紫罗兰是无法让人产生怀旧情绪的，和它联系在一起的

1　英国Swizzles Matlow公司生产的一款糖果。

是粉盒、老旧的梳妆台、摇椅上的外婆，我们似乎已经感受不到它们的味道。我们可以说，紫罗兰的味道就是奇妙又超凡脱俗的，换句话说，它就是与众不同。

爱德华时代，紫罗兰的香味四处弥漫，讨厌紫罗兰香味的人甚至憎恶这个时代。这的确是一个香味令人窒息的年代。不论何时，人们能在任何一家香水作坊闻到一种全新的紫罗兰香味。如此迅速地扩张给香水行业带来了巨大的影响：天然紫罗兰供不应求，成本昂贵；人造香水由于制作成本低廉，推向市场能赚取丰厚的利润。这都归功于化合物的发现，紫罗兰酮与真正紫罗兰的味道惊人的相似。最先引领合成紫罗兰香水潮流的是香邂格蕾公司于1892年出品的紫罗兰（Vera Violetta）香水。到了1910年，有数十家公司加入了这个行列。

除了外用的紫罗兰香水，人们还可以品尝到卡波内尔和沃克（Charbonnel et Walker）公司生产的紫罗兰牛奶巧克力，或者紫罗兰酒，这在当时的法国是非常流行和时髦的。蜜粉也是紫罗兰的香味。放眼整个英国，人们把紫罗兰花束放置在餐桌上，情人节用它来传递爱意。许多新生婴儿都取名为紫罗兰，时装也似乎一夜之间全变成了紫色。

这个时期有数十种紫罗兰香水，绝大部分味道几乎完全相同，只有一种香水，将其他配料融入紫罗兰原液中，那香味令人浮想联翩，直到现在，这种香水还在市面上销售。这就是“雨过天晴”香水，一听到这个名字，眼前浮现出这样一个场景：雨后，花园里的花朵布满水珠，垂涎欲滴，空气中弥漫着清新的味道。除了紫罗兰香，隐隐地还能闻到茴香的辛辣（想想桑布加利口酒）和佛手柑的酸甜，是清淡与浓烈的完美搭配。我们可以想象，一位爱德华时代的漂亮女士急切地希望在花园里举办派对，让每位客人感受到如此独特的味道，就算弄脏了鞋，受了凉也心甘情愿。这就是雨过天晴香水的魔力。当看到紫罗兰香水如此风靡，娇兰公司想到如何从使用者身上提炼出关于紫色的故事，进一步推广香水的独特魅力。特别值得一提的是，香水制造商们都明白，任何一个香水热爱者都会提出的一个关键问题："我想知道，什么样的灵感造就了香水的名字？"

庞贝香水 Pompeia

L.T. 皮维公司，1907年

¦ 胡毒香水 ¦

将香水命名为“庞贝”是个诱人的提议，暗示着这种存放于出土文物（双耳瓶）中的香水已经被掩埋在地下2 000年，其中还有珍贵的长生不老的成分。之所以用庞贝来命名，是为了向人们传达一种神秘的信息。当香水被抹到露肩领上，人们立刻能感受到古代文明，仿佛自己摇身一变成为庞贝城中的富有女人，在火山爆发中悲惨地死去。

当今时代对庞贝古城的沉迷在逐渐淡化，但对这款20世纪早期出品的香水的狂热倒是只增不减。那时，庞贝古城已经成为游客熙来攘往的景点，游客们可以参观遗迹（虽然有关男欢女爱的壁画已经被盗），阅读爱德华·布尔沃-利顿（Edward Bulwer-Lytton）1830年的作品《庞贝古城的最后时光》（*The Last Days of Pompeii*）——至少能拍成三部电影。随后，有一部声名狼藉的舞台剧诞生于19世纪70年代，舞台剧本身也是一场灾难：有些杂技演员从高空摔倒在观众席，随即“火山”就爆发了。

那么，这款原创的新式香水是否来自考古学家从掩埋的村庄中挖掘出来的芳香精油呢？答案是否定的。许多人认为装有香水的罐子里盛放的是鱼露。事实上，L.T. 皮维公司1907年推出的“庞贝”香水融合了天竺薄荷、玫瑰古龙水和其他早期研发香水——深红三叶草的相同原料。它可能在瓶身上设计了一款罗马女士的形象作为装饰，但更为贴切的应该是世界上最为著名的古城遗址。

然而，L.T. 皮维公司的故事也或多或少与考古有些许联系。作为法国首屈一指的香水公司之一，其产品风靡整个西方世界——是巴黎高端奢侈品出口的代言人。令人瞩目的是，公司旗下拥有上百家零售商店，其中大部分已进驻美国。作为富有的港口城市，美国新奥尔良以其法式风情和地理位置成为皮维公司主要的奢侈品销售地。不幸的是，有一艘货船未曾抵达这一目的地：1865年，一艘名为“SS共和”的蒸汽船曾沿着大西洋航线从纽约驶向新奥尔良。直到150年后的一次水下挖掘，人们才发现深藏在水底的50箱镶嵌皮维商标的化妆品，它们原本都是新奥尔良城中美女所期盼的。

令人惊讶的是，除了像庞贝这样的大陆香水，风靡于美国南部各州的还有一些来自异域的香水：新奥尔良的胡毒香水和海地的巫毒香水。它们来源于非裔美国文化的民间巫术——从西非国家出发，顺着运送奴隶的水道，到达密西西比三角洲并发扬光大。最初，胡毒巫术为那些没有归属感的奴隶提供心理暗示，告诉他们可以把握命运和成功。随之而来的是高风险的赌窝，它们是胡毒咒语和护身符天然的温床。通常在赌局开始前，都会撒上一些混合粉末作为好运的象征，并向神灵祈祷。有一种常见的配方，将活猫丢进花瓣水里煮沸，随后将肩胛骨磨碎成“黑猫的骨灰”，最后装进赛马会的玻璃瓶中。这在当时是非常时髦的香味，也是肯尼迪总统的心头好。

正是由于其本地的优势，赛马会和庞贝香水自然而然成为胡毒“精神古龙水”的主要代言人。到了20世纪中叶，由于财务状况不好，L.T. 皮维公司易主。后来，人们便能在“植物魔力”商店购买到较为便宜的低端版庞贝或者“庞贝”洗涤剂——现在，人们还能在市面上找到它们。一本胡毒香水手册上写道：庞贝是丹巴拿（海地巫毒神殿的主神）——天神和造物者——的最爱，并告诫人们将用庞贝洗涤剂浸泡过的鸡蛋放在面粉堆的顶端来供奉他。一种精神疗法，邀请其跟随者们使用掺杂“恶魔的鞋带”（一种忍冬科属植物的俗名）和庞贝的水。直到今天，这种洗涤剂在eBay电商平台上的售价为30美元，作为胡毒套装的一部分，包装简单（商标上还是当年那个罗马女子）。而1907年上市的皮维香水套装，则包括美好时代风格的漂亮云石制成的盒子，被收藏者们视若珍宝，用它来盛放昂贵的珠宝简直完美。

香水是奢侈产品中最严谨的。所有品牌都奉行一个雷打不动的规则：产品只在“正确”的店铺销售给适合的消费者。然而，有些时候，一款香水也会冲破桎梏，引领新的潮流，就连它的创造者也无法察觉。这就是香水的奇妙之处，诞生于一种文化，又能适应另一种文化。

美国理想 American Ideal

加州香水公司，1907年

本土香水

如果你认为美国理想香水跟早年间霍比格恩特出品的理想香水在命名上有异曲同工之妙，你可能是对的，因为它们两者分别代表了旧世界和新世界。

加州香水公司是知名度最高的品牌之一，特别是1939年改名为雅芳之后。公司建立于1886年，其创始人大卫·H.麦康奈尔（David H. McConnell）曾经是个书商，他注意到美妆产品越来越受青睐，购买口红和蜜粉的消费者络绎不绝。意识到这个商机的他便开始从事香水制造业。不同于其他香水公司把重点放在进驻新的百货公司柜台，麦康奈尔先生和前辈西尔斯一样，开辟了与众不同的机制让自家产品深入到现代美国消费者的心里，从而获得利润。他在联合出版公司时曾建立了一个推销书籍的销售团队，现在把这个团队利用起来推销护肤乳和花露水。这个团队里大部分都是女性，受过教育，有赚钱的动力，了解如何向其他女性推销产品。她们都是通过刊登在本地报纸上的专栏广告招募而来，作为“主动而活跃的销售人员”，这份工作要求她们随时在街上闲逛，上门推销，非常忙碌辛苦。

亚特兰大、旧金山、达拉斯和堪萨斯州都能见到这种销售团队的身影——还将继续占领其他地区。这似乎是一场全国性的运动，为了赢得信任，销售本国产品是关键。

美国理想香水正是加州香水公司国产香水的先行者。虽然业务开始于东海岸，麦康奈尔先生还是将公司以加州命名。因为加州是“阳光和鲜花之地”，在那儿能培育出最优质的香氛原料。被称为“C.P.Book”的《加州香水手册》这本产品目录曾经这样描述：“加州的鲜花产量不及法国，但有人说加州的花更大、更美、香味更精致”。这有点“占山为王”的意思。虽然加州香水公司也销售法国香水，但并不制作。《香水手册》向人们解释进口产品需要缴纳关税，告知人们最经济的方式就是购买美国本土的产品。

那么，美国理想香水是对霍比格恩特理想香水的公然抄袭吗？至少从配方上无从知晓。从名字来看，很明显是对一个时代的致敬；从香水瓶上似曾相识的美女图案来看，又跟霍比格恩特公司有些类似。众所周知，加州香水公司以打造与众不同的香味为目的，并承诺“香味一定比任何同类香水、任何外国香水更浓郁和持久”。据说，仅需在手帕和衣服上滴上一滴，香味就能保持足足七天。

我们发现，加州香水公司的宣传途径有些自相矛盾。一方面，麦康奈尔的销售团队手持的宣传册内容翔实，几乎囊括了香水商品制作的细节：使用图示、表格展示不同种类鲜花的单位面积产量、重量和价值，描述香氛原料的萃取过程，介绍室内制香工人以及高效率生产线，着力展现产品的高性价比。另一方面，在《香水手册》上却宣传化学香水不如天然香水，公司并不销售人造香水。然而，这种宣传是不切实际的，就经济效益而言，一瓶紫罗兰香水零售价格仅仅50美分，使用的却是非常昂贵的天然紫罗兰原液。此外，他们的新鲜干草香水如果没有添加诸如香豆素的合成原料，根本无法模拟出烘烤过的青草味道。

当然，加州香水公司的功劳是有目共睹的：正是有了它的宣传，香水才成为万千女性的日常用品。美国香水业的发展开始走上正轨，也启迪了新一代年轻女性去探寻来自大西洋对岸的那座名叫巴黎的城市里的香水。

Peau d' Espagne

西班牙皮革

L.T. 皮维公司，1908年

坏女孩香水

1908年，L.T. 皮维公司推出“西班牙皮革”香水的瓶装版时，这款香水已经有些年头了。这是对公司起源的回归：1769年皮维公司刚刚成立的时候，只是个销售芳香手套的商店。在文艺复兴时期的佛罗伦萨，制香业的主要领域是将皮革放在芳香四溢的蜡溶液中浸泡，因此对人们来说，皮革就是香味剂。到了维多利亚时代，制作西班牙皮革香水的配方已经家喻户晓，人们根据配方自己调制好溶液，将条状皮革浸泡其中数日。待到风干后，将它们平铺于抽屉里，香味就能渗透书写纸中。

随着美好时代的到来，人们有了更多娱乐消遣的方式，自己制作香水的人也就越来越少，进而促进了香水业的发展，因为它们能为人们提供现成的产品。当时，在西方世界（法国、德国、意大利、俄罗斯和美国）流行很多种不同味道的西班牙皮革香水。

我们从伦敦香水商塞普蒂默斯·皮耶斯（Septimus Piesse）1857年所出版的《香水业的艺术和萃取植物香味的方法》（*The Art of Perfumery and Methods of Obtaining the Odors of Plants*）一书中了解到，西班牙皮革香水是经典的混合花香：橙花油、玫瑰、香料（丁香和肉桂）以及马鞭草、佛手柑等新鲜草本植物。在混合花香之下的是麝香、灵猫香等动物类香料。性心理学家哈夫洛克·埃利斯（Havelock Ellis）评价道："很多人说，在所有市面上的香水里，西班牙皮革香水最接近女性的体味。"他并不十分确信这一论断。如果你碰到一位浑身散发出皮革香水味道的女士，你一定会建议她去看医生。

由于太过普通，西班牙皮革香水才像深红三叶草香水一样，与人体扯上关系。作为一种极其平凡的香味，这款香味的名字在不同的香水商手中有些许不同，但价格都很亲民，市场保有度高。后来，它一度在地痞流氓群体中流行开来，与时尚渐行渐远，这与博柏利（Burberry）香水在20世纪初期的情况有点雷同。后来，这个品牌又奇迹般地复活了。很快，西班牙皮革香水的味道又受到大众的认可，常常将它使用在特定的地方和场合。在詹姆斯·乔伊斯

（James Joyce）的小说《尤利西斯》（*Ulysses*）中，茉莉认为它是一种低级的香味：“直布罗陀根本找不到高贵的香水，只有廉价的西班牙皮革味，在你身上留下恶心的味道。”而大西洋的另一端，这款香水出现在欧·亨利（O. Henry）1910年出版的短篇小说《登龙妙招》（*Strictly Business*）里。小说描绘了生活在纽约的受压迫人民的日常生活：在下东区的露天啤酒馆，来来往往的码头工人喝着“劣质啤酒”，到处都是“熟悉的混合香味，有泡涨的柠檬皮香、走了气的啤酒味，还有西班牙皮革香水的味道”。这画面感真是太强烈了！

在那个年代，体面的女孩儿使用紫罗兰香水，而那些不规矩的女孩，可能很难找到一个男人结婚。她们喷着西班牙皮革香水，染发，将颠茄草汁液滴到眼睛里放大瞳孔。现在，皮革香水早已与过去的龌龊肮脏分道扬镳，听上去像是一款非常精致的香水，被小心翼翼地存放在化妆盒中。只有那些经历过那个年代的人们偶尔闻到皮革香水时，他们会冲你眨眨眼睛，告诉你当年的故事。

充满戏剧性的十年

1910年
至
1919年

The Theatrical Teens

1910
—
1919

我们可以用“歇斯底里”来描述1910年至1919年这十年间人们使用香水的方式。用香水来愉悦身心的理念已经深入人心，一种新的爱好应运而生，香水似乎成为玩物，人们开始测试它的极限，其中有些实验来自居住在波西米亚的少数民族。据报道称，最近的一种实验叫作勇敢者的远足，以其迷幻的风格吸引着人们参与。

1912年出现了一件古怪的事件，《纽约时报》报道了一群聪明的巴黎女性为了找寻“全新的感受”而做出的疯狂举动：

> 她们将玫瑰油、紫罗兰香水和樱花盛放通过皮下注射的方式摄入体内。一位女演员成为第一个吃螃蟹的人。她对外宣称，在注射“新鲜干草”香水48小时后，香味真的渗透进了她的皮肤。

记者在撰写报道时，忽略了加入“不要在家里尝试注射香水”的警告，虽然这种情况是有可能的，至少那些疯狂的香味追求者是绝对会这样做的。质疑随之而来：香水是一种活性剂，除了能通过皮肤渗透出来，还能带来类似毒品的“冲击”，让人们不禁回想起多年前东方香水带来的迷幻、麻醉效果。

之前我们提到，一位女演员率先尝试了这种方式，而大部分女演员都走在嗅觉体验的前列。在那些令人迷醉的日子里，香水更多地被视为艺术的补充——多用于舞台上——而不仅仅是纯粹的商品。在这十年间，出现了一些举着文化的旗帜却颇具争议的剧团，佳吉列夫（Diaghilev）创立的俄罗斯芭蕾舞团就是其中之一。舞团于1913年推出了一部令异教徒震惊的舞剧《春之祭》（*The Rite of*

Spring）。这部全新的舞剧风评不佳，充满色情、暴力，讲述了一个关于少女以舞献身的故事。舞剧的服装性感、暴露，由里昂·巴克斯特（Léon Bakst）设计，令人血脉偾张的配乐由伊戈尔·斯特拉温斯基（Igor Stravinsky）操刀。香水贯穿了整个艺术作品——谣传舞台幕布上都喷洒了香水，旨在营造一个香气扑鼻的环境，将表演者带入真实的表演状态。香水专家达维妮雅·凯迪（Davinia Caddy）说：这家舞团用香历史悠久，其舞者和芭蕾舞剧刺激了这十年间香水产品的推陈出新，包括里戈（Rigaud）公司的伊戈尔王子（Prince Igor）香水和香气（Un Air Embaumé）香水。1915年出版的法语刊物《戏剧插画》（*Comoedia illustré*）中有一篇重要的评论甚至认为俄罗斯芭蕾舞团是"辛辣香水的代表"，有着非常鲜明的俄罗斯特色。

当然，这样剧团还有很多。1915年《华盛顿先驱报》报道了纽约艾洛特剧院的新剧《经历》（*Experience*）。每位女演员都扮演一种情绪，包括激情和诽谤。然而，经理却认为她们的表演似乎有些"萎靡不振"，便决定请香水界的权威——吉尔伯特·路德豪斯（Gilbert Roodhouse）教授出山，为每个角色量身打造符合其气质和情绪的香水。"如果选择了对的香水，"报道举了一个神奇的例子，把香水与毒品联系在一起，"你的演员就会栩栩如生地模仿一匹奔驰在赛道上'吸食了兴奋剂'的赛马。"剧院的每个化妆间都安放了一个带有喷头的金属罐子，演员上场前，助理会为她们喷洒三分钟的香水。整整三分钟！

埃莉诺·克里斯蒂（Eleanor Christie）饰演的角色是醉酒，由于使用了龙涎香（鲸鱼分泌物）而大获成功。“仿佛她真的喝了五夸脱香槟，但是她却能保持清醒并控制自己的表演，”记者如是写道。饰演诽谤的弗朗西斯·理查德（Francis Richards），发现柠檬的香味“在舞台上能激发出对所有人的仇恨”。激情的扮演者弗朗西斯·肖特（Francis Short）身上是乳香和没药——路德豪斯教授说这是埃及艳后专用的香水。他进一步解释道：“为了抵消激情香水的作用，每天晚上她在引诱了青春（角色名）下场后都必须饮下两杯冰水。”

在这十年间，演员们在表演中不仅推广了香水的概念，也成就了一些品牌，这就是早期的名人香水，比如：英国阿特金森（Atkinson）公司出品的一品红（Poinsettia）香水。我们还发现，文学也刺激了香水的发展，其中特别应该提到的是这一时期最具影响力的时尚设计师保罗·波烈（Paul Poiret）。他曾与巴克斯特一起为俄罗斯芭蕾舞团设计舞台服装，并标榜自己对高端艺术有着独到的眼光，能为有钱的消费者提供独特而神秘的香味。

然而，从更大的范围来看，精致香水的制作已经慢慢开始走出了传统的皇室和贵族的小世界，有两个事件加速了这一变化。第一个事件是俄国革命推翻了俄国皇室，皇室是香水制造业的主要赞助者。有一款叫作皇后最爱的花束（The Empress’s Favourite Bouquet）的香水创造的财富就是个活生生的例子：最初这只是私人定制，之后香水公司转型为国有，制作并发行了著名的苏联香水——红色莫斯科（Red Moscow），成为后革命时代的象征。同时，在流亡到巴黎和欧洲其他地区的白俄罗斯人中不乏精通香水制作的天才（和投机主义者），他们为20世纪20年代的香水业注入了新的能量。

第二个事件是灾难性的第一次世界大战。它永久地改变了欧洲同盟、权力结构和经济体，也使得相当数量的（并非所有）香水工厂关闭了整整五年之久。那些仍在经营的香水工厂也免不了提心吊胆，生怕因为生产的某种古龙水让外界以为他们加入了某一方的行列。

随着法国的衰落，美国人民开始制造生活中更精致的事物，不再局限于老牌的西尔斯、罗巴克，而是追求更加适合的物品。从欧洲战场荣归故里的美国士兵们会购买一些欧洲香水送给自己的女朋友和母亲，比如1916年卡朗（Caron）公司的“只爱我”（N’Aimez Que Moi）香水。在美国，人们对新式香水的需求渐渐增加。战争结束后，这种需求到达了顶点，特别是新一代女性，渴望解放，迫切需要适合自己的香水来表达自我。

Special No 127　127特别版

佛罗瑞斯公司，1911年

社会香水

早在19世纪初，市面上出现了一本“专门为女性打造的”时尚周刊《美丽世界》（*La Belle Assemblée*），其时尚的版面至今仍为人们津津乐道，认为它是对摄政风格最重要的记录。作为当时生活风格的潮流风向标，一些香水公司在周刊上刊登广告，大肆宣传自家产品。诞生于伦敦新邦德街的盖蒂和皮尔斯公司（Gattie and Pierce）通过王室消费者的形象来宣传薰衣草香水，这些王室贵族包括：马尔堡公爵、达恩利伯爵夫人、利物浦伯爵夫人、德文郡公爵夫人等，似乎希望通过追溯历史来标榜“女士们喜欢的味道和香水味是有区别的，正是三次蒸馏的薰衣草香水让人们体验到两者的区别”。

很长一段时间，香水公司与皇亲国戚的关联为他们带来了利益，因此他们也热衷于继续维护和开发这种联系。他们之间的故事可以追溯到几个世纪之前，那时候，毫不夸张地说，只有贵族阶层才有能力购买精致香水。19世纪娇兰公司的部分业务面向俄国皇室，因此很多香水也正是以第一位使用者命名的，比如1862年的“尤金妮雅皇后香水”（Empress Eugenie's Perfume）。在同时期的英格兰，皮尔斯和卢宾公司参与了社会名流罗斯柴尔德男爵的宴会，随后推出了白金汉宫香水（Buckingham Palace Perfume）。

还有一些公司的名字让人们联想到盾形徽章，佛罗瑞斯就是其中之一。与彭哈利根（Penhaligon）和阿特金森公司一样，佛罗瑞斯也是英国传统品牌联盟的一分子，最初销售熊脂和梳子等美容产品，后来因其香水和古龙水而名声大噪。1730年，米诺卡岛人胡安·法米尼斯·佛罗瑞斯（Juan Famenias Floris）成立了佛罗瑞斯公司，一个世纪后它制造的梳子为它拿到了第一张皇家供货许可证。当时“特此授权”的字眼对于这些公司来说是非常重要的财富，是对香水制造的合法授权，得到皇家认可的香水对于普通大众来说更是优质产品。其中一款最畅销的皇家认可香水是戈斯内尔公司出品的，这款香水与丹麦的亚历桑德拉公主关系密切，公司利用这种关系大肆宣传并售卖樱花香水。除了运用皇家光环，他们同时也采取市场营销手段来设计商标：用年轻修女的图案配以“更优雅的修女”的宣传文字。然而，这是对神圣和虔诚的双重亵渎（修女粉色的唇看上去很诡异，仿佛在修女的包头巾下藏着一个红色的罐子）。

由于亚历桑德拉公主非常钟爱香水，她到处颁发许可证，这对香水业来讲是一个麻烦。20世纪初期，几乎每家香水公司都拥有皇家供货许可证。法国霍比格恩特公司就一度“利用”公主的名声，自诩他家1900年出品的珍妮特之心（Coeur de Jeannette）香水就是为亚历桑德拉公主量身定做的。

相比之下，佛罗瑞斯公司推出“127特别版”香水时就比较聪明。这款香水最初是于1890年为俄罗斯奥尔洛夫大公爵制作的。名门望族们非常享受这种量身定做的贵宾服务，这些配方也被记录成册方便日后查阅。每个顾客都有自己的号码，奥尔洛夫的号码就是127号。他去世后，这款香水开始面向公众销售，让普通大众有机会享受尊贵的公爵香水。为了避免给人炫耀和低俗的感觉，便低调地使用数字命名。佛罗瑞斯打算进军美国市场，也希望这些与贵族的联系能引导他们，让那些对旧世界有情感的人们对这些香水产生喜爱。

127特别版是一款有魔力的古龙水，由草本柑橘特别提炼而成，味道温和。结合香水本身的故事，当你闻到这种独特的香水味时，一幅画面在脑海中油然而生：一位身着萨维尔街定制西服的绅士，早上慢慢地散步去理发店，下午在俱乐部阅读报纸。对于没有经历过这种生活方式的我们来说，127特别版能带给我们不同的感受，特别是在挥汗如雨的炎炎夏日，它的香味能带给我们平静与凉爽。

Narcisse Noir 黑水仙

卡朗公司，1911年

┆诉讼香水┆

作为一款传奇香水，“黑水仙”的故事几乎无人不晓。有时候，我们走进香水商店就能很明显地感受到这款香水的神奇力量——销售经理气喘吁吁、极尽疯狂地为他们的门徒讲述这款香水的故事：诺埃尔·科沃德（Noël Coward）的戏剧《旋涡》（*The Vortex*）中提到了这款香水；1949年的电影《黑色水仙花》（*Black Narcissus*）里的修女们一闻到它就变得疯狂；格洛莉亚·斯旺森（Gloria Swanson）在《日落大道》（*Sunset Boulevard*）中也提到

过它。

当你闻到这款香水时，它似乎会让你感受神圣的遗迹——比如：圣十字教堂的圣·托马斯的手指或是斯里兰卡佛教圣地供奉的佛祖的牙齿。这种感受可能是崇拜，也可能是热爱。很多人将黑水仙香水奉若神明，很少有人认为自己能驾驭它。

那么，这款香味从何而来？它又是如何在20世纪前半叶风靡时尚界的呢?

黑水仙是卡朗公司推出的第一款成功产品，这家公司的创始人是通过自学成才的欧尼斯特·达尔多夫（Ernest Daltroff）和他钟情的姑娘菲丽丝·万普尔（Félicie Wanpouille）。他们之前发行的光芒（Radiant）、尚蒂克勒（Chantecler）和伊萨朵拉（Isadora）等香水销量都不错，然而公司还是采用押韵和暗示的方式，将它们整合成一个大的系列（它们后来也会再度登场）。从名字上看，黑水仙是以水仙花命名的，黑色的水仙？其实根本没有这种植物，就像人们为了满足好奇心而培育出黑色玫瑰。有一种可望而不可即的想法，希望能将黄色水仙转变成黑色，培育出黑夜版的水仙，当然，还要保持水仙花在纳西索斯的故事和希腊神话中的高贵姿态。水仙一词的词根是“narce”，意为“使……昏迷”，也继承了水仙具有麻醉的特性。

卡朗公司对黑水仙这种植物的存在不置可否。然而，制作黑水仙香水的原料却是从菊花和茉莉花中提取出的高浓度白色的植物香料，搭配麝香和檀香。有时候，它带有很浓郁的脂粉味，有时候又油腻腻的，似乎还能润滑皮肤。

虽然黑水仙诞生于“二战”前期，其影响力在20世纪20年代如滚雪球般不断增长，那时，香水业都在尽力取悦那些可能在科沃德戏剧中遇见的人。戏剧评论家乔治·让·南森（George Jean Nathan）在1926年出版的散文集《撒旦之家》（*The House of Satan*）中描绘了这样一群人，他们“与各个欧洲大陆的沙龙和温泉疗养地关系密切，常组织网球、板球、桥牌、麻将、纸牌、俄罗斯音乐欣赏等活动，还联合了克拉里奇酒店、大使馆俱乐部和蒙特卡洛体育会，这些都引领着法国巴黎会客室游戏的潮流”。黑水仙，以其新潮和神秘的特质，展示了另一种特殊的异国情调。

由于发现了黑水仙畅销的原因，卡朗意识到保护香水的品牌是维持长期成功的关键。不出所料，1920年，一系列的仿冒品牌横空出世，希望借水仙这个名字在香水市场上分得一杯羹，更有甚者通过改良竟然扭曲了水仙的概念。其中比较出名的是：维克多·维瓦多（Victor Vivaudou）公司的“中国水仙”（Narcisse de Chine）、让盖尔（A. Joncaire）公司的“金色水仙”（ Narcisse d'Or）、巴黎科林（Colin）公司的“皇家水仙”（ Narcisse Royale）以及莫尔尼兄弟（Morny Frères）公司的“黑白水仙”（Narcisse Blanc et Noir），等等。

当时，商标之于商业成功的关键作用越发凸显，然而在香水业还未出现过品牌诉讼纠纷。卡朗公司首开先河，将杜·穆瓦雷（Du Moiret）公司出品的“月光水仙”（ Moon-Glo Narcissus）和亨利·慕拉尔和希（Henri Muraour & Cie）公司的“蓝色水仙（Narcisse Bleu）等告上法庭。这起案件在当时引起轰动，卡朗与康德有限公司（Caron Corporation v. Conde， Limited）作为原告，出席了纽约最高法院的庭审。拥有“黑水仙”完整商标权的卡朗公司主张：任何使用“水仙”字样的香水公司都是不正当的，应该被禁止。法官也记录了他们的争执：“‘水仙’一词在案件中‘被赋予了特殊意义’，是原告（卡朗公司）‘专有’的香味，因此原告禁止类似的词语出现在类似的香味中”。但法官并没有如此认为，最终裁决：商标中的“水仙”一词仅仅是对花的描述，并没有“暗示的意义”，可以为大众所使用。

卡朗的战略事与愿违。他们将“黑水仙”香水当作这种想象中的花卉的瓶装精华出品，向大众灌输这款香水和这种花卉的联系，并在过去的十五年里不断改进（其他公司先于他们发行过水仙味道的香水）。但这种想象中的花卉在法庭上是站不住脚的。

然而，卡朗公司根本不需要为此忧虑，因为现在，不管是中国水仙又或是月光水仙香水都已经绝迹。唯有黑水仙赢得了消费者的爱戴，卡朗的坚持终于有了回报。

Poinsettia 一品红

J.E. 阿特金森公司，1911年

戏剧香水

这是一款味道清淡的香水，却引起了我们的注意，因为它是名人代言香水的早期典范。在本书第一个十年故事里，我们遇见了吉布森女郎。现在，是时候介绍欢乐女郎了。请放心，本书并没有计划在20世纪80年代的篇章中提到黄金女郎。

欢乐女郎是爱德华时代新音乐喜剧的现象级产物。伦敦西区的欢乐（后来称“新欢乐”）剧院是她们的家园，那里与众不同、充满娱乐气息，随处可见气泡水的嗞嗞声、肆意的玩笑声和轻浮的举止。想象一下，吉尔伯特（Gilbert）与沙利文（Sullivan）[1]就是在这里遇见了科尔·波特（Cole Porter）[2]。他们的许多产品名字里都含有“女郎”这个字眼［比如：《伯爵和女郎》（*The Earl and the Girl*）、《阳光女郎》（*The Sunshine Girl*）、《女郎优先》（*After the Girl*）、《哥德堡女郎》（*The Girls of Gottenberg*）］并紧跟摩登女性的潮流，她们通常都有工作，发现爱情充满戏剧性的变化。

舞蹈编排无疑是每场音乐剧的重要组成部分，这也是欢乐女郎出场的机会。她们绝不低俗，她们又唱又跳但绝非挑逗，就像在海滩上排成一行，朝着人们挥手。那些成功登上舞台的也努力做到最好。与舞台上角色相似，许多女孩都来自普通家庭，为了谋生，成为取悦贵族的女郎。有很多人士慕名而来，在后台入口徘徊，疯狂地想要认识像菲利斯·达尔（Phyllis Dare）这样的著名女郎，人们给这样的男子一个诡异的绰号“后台约翰尼”。

欢乐女郎的出现，引起了人们的疯狂追捧。普通观众守在舞台拱门处远远欣赏，贵族们则可以到后台一睹芳容——这些场景充斥在《戏剧画刊》杂志里。每个星期，杂志都会特别报道最近的音乐剧。人们用颂词来赞美欢乐女郎令人着迷的美丽，却发现在她们的美貌面前，任何文字都黯然失色：“她们是多么地有魅力！……在如此的美貌面前，剧情还有什么意义？剧情，事实上——早已无人

1　指维多利亚时代的幽默剧作家威廉·S.吉尔伯特（William S. Gilbert）与英国作曲家阿瑟·萨利文（Arthur Sullivan）。

2　科尔·波特：美国著名男音乐家。

问津！”有时候，人们也不介意女郎们的真实身份“即使通过剧组也难以猜测”，因为她们“在舞台上的演出”已经“奉献了一场场视觉盛宴”。

除了对女郎的痴迷，人们也迷恋她们的服饰。欢乐女郎自然而然也成为摄影师眼中的宠儿，特别是当她们身着华丽戏服的时候。人们细致地描述她们的服装，有时候，还会在主流评论上以大篇幅报道。我们节选了以下内容，展示人们对加布里埃尔·瑞（Gabrielle Ray）服饰的描绘：

> 一件非常漂亮的中式绉绸斗篷，后背的水手领与肩同宽，搭配长长的流苏，头戴一顶别致的珊瑚红帽子。在二重奏表演时，她迅速换装，脱掉外套，露出闪闪发亮的紫色裙子，上面绣着各种颜色的郁金香，裙子上还有精美的粉色雪纺条纹。

欢乐女郎一度成为时尚偶像，吸引公众的目光并收获一大批模仿者。一家香水公司意识到如果人们如此渴望模仿加布里埃尔·瑞的穿着，应该也非常希望了解她身上的香水味。

1911年，瑞、菲利斯·达尔、康妮·艾迪斯（Connie Ediss）和奥利弗·梅（Olive May）合作演出了舞台剧《佩吉小姐》（*Peggy*），这部剧是“一战”前最流行的戏剧之一，她们的表演更是迷倒万千观众。正是在这个时候，邦德街的阿特金森公司推出了一款新的香水“一品红”，并与四位女郎签约，邀请她们担任形象大使，这也是明星正式代言香水的早期范例。与此同时，它的竞争对手戈斯内尔公司也如法炮制，用玛丽·萝丝（Marie Roze）以及她在《玛农》（*Manon*）里的角色作为“樱花香水”的代言人。法国妙巴黎公司（Bourjois）也因为赞助了“玛农·斯科”这个角色而获得成功（这个堕落女子的悲剧故事引得人们争相模仿）。

一品红香水的原料来源圣诞红（一种植物），味道清淡，因此人们认为这种香味无法与欢乐女郎的高贵身份相提并论。我们对这款香水的认识大多是来自阿特金森公司在伦敦报纸上的大篇幅广告，刊登了四位年轻明星在《佩吉小姐》中的剧照，广告词这样写道：这款香水是为她们“量身打造”并“大量提供”。广告还以第一人称引用了奥利弗·梅的强烈推荐，“这款香水着实让我惊讶，它的香味有一种独特的魅力，价格又如此亲民。一品红香水虽然清淡，但甜蜜的气息无处不在。”值得我们注意的是，女性们都喜欢清淡的香水味——我们在20世纪初一次又一次遇到这一现象——特别是舞台上的佳丽们更让我们坚信这一点。

虽然我们没有找到《佩吉小姐》这部戏剧的第一手资料，但你们得知道，它就是当时的热门。剧中，奥利弗·梅组织了一帮合唱队的男孩，唱到“心跳的声音和套马杆的嗖嗖声是大草原上的唯一声响”。如此这般豪放的场景，激励了许多女性释放天性，挣脱19世纪的束缚，也正是因为她的振臂一呼，才让其代言的一品红香水家喻户晓！凡是订购的消费者都能获得一个特别的礼品，由艺术家约瑟夫·A.辛普森（Joseph A. Simpson）设计的，红色铅笔勾勒的几位明星素描像。

梅小姐本人的结局也不错，至少听上去是这样的。1912年她告别舞台嫁给佩吉特勋爵，后来离婚后再婚成为德罗赫达伯爵夫人。大家可能会怀疑一品红香水不在她的嫁妆中。这个交易就是一场赤裸裸的商业利益交换，也没有人会指责奥利弗和她的朋友们（或者经纪人）在这场狂热盛宴中获得的利益。

中国之夜 Nuit de Chine

保罗·波烈公司，1913年

梦幻香水

很多人穷极一生只为活得美丽。与生俱来的高端品位、收集癖、对颜色的鉴别力，促使他们努力编织了一幅精美的图画，来定义一个新的时代。人人都迫不及待地想要成为新世界中的一分子。保罗·波烈就是如此。紧跟俄罗斯芭蕾舞团如万花筒般美学潮流（特别是随着女性越来越自由，抛弃束胸内衣，披上外套穿上马裤），波烈在1910—1930年销售时装、家居用品和香水，主要面对世界上最富有的人群。然而，现在香水已经绝迹了（除了非常珍贵的，一般空瓶子就能卖几千块），它们就像是幻想出来的事物。它们真的存在吗？或者说，它们只是一个梦。

波烈公司的香水产品非常华丽，让人感觉到仿佛是博物馆中的藏品，需要保存在保险柜里，摆放在梳妆台上都担心有摔坏的风险。波烈热衷旅行，是一个永不满足的装饰品收藏家，对东方的艺术品有着细致入微的见解。对于他来说，东方香味是非同寻常的：仿佛来自穆哈拉加（Maharadja）、阿拉丁（Aladin）、释迦牟尼（Sakya Mouni）——后世称之为佛祖。“中国之夜”香水就是他最著名的藏品之一，它的制造者是莫里斯·山勒（Maurice Shaller）。香水用鼻烟壶盛放，壶上镶嵌胶木环形把手，外面还有一层盒子，用美丽的丝织品包裹起来。有时候，来自波烈自己的艺术学校——马蒂尼学院的学生会在玻璃瓶上手绘一些图案。对于那些拥有一切的人来讲，波烈的香水传达的正是一种极致奢华以及权威。

但是，有不同寻常，就有秘传。以盛放中国之夜香水的瓶子为例，上面刻有表示“kono”的汉字。1916年《Vogue》杂志专栏的美女作家非常渴望与自己的读者交流自己对每一个文字所要表达的含义的理解：“整个轮廓指明了一个有限的区域，封建领主用家臣的双手就能守护这片土地。线条指代领主的住处，整个图案象征王国或者国家。”引人注意的是，“中国之夜”香水就像是一杯充分混合了杰克丹尼（一种威士忌酒）和可乐的鸡尾酒，再滴上几滴柠檬汁。通过融合天然奶油檀香与一抹香薰，成功地将源于欧洲的香料赋予明显的东方神韵。

如此奢华的香水只有面向高端市场才名副其实，而波烈正是这方面的行家，直到20世纪70年代都无人能及。他常常在朋友圈里发布新点子，在正式上市前极力进行商业宣传。1911年6月，为庆祝“波斯之夜”（Nuit Persane）香水的面世——这款香水从未在市场上使用过这个名字——他在花园里为其举办了一场名为“一千零二夜”的盛大化装舞会。舞会邀请了三百位宾客，每个人都精心装扮（他们之前就被告知自己的角色），在这样一个放纵的夜晚，波烈就像是他们的国王，所有人都臣服于他。后来波烈还举办了一次舞会，下面的报道为我们描述了波烈的慷慨：

> 他在花园里搭起了50英尺高的丝质天棚，枝形大吊灯和射灯照亮了整个场地。在竖琴和风笛的伴奏下，蒙着面纱的希腊女郎在草坪上翩翩起舞。舞会的主人慷慨地四处分发香槟和纪念品。

这些纪念品能勾起人们对这个奇幻之夜的回忆，特别是这款久负盛名的香水。这个故事来源于罗伯特·福瑞斯特·威尔逊（Robert Forrest Wilson），这位旅居巴黎的美国记者获得过普利策奖，著有深受读者喜爱的旅行手册《漫步巴黎》（*Paris on Parade*）。威尔逊乐于报道奢侈品行业，并非常自信他能够进入城市里的很多有创意的女装设计师店铺。一旦他进去了，那么一切都尽在他的掌握中。

威尔逊曾经在波烈的工作室采访过波烈本人，当他回忆初次拜访这位传奇人物时，注意到工作室的门上贴有一个提示，上面写着：“前方危险！！敲门前请三思——真的有必要去打扰这位大人物吗？”这是波烈先生以第三人称在描述自己吗？抑或是他那古怪的秘书？带着些许恐惧和忐忑（威尔逊对于波烈的威望和易怒的性格早有耳闻），他走进了工作室：“这就是那个率领千艘船只——满载着美国消费者——奔向巴黎的人吗？在你面前的男人个头不高，身材敦实，精心打理的头发衬托着圆圆的头，正好遮住秃顶的地方。”

波烈长相平平，却声名远播。奇怪的是，他却用自己女儿的名字来命名香水公司——罗西纳香水（Les Parfums de Rosine）——这也许是个错误。不仅仅因为对于顾客来说这完全是一个新的品牌，而且罗西纳本人也是个名不见经传的小角色，根本无法与20世纪二三十年代的时尚设计师相提并论。当时，不论是香奈儿（Chanel）还是勒隆（Lelong），在时尚界都是响当当的人物。而罗西纳更像是一个谜，那位费尽心思解释“kono”象形图案的《Vogue》杂志的作家也想解释这个谜题：

> 她究竟是精灵、神仙还是贞女？我们非常好奇，希望能了解这不可思议的存在。她沿着玫瑰花盛放的小径轻舞飞扬，穿过一片奇迹般雪白的水仙花丛，盗取芬芳的秘密种子，为我们带来花儿国度的香水，那么浓烈、那么让人痴迷。

人们认为，罗西纳是一位女性旅行家，足迹遍及巴格达、中国和印度，目睹了一个又一个芬芳的奇迹，学习并带回古代香水配方，重新将它们投放市场来取悦顾客。香水背后的故事往往与香水本身一样天马行空，但有些也是事实。对于美国读者来说，他们最近为巴黎时尚界着迷，却只能通过印刷品来了解这个遥远的国度，对人物、商标和故事完全没有概念。

真正的罗西纳在文章发表之后死于西班牙流感，她的父亲波烈先生继续在战争中从业，于是，“胜利的果实”（Le Fruit Défendu）香水于20世纪20年代面世。然而，罗西纳香水公司没有幸存下来。因为它太昂贵、太美丽，是一种高超的技艺，永远无法为商业所用，无法满足批量生产的大众需求。此外，香水瓶、包装盒、商标和装饰品等其他材料的精美也使得香水本身的味道黯然失色。波烈的配方和想法，领先于他的时代太多太多，幸运的是，同时代还有一位香水制造商，亨利·阿尔梅拉斯（Henri Alméras）正在崛起，他后来成立了让·巴杜（Jean Patou）公司。

1922年，《剧院杂志》（*Theatre Magazine*）采访了波烈先生，他分享了自己的灵感：

> 躺在草坪上，闻着青草的香气，绿色植物环抱着我，为什么人们通常用鲜花来制作香水呢？我身边的这些东西难道就不行？它们同样能令人兴奋……这些香气来自潮湿的泥土、树叶、松树、盐沼，与花香比较……对于我们中的一些人来说意义重大……于是，我制作了一款青草香水……你知道当你将它喷洒到手中时是多么芳香……此外，黄杨木……常春藤……苔藓……都是我用过的原料……我曾经还利用深海植物制作了一

款香水……

苔藓香水可不是什么新鲜产物，盐沼和海藻香水倒是挺新潮。这些香水也许只能在下一个世纪才能走入大众生活，现在看来还是太超前了。

波烈的后半生毫无惊喜可言。1929年破产后，他只能靠贱价兜售库存衣物为生。在新生代设计师层出不穷的年代，他的风格太过华丽和魔幻，最终，他潦倒到在街头作画并死于穷困。

Ess Viotto 伊思·维多

御香坊，1913年

¦ 职场女性香 ¦

注意：从工艺上来讲，伊思·维多（Ess Viotto）不算一款香水，它的名字也不是一种易位构词游戏——虽然看上去很像，也能重组为“Vote Tis So”。如今这款香水没什么存在感，而在当年，使用这个名字的是一款由香皂企业御香坊引入英国、装在祖母绿瓶子中的香味洗手液。这款产品很快登上了《周日泰晤士报》（*The Sunday Times*），并被誉为广大女性的“一致追求”。

我们非常熟悉护手霜和免洗消毒液。伊思·维多有着特殊的综合功能，宣称能在“润滑”的同时赋予双手紫罗兰的香味。

在1913年，人们通过手的状态来衡量女性的社会地位。粗糙皲裂的双手代表生活艰辛，而柔软纤细的手指则体现出生活的安逸，远离洗洁精和洗衣粉对皮肤的伤害。在大多数社交场合，日常佩戴的手套能掩盖手的瑕疵，但在某些重要场合，比如求婚者单膝跪时，藏匿在手套里的手就得出来见光了。小说《飘》（*Gone with the Wind*）里有这样一个场景：内战期间的斯嘉丽迫于生活被迫在棉花地里劳作。当她身着旧窗帘改造的衣裙，向白瑞德伸手要钱时，她差点就成功了，直到白瑞德握住她的手，感受到她那娇嫩的双手竟然变得如枯树般粗糙。

伊思·维多的出现，为皮肤带来隐形的保护，提升女性的自信：

> 您的双手白皙吗？柔软吗？美丽吗？如婴儿小手般嫩滑吗？如果没有，我们能帮您实现——细腻的触感——令您身边的女性朋友嫉妒——而实现如此完美的状态——只需要一点点。

1913年，伊思·维多一上市便广受欢迎。随着“一战”的爆发，家乡也变成了前线，数以百万计的年轻女子走上工作岗位，代替在前线作战的男人撑起一片天，她们有的在办公室处理行政事务，有的则投身工业和制造业。

有钱人家的女人们不需要赚钱养家，于是留在家里，忙于家务活，因为家里的仆人都去军工厂帮忙了。对个体而言，这绝对是一个特殊的经历，舒适安逸的生活一落千丈，每天与疼痛和繁重的工作打交道，在身体上也留下了痕迹。美容行业一直致力于将任何信息转化为商业机会。伊思·维多很好地利用了这个时机，在其广告中如此回应女性顾客的顾虑：“那些在战争中工作的女性朋友们……都很担心如何保护双手的嫩滑和精致触感。”

伊思·维多的效果在香味和皮肤护理方面都有体现。我们知道，紫罗兰香味被公认为是优雅、淑女和青春的代名词。因此，这种香味能让人沉溺在悠闲的氛围中。生活在20世纪第二个10年的女性，通过使用伊思·维多将由于工作而粗糙的双手奇迹般地焕然新生，并以芬芳、精致的姿态展示于众人面前。

远离了油脂和蒜味，女士们在双手散发出来的田园般令人心旷神怡的花香中，沉浸在黄金时代的和平与快乐中。

English Lavender　　英伦薰衣草

亚德利公司，1799年和1913年

爱国香水

伊思·维多的紫罗兰香味不是战时唯一的香味。1915年，早些年刊登过阿特金森公司一品红香水广告的上流社会专属周报《素描》（*The Sketch*）热烈地讨论香水的力量：

> 当我们身处沙漠深处、高山之巅、战壕之中或者航海途中，有很多英国本土产品能让人联想到自己深爱的家庭。产自英国的紫罗兰香水就是其中的代表，它的香味在我们的脑海里勾勒出春天里的英国街道，是如此地迷人。

不管是紫罗兰，还是玫瑰都不真正“属于”英国，但对英国人却意义非凡，特别是在“一战”带来的创伤中，很多英国人远离家乡只为了保卫自己的国家。因此，紫罗兰香味是缓解思乡情绪的一剂良药。《素描》周报还提到一种香味“英伦薰衣草，于夏末秋初时节盛放”。如果紫罗兰代表新年伊始，薰衣草则象征收获。今天的英国，只有很小一部分土地用来专门种植薰衣草，但在150年前，从伦敦以南通往米切姆的走廊，以及赫特福德郡的希钦，都是非常著名的薰衣草种植基地，跟法国格拉斯小镇的茉莉花园齐名。那里的风景充满诗意，维多利亚时代的《农夫的杂志》（*The Farmer's Magazine*）曾经这样描述道：

> 乘火车从克里登前往萨顿的途中，从瓦顿开始，铁路的两边都是一望无垠的狭长地带，间或种植着大片的薰衣草。雷雨过后，薰衣草充满活力，颜色浓烈而深邃，迷人的香气沿着铁路四处飘散。当乌云散开，阳光再次洒下来，站在薰衣草田间，你会发现天空竟然倒映出土地的颜色，蓝天变成了薰衣草色。

一提到薰衣草和英格兰，人们立刻会想到伦敦著名的亚德利（Yardley）公司，哪怕他们的原料精油都来自法国。亚德利公司发迹于18世纪，最初靠销售薰衣草香皂和香水起家。到了1913年，他们换了新的包装并重新发行旗下最著名的香水，同年采用了弗朗西斯·维特利（Francis Wheatley）为其设计的小木屋作为新的商标，并配上“鲜花销售团队”的字样，取代之前盛放樱草花和薰衣草的篮子图案。他们还在邦德大街开了一家新的铺子，将长期积累的财产带入崭新的20世纪。

在两次世界大战中，物资紧缺，然而亚德利公司却冷静地继续经营着，用产品来安抚深陷战乱的公众。但还是有一篇文章讲述了一次冲突，我们称之为“古龙水之战”，这与“希望和荣誉之地”密切相关。事实上，这场意外事故发生在一个非常小的战场，也就是我们熟知的《素描》周报。从某种程度上来说，当第一次世界大战结束时，《素描》表现得异常兴奋，因为浓妆艳抹的舞会又重回伦敦。

翻阅战争年代的《素描》周报，你会发现分类广告大部分版面都是德国毛瑞尔和威尔茨公司（Mäurer & Wirtz）的4711号古龙水的广告，这家公司的历史可以追溯到1799年。与亚德利公司的英伦薰衣草一样，4711号古龙水也是长盛不衰。特别是在圣诞季，它标榜着战时的气息、带着些许侵略性的促销用语，告诉人们古龙水能缓解压力、重获新生。他们将香水赠送给受伤的士兵，因此它也受到男人的喜爱（对品牌的喜爱）。然而，亚德利公司在4711古龙水铺天盖地的宣传下，拿到了尽可能多的广告版面，推销自家的薰衣草香水和本土出品的古龙水。提醒人们：德国和英国正在交战，因此，购买德国产品是不受待见的。《素描》周报虽然拿了广告费，但并不会从编辑的角度教唆顾客购买毛瑞尔和威尔茨公司的香水：

> 我们考虑过，也一直在考虑，古龙水是不可或缺的。然而，我们应该摒弃的，是它的德国血统。从来没有任何理由告诉我们应该使用4711古龙水。一个世纪前，亚德利古龙水已经

在我们的伦敦生产上市，与德国产品相比，质量更加上乘。

我们发现，即使是香水，也会卷入消费者沙文主义。这告诉我们感情的力量无时无刻不在影响着社会的进程。“购买亚德利产品”是对国家的支持，购买4711香水就是卖国通敌。但是，亚德利古龙水不在此列。如果我们要表达爱国之情，真正应该支持的是亚德利公司的薰衣草香水。毕竟，它代表的才是英国广袤土地的香味。现在，薰衣草香水仍在商店售卖，就陈列在4711古龙水旁边。似乎，这两款香水已经化敌为友了。

Le Bouquet Préféré de l'Impératrice

皇后最爱的花束

布鲁卡德公司，1913年

¦ 革命香水 ¦

这款香水家喻户晓，并不是因为它1913年最初的样子，而是1925年人们理解的样子。为什么用“理解”这个词？因为故事本身是难以理解的，后来人们或多或少地添加了一些自己的观点。“皇后最爱的花束”香水由19世纪俄罗斯两大主要香水制造商之一的亨利·布鲁卡德（Henri Brocard）公司出品。这两家公司都是由法国人创立的，另外一家是拉雷公司（Rallet & Co.），商品更加高档，因为布鲁卡德公司主要面向大众市场，除了香水，还生产香皂。后来，布鲁卡德公司成为欧洲最大的香皂生产商。

和众多同时代的香水一样，皇后最爱的花束香水也是一款专属香水，它的主人是玛丽娅·费多洛娃（Maria Feodorovna），亚历山大三世的妻子和尼古拉斯二世（最后一任沙皇）的母亲。她同时也拥有霍比格恩特公司为她量身打造的沙皇皇后花束（The Czarina’s Bouquet）香水。

闻过这款香水最初版本的人还健在吗？有人曾在阁楼上藏匿这种香水吗？这应该不太可能：这款香水诞生的几年后，俄国革命爆发，所有法国香水及其制造商都在俄国销声匿迹了。欧尼斯特·博（Ernest Beaux）——拉雷公司的调香师不得不搬到巴黎，加入香奈儿集团，后来创造了香奈儿5号（No 5）香水。

布鲁卡德公司很快被国家第五香皂工厂接管，而后改名为“新黎明”（Novaya Zarya），而拉雷公司更名为“自由”。据说，任何关于沙皇皇后的文献都被认为是禁忌之物，所以布鲁卡德公司将香水的配方通过添加人工原料，于1925年以“卡拉斯纳亚·莫斯科瓦”（Krasnaya Moskv）的新商标走入公众视野，品名意为“红色莫斯科”或“美丽的莫斯科”——在俄罗斯，红色代表美丽。在设计方面也紧跟时代的潮流，通过现代艺术手段塑造了克里姆林宫的形象。

随着时间的推移和冷战的加剧，东西方香水业的作品开始出现明显的差别——以香奈儿5号和红色莫斯科为例——它们是同源的，虽然外表不同，本质却相差无几。红色莫斯科是一款经典香水，源自老牌的娇兰和格罗史密斯公司，带有康乃馨的淡淡辛辣，混合醛类化合物（这是20世纪首先使用的化合物），提升香气的刺激性——常常挑逗人们的嗅觉。

红色莫斯科更多地体现出文化的重要性。很多百万富翁在香水匮乏的年代，特别是外国香水没有进入本国市场的年代，都选择使用它。“二战”期间生活在苏联的女子艾琳娜在日记里写道，她曾经想要开一家咖啡馆，找了一家铺子。铺子曾经是贩卖香水的，虽然已经空置很久了，里面的味道依然芳香扑鼻，不禁让艾琳娜浮想联翩：“要是我们制作的蛋糕和点心有红色莫斯科香水味，会有怎样的效果呢？”像这样特别的故事还有很多，极大地提升了香水的影响力。

新黎明公司还出品了其他香水，特别在20世纪30年代，发布速度之快、密度之大，似乎想要向世人昭示自家产品的多样性，并宣誓为国家的所有女性的美丽负责。赠送香水甚至被列入了苏联的“文化行为”，包括在国际妇女节之际赠送香水给自己的阿姨和老师。

这时期还出品了一些特别的香水，我们叫作纪念香水，或多或少与工业和军事相关。比如，白海运河建成后出品的“白海运河香水”（White Sea Canal），以及1941年以坦克造型上市的香水。在苏联时代，最为西方世界津津乐道的香水是“阿波罗联盟号实验项目”（Experimental Project Apollo-Soyuz，英文简称EPAS），源于苏联和美国在太空探索事业中的一次罕见联手。这款香水由俄罗斯新黎明公司制造，搭配美国露华浓公司（Revlon）打造的容器。研究苏联事务的美国研究学者评论这款香水“是典型的俄国风格，甜而发腻”。

他的评论几乎将这种劣质产品塑造成一种文化的刻板印象，也反映了苏联香水的地位，从侧面反映出苏联香水的失败，它们缺乏法国香水的精致，没有昂贵的原料和工艺，就是一种廉价品。新黎明公司著名的男士古龙水“三倍”（Troinoi）也没能反驳这种嘲笑。这款香水以拿破仑古龙水（Napoleonic cologne）为基础，常常被穷困潦倒者当成酒的替代品，在街边小店和药店都有销售，有很多人尝试自己动手结晶其中的芳香剂，避免饮用时中毒。

现在，新黎明公司及其红色莫斯科香水因为某些好奇的苏联怀旧人士而重新回到公众视线中。皇后香水在网上的价格只在几英镑左右。当然，已经没有了往日的精美包装和配方，但香味却仍然迷人。

Le Fruit Défendu　禁忌之果

罗西纳香水公司，1914年

¦ 最佳命名香水 ¦

在香水命名年鉴里，“禁忌之果”香水一直名列前五。在伟大的调香师亨利·阿尔梅拉斯的帮助下，保罗·波烈及旗下的罗西纳香水公司利用亚伯拉罕诸教的创世神话“伊甸园中的亚当夏娃”，赋予命运之果（虽然有可能是一颗石榴）独特的香味。但这款香水的香味不是对布瑞本（新西兰苹果品种）的，更像荷兰静物画的昏暗房间中的釉面水果，包裹在金黄焦糖味道中的，还有一丝贝里尼饮料的蜜桃糖浆味。

这款盛放在烧制成苹果形状的玻璃容器[直到20世纪40年代的莲娜·丽姿（Nina Ricci）的版本才有所改变]中的香水，证明除了香味本身，香水能给人们带来奇特的感受，仿佛某些意义深远或者有趣的事情要发生了。卡朗公司的黑水仙香水曾经暗示了这种可能性的存在，而波烈则发现通过象征意义给香水命名，能将我们变为狂热的追随者，进而转化为对香水的疯狂占有。而苹果最深层次的象征意义——生命的孕育、永恒的青春、罪恶、知识——天生就是销售的手段。伊甸园的故事也陪伴着每个女孩进入梦乡。

禁忌之果于第一次世界大战期间发行，当时法国香水业可能面临戛然而止的境地，虽然“二战”时也是如此，但在1914年，很多香水工厂缩小了规模，脱离了工业供给链勉强度日。即使香水业被迫放慢了发展的脚步，仍然以有限的方式为都市富豪定制香水。根据巴黎香水档案馆馆长的描述，禁忌之果这个概念相当吸引人，一些名气颇高的巴黎名媛才敢使用这款香水。她们的丈夫、爱人和兄长在前线牺牲了，她们便带着禁忌之果的香气在巴黎的街上游荡。在她们看来，自己就是复生的夏娃，抛弃了亚当，而手包里的香水就像是那条邪恶的蛇，引诱自己与它为伍。

当然，还有一则童话故事与这款香水渊源颇深，那就是格林兄弟的白雪公主。“一战”结束后，禁忌之果香水出口到美国，当时白雪公主的童话故事已经流传了一个世纪，人们把它改编成了一部阴暗的无声电影，这部电影蚀刻在年轻的沃尔特·迪士尼先生的脑海中。正在此时，罗西纳公司的香水出现了。和邪恶的王后送给白雪公主的毒苹果类似，我们认为这款香水的真正魅力在于，它的香气能将人置身于奇幻的童话故事中。你可以成为它的忠实信徒，情愿被迷惑和奴役；也可以成为恶毒的女王，用香气保护自己的美貌，或将自己的权力更有效地凌驾于他人。

西普香水 Chypre

科蒂公司，1917年

¦ 经典香水 ¦

根据科蒂公司的自我陈述，“西普”香水是他们于“一战”后发布的另一款香水。然而，这款著名的香水并没有因为战争而失去公众的关注。它的上市时间至今没有定论。根据当时药店张贴的广告，西普香水应该早在1909年便进入了美国市场，1913年左右突然消失，到了1919年又重出江湖。因此，也许有人会争辩，西普香水实际上应该属于20世纪的头一个十年。这是一款“狡猾”的香水，虽然人们想要弄清楚它的确切归属年代，可它却丝毫不受影响。

与禁忌之果、黑水仙等同类香水相比，西普香水味道并不是那么浓烈，它的“新鲜”在于更清新和舒适，让人心平气和。一直以来，“西普”一词在香水业都有特定的指代，是指来自地中海塞浦路斯岛屿（法语写作Chypre）上的一种流传至今的香水制作传统。作为连接东西方世界的门户，塞浦路斯因各类芳香剂而闻名于世，特别是一种名为劳丹脂的天然树脂。这是一种从岩石玫瑰的树叶和树枝里提取出来的深色树脂，黏性很大，有时候会黏住在草地上吃草的山羊的胡子。长期以来，凡是冠以西普名字的香水，几乎都得到了行业的认可。18世纪时，粉末状的西普香料由苔藓、动物香（比如：麝香和龙涎香）混合香草及多种花香构成，由于香气持久而广受欢迎。

后来，科蒂拿到了西普香料的关键配方并加以研发，成功地制作出了现在我们看到的顶级西普香水。香水中断销售是一件很令人头疼的事，特别是像西普香水这样的教科书产品，20世纪的其他香水可都是以它为参考的。

科蒂公司早已打造出属于自己的独特产品链：玫瑰与红蔷薇香水重现了玫瑰的光泽，古董琥珀（Ambre Antique）香水令人们为之雀跃，牛至香水将东方元素推到极致。如今，又推出了这样一款令人着迷的香水，融合了鲜花、苔藓和香料，将佛手柑的香气发挥得淋漓尽致。他们曾这样描述这种味道：“仿佛从树林里散发出来的琥珀香。”独特的佛手柑、劳丹脂和橡苔的三重奏，就像一片灌木丛，地中海的野生灌木丛，在大自然鬼斧神工的作用下，成为时髦的代言人。塞浦路斯毕竟是美神阿弗洛狄忒的出生地，因此有大量的故事来支撑它的名声。但克制一点总是好的。柔和的灰绿色的纸包裹着香水的盒子带着些许经典风格——上面描绘的是科蒂的经典主题：一个古典的裸体人物蜷缩在芳香的灰烬上，任凭蒸汽飘散到他们脸上。科蒂并不希望与其他当代的文化象征雷同（不像娇兰），但这款香水还是与伊莎多拉·邓肯赤脚跳舞时穿着的希腊长袍（保罗·波烈公司出品），和俄罗斯芭蕾舞团《森林之神的午后时光》（*L'après-midi d'un faune*）剧中与精灵仙女们共度美妙时光的牧神一样，成为当时文化潮流的代表。

Mitsouko 蝴蝶夫人

娇兰公司，1919年

¦ 遗忘香水 ¦

“蝴蝶夫人”是对一位日本女性名字的粗略翻译，她是著名爱情小说《战役》（*La bataille*）的女主角。据传，娇兰公司正是从这部小说获得了灵感，于1919年出品了这款“蝴蝶夫人”香水。娇兰公司对东方元素的偏好与罗西尔香水公司和格罗史密斯公司如出一辙。

以科蒂公司的西普香水为基础，配上桃花香，成就了这款象征奉献与忠诚的传奇香水。也许是因为它挥发得特别慢，而它的香精、淡香水和香水版本的味道完全不同，这让情况更加复杂起来。

因此，蝴蝶夫人香水特别适合独处的时候使用，或者说希望用香气来鼓励自己并不孤独。它似乎有一种与生俱来的魔力，闻着它的香味，仿佛感觉到房间里的收音机在与我们对话，在无人陪伴的时候，给我们带来依靠——这可能是任何伟大香水都没有的特性。至少在使用者看来，蝴蝶夫人在与她们沟通，每一次呼吸都拥有不同的感受。初次接触蝴蝶夫人，是淡淡的青苔香，几小时后变成了抚慰人心的蜂蜜果香。如果你足够有耐心，你会发现蝴蝶夫人香味散去的那段时间是最美丽的，让人不禁希望能让时间停住。但有的人却不这么认为——总有香水取悦不了的人，这很正常。

在古代京都，曾经有一种计时器，艺伎们用来感知时间。这种计时器由精密制作的线香组成，每过一个小时，就出现新的香味。由此一来，只要轻轻闻一闻，就能感知到当时的具体时间。蝴蝶夫人香水并不会像这样每隔一小时变换不同的香味，但是在一天中会随着时间的推移发生改变。去柜台试试蝴蝶夫人香水吧，在回家路上，每隔一段时间，深深地呼吸蝴蝶夫人，感受属于它的独特故事。

喧嚣的20年代

1920年
至
1929年

The Roaring Twenties

1920
—
1929

信手拿起一小块糖，往香水里泡一泡，再放进嘴里，整个动作一气呵成，眼睛随即迸发出光芒。1924年，一种新风尚在女学生间流行开来，让人禁不住想尝试，不过却也只是昙花一现。在20世纪20年代，吃香水成为一种特殊的大众喜好，而且女性团体并不缺购买香水的钱。

20年代的前几年，香水业处在局势不稳的微妙境地，尤其是在美国。第一次世界大战期间，对香水和芳香产品的需求陡增，人们开始重视洗漱用品对保持卫生的重要性，还将其纳入军事训练。投身职场的女性也逐渐积累起可支配收入，用于美肤化妆等消费。战争结束后，市场迎来了香水销售旺季，正如业界报刊《美国香水商和精油回顾》在1921年所预测的：

> 一旦女性养成了使用洗漱用品和香水的习惯，她们便成为这些现代生活必需品的忠实消费者。经济拮据或许会令她们节约，但她们绝不会容许生活里没有这些有助于美容、舒缓的物品。

这种预测是正确的：1913年至1929年，香水销售额翻了三番——仅16年便实现如此骄人的成绩。然而，销售商们仍没有满足，对他们而言，现在还不到举杯庆祝的时候。此时，发展瓶颈出现。1919年，美国颁布禁酒法案，法案规定制造、售卖乃至于运输酒精含量超过0.5%以上的饮料皆属违法，同时还要缴纳巨额税款，这对相关产业而言无疑是致命一击。香水代理商发起了一项颇具风险的游说活动，企图说服国会变性酒精不适宜饮用，应获得税收减免，被授予制造许可证。他们陈述的其中一个理由是，香水作为一项高利润产业，有助于刺激国内消费，加速战后经济恢复。老牌香水商们聚集在华尔道夫酒店，极力想要展示行业的纯洁，在那里和政府官员们碰了头。政府官员们很清楚有很多香水商通过向制酒商贩卖原料中饱私囊，利润高达百分之三百。于是，他们警告说，将彻底根除所有非法交易行为，一经发现严惩不贷。

香水产业还通过其他形式游走在法律边缘。20年代，香水成为女性解放的象征，年轻女性大胆尝试新行为、新准则，以及新的穿衣风格。新一代女性不再满足于只是把香水滴在手帕上，或者将香粉装进香囊里，更倾向于在点燃香烟前蘸几滴，然后通过香烟管吸入香水。有些香水瓶采用扁平小酒瓶的形状，方便消费者喷完后用来装酒。人们还在皮草外套上洒特殊调制的香水。喝酒、抽烟、跳舞、出汗、亲吻、做爱——所有活动都被香氛旋涡所裹挟。在这出动人心魄的生活剧里，人们以前所未有的热情关注着香味。派拉蒙影业曾推出一部以一支体型巨大的香水瓶为主要角色的卡巴莱歌舞表演。《综艺》（*Variety*）杂志1927年三月刊曾这样描述："舞台上，香水瓶的顶部露出多萝西·内维尔（Dorothy Neville）的脸和身体，余下的部分是长达15英尺的长裙。"一群舞蹈演员从小一号银色瓶子里钻出来，围着大香水瓶跳舞。

然而，随着商场货架上摆满了各种包装精美的香水瓶后，时尚女性不再渴望大众香水，她们想要的是那独一无二的一支。奥地利著名作家斯蒂芬·茨威格（Stefan Zweig）所著中篇小说《邮局女孩》（*The Post Office Girl*）以20世纪20年代为背景，描述了一个名叫克里斯汀的奥地利年轻女子，她出生在中产阶级家庭，却因战争家道没落。在收到富有姨妈请她去阿尔卑斯山下豪华别墅度假的邀请后，克里斯汀让那里的人相信她是一个家底殷实的合法女继承人，并吸引了许多追求者的目光。其他女孩对她充满了艳羡之情，其中以一位叫卡拉的女孩最甚，她开始怀疑起克里斯汀的真实身份。在卡拉看来，克里斯汀既不了解马球、汽车，也不熟悉科蒂、霍比格恩特等名牌香水。克里斯汀的骗局很快被人识破，部分原因就是她游离在时尚香水圈子之外。在当时，科蒂香水名噪一时、惹人觊觎，在一次货物运输中被抢匪掠夺了价值高达两万美金的产品。抢匪拿枪对准卡车司机，并以20年代流匪的标志口吻大声嚷嚷："别动，不要出声，不然你就完蛋了。"与此同时，在提华纳与墨西卡利交界的边境地带，浮华城[1]的失业女演员通过参加香水走私活动来维系生活。

20年代的一大乐趣——亦是一大困扰——在于，香水品牌需要持续推陈出新，需要新的娱乐来充盈浮华奢靡的生活，保持时代内涵。香水和各式裙装、外套、帽子和手套一起，成为人们生活方式的一部分，它们在高级时装屋的销售方式启发了保罗·波烈的后继者，他们也以独特的方式加入其中：让·巴杜、可可·香奈儿（Coco Chanel）、爱德华·莫林诺克斯（Edward Molyneaux）、简奴·浪凡（Jeanne Lanvin）等。一时间，市场

1 Tinseltown，指好莱坞。

上可购买的香水数量如此庞大，以至于女性眼花缭乱、目不暇接。这时，一种“香水诊断法”产生。这种方法试图帮助消费者找到专属于他们自己的香水产品，虽然找寻过程困难重重。

购买狂潮逐渐演变成为涓涓细流的诱惑营销模式。当产品的推广与人们对于一款香水的新鲜度同样短暂时，这样的营销模式格外中肯，这种特征成为“商标心理学”：

> 你没办法描绘你售卖的产品。它们本就不受外界图像的影响，因为气味本身自能勾勒出幻象，演化成一组优美悦耳的形容词和辉煌的文学作品。这是自整个埃及散发着尼罗河腐朽物质的恶臭味道时便有的。

忘掉试着用文字描述香味，忘掉满是花朵和仙女的画面，最佳销售方式是要善于调动消费者情绪，就像一个“假的占星术师”，即使再胡说八道，也能用充满诗意的声音俘获“天生喜爱音乐”的女性。香水是凌驾于歌词以上的旋律，至今亦是如此。

Habanita 哈巴妮特

慕莲勒公司，1921年

¦ 烟熏调香水 ¦

想象一只大海龟，体型大到一名女性骑上去，两只脚碰触不到地面。现在，再来设想一下这名女子，身穿黑色紧身劣质连衣裙，挥动着皮鞭催促身下座驾加快移动速度。

这可不是小成本电影中的一个场景，而是来自20年代期间穆拉德（Murad）土耳其香烟广告。其立意精彩绝妙，颇具爱丽丝仙境式有趣风格。可即使如此，它也比不过以奇异独特著称的阿卜杜拉（Abdulla）香烟广告。该广告采用当时知名女游泳运动员代言，其中包括游泳皇后格特鲁德·埃德尔（Gertrude Ederle）——首位横渡英吉利海峡的女性：

> 我们只知道最好的阿卜杜拉香烟支持、鼓励着她。她还在继续游着——但出乎意外地，加来海岸使她停了下来。

广告刊登了这位以自由泳实现非凡成就的女性游泳员画像。画像旁，还会印刻上诸如此类的句子。

早在1908年，纽约州就颁布了一项禁令，禁止女性在公共场合吸烟。这使得吸烟行为更加隐蔽。仅12年间，吸烟已演变成为高歌猛进的爵士时代人们不可或缺的习惯行为，其中以年轻时髦女郎最甚。作为商品，香烟并非新生事物，但是就在当时，人们发现它还是摄取尼古丁的合法途径。在过去，与烟斗和雪茄相比，香烟一度被视为不够男人味，其小型装置亦得不到男子汉们的青睐。然而"一战"期间，士兵吸起了香烟，好让极度紧绷的神经镇定下来。相较其他颇费功夫的烟草用品，香烟具有便携性好、使用更方便、价格更低廉等优势。女性选举权运动在向"人人皆兵"及"人人抗战"看齐后，迅速把吸烟作为女性解放的一种象征。安娜·埃莉诺·罗斯福（Anna Eleanor Roosevelt）[1]等知名女性也被拍到大大方方在公众场合吸烟，而非躲在更衣室里吞云吐雾。在她们的带领下，香烟产业通过制作精美烟嘴等方式，鼓动越来越多的女性参加到这场声势浩大的行动中。

1　著名社会活动倡导者，美国第32任总统富兰克林·罗斯福的妻子。

香烟产业与香水产业有着诸多相似之处，不仅存在于古时人们焚香以启天意，还体现在当代商人将两类产品——无形及其他体验——都转化为视觉语言的努力上。因此，一些拙劣香烟广告的审美特质可以和早期的香水广告进行互换：东方魅惑，以及缕缕烟雾、酒精挥发使人穿越奇幻之地的暗示。当时还掀起了一股恋物狂热，推广用图案精美的纸盒装香烟或香水细口瓶——香水盒拿回家后用来存放香烟。还有玲珑小巧的胶木粉盒同时容纳旅行香水棒和香烟。最终，人们可以购买带有玫瑰、紫罗兰或琥珀香味的香烟。市面上甚至还推出了一种手工制作方案：提供一次性木棒包，方便消费者将木棒伸进心仪的香水瓶里，然后蘸几滴香水在香烟纸上。

“哈巴妮特”香水，由法国香水公司慕莲勒推出，进一步固化了两者之间的关系。它并非史上第一支烟草调香水［1919年，卡朗推出金色烟草（Tabac Blond）］，但是这支香水以香水香烟而非吸烟人为设计出发点，使它成为烟草调香水唯一留世的作品，并依然跻身当今市场。

哈巴妮特香水名带有“小哈瓦那”式风格，寓意香味可以让香烟升华为一种更加独特，具有极品古巴雪茄味道的烟草。吸上一口（闻上一闻），思绪不由飘荡至欢乐岛上的炎热狂欢夜，欢快拉丁乐萦绕耳边，暮色中的沙滩灰蒙暗淡。与其论哈巴妮特的香味复刻烟草叶香，倒不如说它丰盈了烟草本味，于味道外赋予了更多活力和神秘。丁香、康乃馨代表着温暖，香草融入丝滑感，皮革又糅杂了焚香香味。缕缕桃香、依兰依兰香随风飞舞，仿佛调皮的精灵在恣意嬉戏。

最初配方的哈巴妮特虽然已经停产，但随着时间变化，它经历了多次改版，却依然存在市场上，现如今是一款常见的香水。它体现了香水业已成为人们日常生活中的一部分，是人们用来标记所有物的工具。同时，它也向大众呈现出过去时光的淘气恣意之感。在现代人眼中，20年代的大规模吸烟行为堪称一大惊人现象。可在当时，香烟以迅雷不及掩耳之势渗透进了人们生活中，其流行之势竟也不甚奇怪。现如今，随着香烟再一次被“流放”，哈巴妮特香水足以令人重返烟雾缭绕、纸醉金迷的黄金岁月。值得庆幸的是，现在，人们只对它的香味上瘾了。

No 5 香奈儿5号

香奈儿公司，1921年

传奇名香

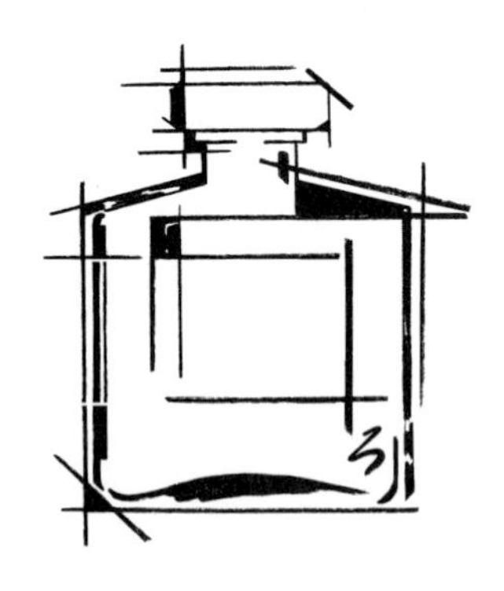

对于“香奈儿5号”香水这一款传世之作，人们欲舞文弄墨大肆赞美一番，却发现词穷墨尽，正如前人对莎翁名著《哈姆雷特》的评述一样。一代又一代人孜孜不倦地对香奈儿5号进行研究解析，说不定已经有人写出了刚刚开篇的那句话。它是为数不多的已有专题著作的香水。它或许会被带去外太空，成为首位登上火星的女航天员使用的香水。新铁器时代狩猎者会把它埋在地下，待启示录之战爆发的几百年后被人重新发掘。

聚会上，每当新一季主题作品发布时，熟络起来的人们卷起袖子，目光挑衅地看向对方，“猜猜我今天喷了什么香水。如果猜不出来，那你就有麻烦了。”随后，她们以过度亲密的姿势将手腕，甚至脖子凑近对方的脸。然而她们不知道，这样的问话无意中泄露了秘密。对方无须去闻，回答香奈儿5号保准没错。只有一次除外，对方喷的是雅诗兰黛的白麻（White Linen），可就算猜错了也无伤大雅。

香水的独特之处在于所吸引的消费群体，在于使用者的气度风格在某种程度上与香水特质相呼应，虽然不按常理出牌，选择一款另类香水亦不失为一大乐趣。一个散发着巴黎甜腻玫瑰香的健美女子也是非常不错的。然而，谁都无法设定说哪一类人钟情于香奈儿5号，它可以引发各种各样的猜谜游戏，连使用者的穿衣风格都不尽相同。香奈儿5号因使用者不同会散发出独特香味，又或者这只是普及使用后人们为凸显自我而做出的努力罢了。这款香水的用户群体范围极其广泛，秉承品牌发展方向，成为每一名女性都应该典藏的经典香水。

香奈儿5号带有服饰造型的剪裁简洁利落之美，宛如一个干净的空房间，无多余小摆件暴露年代感，尽显独特魅力。其多样性趋于抽象。尽管它以醛香为主，糅杂了柠檬、佛手柑、玫瑰、依兰依兰、茉莉、麝香、香根草、檀香木等原料，但是这却是一款不试图重现花香的香水，反而与香槟、泡泡浴等奢侈产品，或与财富、金钱、黄金更类似。20年代的另一款经典——娇兰的一千零一夜香水

（Shalimar，本书遗憾地没有专门列出一个篇章叙述）本身存在着一个“包袱”问题，对其品牌推广造成一定影响：泰姬陵爱情故事，以及东方香水传统。而香奈儿5号并不受这样的限制，在1921年达到巅峰后执着地寻求突破，即使岁月更迭，亦不断向上攀升。品牌对求新求变的强烈诉求，犹如电影《怪形》（*The Thing*）中的不可知生物一般，以不可抵挡之势迅速适应了任何宿主环境。就连这香水瓶，在经过多年小幅度改动后，始终焕发着新生活力。

现在，将目光锁定这款经典香水在过去几十年间创意十足的市场营销策略。其风格多变，但都是划时代之作。广告主角苏茜・帕克（Suzy Parker）以一袭白色长裙，宛若初入社交圈的少女；英国超模简・诗琳普顿（Jean Shrimpton）身着雪纺半透明连身长裙，化身香水精灵；最具颠覆性的是摄影大师赫尔穆特・牛顿（Helmut Newton）掌镜的、身着中性黑色西装的法国知名演员凯瑟琳・德纳芙（Catherine Deneuve）。过去40年来，香奈儿5号的广告影片以不同视角，在不同场景，向世人们传递同一种文化符号。法国著名导演吕克・贝松（Luc Besson）执导的影视广告，邀请超模艾斯黛拉・沃伦（Estella Warren）饰演颠覆传统角色的小红帽，搭配“剪刀手爱德华”式配乐（悲伤的合唱歌曲）；澳大利亚导演巴兹・鲁曼（Baz Luhrmann）取材歌舞片《红磨坊》拍摄的香奈儿广告大片至今仍是不可超越的经典之一；还有性感男星布拉德・皮特倾情演绎的黑白纪录片式广告大片，将香奈儿独立自我的个性进行了全新的演绎。英国导演雷利·史考特（Ridley Scott）自70年代起，便与香奈儿开始了长达30年的合作。他拍摄的“分享惊奇”系列广告片展现了超现实的幻想，集中以一架飞行中的飞机，即现代人类战胜地心引力的象征为背景。香水本身如何，已不再重要。香奈儿5号逐渐演变成为极具张力的文化符号，任其再刻意营造、故弄玄虚，亦有人倾心恋之。一则广告中，女主角在与情人对话时，引用了一段《吉尔达》（*Gilda*）电影台词，“我也恨你。我是如此地憎恨着你，我想我快要死掉了。”这句话同样适用于人们对香奈儿5号爱恨交织的感觉。

香奈儿5号以多面著称，应该说它是香奈儿凭借惊人的市场洞察力，成功打造的一款经久不衰的传奇之作。毕竟，市场上有很多品牌声称其产品具有划时代意义，点缀了旧时光。香奈儿5号则延续了品牌上市之初给人的跨时代感受。该产品一问世，就迅速甩掉了同时期的慕尼丽丝（Molyneux）的5号香水（Le Numéro Cinq），到了30年代更是被誉为不可超越的经典香。其声势之浩大，吸引业界竞争对手纷纷效仿。科蒂在1927年推出的一款名为吸引（L'Aimant）的香水，被人们视为香奈儿5号的平价版本。

不论香奈儿5号是否是原创（5号原本是俄国拉雷公司的调香师欧尼斯特·博的繁华旧梦。俄国十月革命爆发后，这位调香师被迫中止了实验。后来，他与香奈儿合作，将曾经最自傲的香水推向了世人。因此也就有了香奈儿5号并非原创的说法），不论你是否喜欢它，一个毋庸置疑的事实是，即使在1921年，香奈儿5号都被人们视为划时代的精品之作。加布里埃·香奈儿（Gabrielle Chanel）不喜欢甚至反对保罗·波烈的罗西纳香水的那种华彩浓厚、极尽奢华的风格，所以香奈儿5号作为香奈儿的第一瓶香水，像是一台简洁、严谨、适应性强的机器。

圣诞夜 Nuit de Noël

卡朗公司，1922年

¦节日香水¦

拉上舞伴，在舞厅里不停旋转

没人倒下，所以何不跳起来

如果他跳得不够好，你也无须发愁

因为舞池里还有很多，很多

可要抓住圣诞舞会上的每一个机会

——贝西·史密斯（Bessie Smith）

歌曲《圣诞舞会》，1925年

这是一款人人都喜爱的香水。请尽情期待涌动的热情吧。1922年，卡朗推出“圣诞夜”香水，其香味却与肉馅饼、干果布丁、装有丁香的橙黄色香盒等节日食物无任何关联。它像是从卡朗最爱的萨克斯苔藓基底中掬一捧松软苔藓，浓烈的玫瑰香仿佛大把玫瑰“砰”的一声散落在周围。因此，它很快获得了人们的广泛关注。

喷着圣诞夜香水，窝在羽绒被里看第十遍《圣诞精灵》（*Elf*），没人会加以指责。不过，这款香水最适合在节日狂欢夜使用，直到蜡烛熄灭的最后一刻，最好还要有高高的香槟塔做点缀。它的奥秘在于缟玛瑙黑的香水瓶，瓶头采用装饰艺术风格，瓶子整体形似禁酒时期时髦女郎随身携带的弧形小扁酒瓶。人们把它藏在流苏皮革的翠绿小匣子里，不就是为了放进晚宴包，待到深夜时再拿出来施展魅力吗?

与同时代任何一款香水相比，这一款更能代表狂欢，以及一种新生的业界自信——一款只为一年中的一天而诞生的特定香水，点缀着魅力缤纷季节。圣诞夜——派对女孩最佳的选择，迅速与20年代纸醉金迷的奢靡生活融为了一体。香水问世同一年，美国版《Vogue》杂志写道，“纽约关注人们渴望华服的心声”，声称“这个冬季，纽约人试着证明如何度过一天中的24小时——除了睡眠时间以外！”没完没了的派对，从照搬法国的时尚艺术舞会到伦敦切尔西艺术俱乐部新年舞会，各式各样，人们会精心设计主题确保派对的顺利进行（保罗·波烈引领了这些所谓的一千零二夜活动）。

这些带有慈善性质的募捐活动由贵族委员会组织，参会嘉宾需要提前定制服装，以便以亮丽形象出现在圣诞节或新年专刊的专题版面上。他们会参考时装设计师乔治斯·莱帕普（Georges Lepape）、多莉·特里（Dolly Tree）等设计的最新款舞台服装或歌剧服装，又或者在伦敦哈洛德等知名百货商店里的服装部专柜定制。法国哑剧皮埃罗等丑角，以及彼得·潘、罗姆人[1]、侠盗、圣女贞德、爱丽丝仙境中的爱丽丝，都是大受欢迎的主题舞会服装。这些装扮都是稀松平常的了。在一个舞会上，有一个女人装扮成维也纳的圣斯特凡大教堂。在一次帝国舞会时，还有人扮成殖民地。恶作剧也是活动的一部分：女继承人南茜·昆纳德（Nancy Cunard）曾邀请表演家艾琳·卡索（Irene Catsle）在一个舞会上进行即兴表演。艾琳在灯光熄灭后，出乎意料地以一身全黑装扮“消失”在舞会上。

圣诞夜香水可以成为节日中与颂歌和肉馅饼具有同等意义的必需品。连续四个小时坐在电视机前，玩地产大亨游戏，尽情享用香橙巧克力，接下来的时光显得格外沉郁枯燥。而此时，喷一喷圣诞夜香水，会让人顿时心生期待，足够再战第二回合：新年前夜。

1　即吉卜赛人。

Bain de Champagne

皇室香浴

卡朗公司，1923年

“禁酒令”时期香水

香槟的最终归宿应该是在人体内，而非人体外。奢华香槟浴被列为人们显摆招摇最“不应尝试”的一项。排除价格因素，试想一次香槟浴要耗费的精力，温热液体浸湿头发后那挥之不去的黏稠感，以及完事后到玻璃回收站的数次奔波吧。还有蚂蚁，一旦闻到头发间的糖香，定是急不可耐地想要加入进来。除了以鱼子酱为原料制作的身体磨砂产品之外，香槟浴堪称最荒唐无稽的奢侈享受，因为即使用最普通的香槟酒装满整个浴缸，保守估计也要花费6 000

英镑。时至今日，一些顶级奢华酒店为博新闻版面还会这样做。可问题是，有多少人是真心渴望这种享受呢？如此怪诞奇异的想法，与其付诸实践，不如一笑了之。

香槟浴，多么撩人的堕落幻梦。它的热衷者包括玛丽莲·梦露（Marilyn Monroe）、爱德华七世（Edward VII）等。19世纪90年代，爱德华七世曾在巴黎沙巴奈一家妓院的斯芬克斯浴缸里倒满了香槟，和妓女们一同嬉戏泡澡。爱德华体格高大健壮。如果他要进浴缸泡的话，所需香槟量应该会少一些。

在美国“禁酒令”时期，这事就变得更复杂了，因为香槟是违禁品。臭名昭著的百老汇制片人厄尔·卡罗尔（Earl Carroll）是违禁者之一。1926年，厄尔·卡罗尔在剧院舞台举办了一次尤为缤纷的派对狂欢。之后，禁酒局着手对他展开调查。卡罗尔声辩说，“任何一名男子，即便身居部长要职，也会与妻子共浴……这里是有一个浴缸……不过，缸里装的是姜汁汽水，没人会用这个泡澡。”这个理由并不能说服禁酒当局。接下来的一年里，卡罗尔与妻子被指控做伪证出庭受审。根据法院档案文件显示，反驳卡罗尔陈述的证词出具之后，局势持续恶化：

> 一名叫霍利的小姐身着宽松衬衫从偏厅里走了出来。当事人拿着一件斗篷，在她面前站定。女子脱下衬衫，迈进浴缸。这时，当事人高呼：“排右边。来吧，绅士们。”大概15或20名男子端起盛满香槟的酒杯，在浴缸一侧站成一列，然后挨个走过去。

各大媒体将这一耸人听闻的故事报道得满城皆知。卡罗尔被反拧双臂，在监狱里服了一年劳役。20年代，香槟热度爆表。巴黎“美丽年代”市场营销制造了气氛，女郎骑着酒瓶塞飞向天空的形象深入人心。到法国旅游的美国人迫切地想要喝上一口酒，看一出卡巴莱歌舞表演。他们执着地认为香槟倒进杯中嗞嗞冒泡的声音就是美好生活的缩影，幽默风趣、智慧人生的标配。作家多萝西·帕克（Dorothy Parker）曾这样说过，“艳羡、满足、喝不够的香槟酒，这三样东西，我永远都嫌不够。”谁不想加入她的俱乐部呢？

作为巴黎奢侈产业的顶级象征，香槟需要爆发出巨大泡沫声势，使旋转木马般生活更丰富多彩。这是件唯利是图的事。作家罗伯特·福雷斯特·威尔逊（前面章节提到过他与保罗·波烈之间的冲突）就曾严厉批评蒙马特尔是一个敲游客竹杠的地方。那里充斥着美国佬（他也是其中之一）。他们拥堵在女神游乐厅里，欣赏着在他看来不过尔尔，类似约瑟芬·贝克（Josephine Baker）以性感暴露的香蕉裙博眼球的舞蹈秀。这样的人造夜总会世界（现如今的人们视之为真实的巴黎，即便早期作家重提20世纪的那些美好岁月），形成了一个默认的法则：“镜子和灯光让人们目眩神迷，爵士舞使人兴奋，火辣闷热而烟雾弥漫的环境让他们口干舌燥——然后，他们就会购买大量的香槟。”妓女伙同服务生引诱单身男性顾客。只要男人向对方投去一瞥，她们便认为这是在邀请她们坐过去。不多时，一瓶酒和两个酒杯就会出现在他们面前，而瓶子里的香槟早已经过冰镇处理，以掩盖酒的劣质（以远高于实际品质的价格卖出）。几瓶酒下肚后，谁都能预料到接下来会发生什么。

由早期推出的金色烟草香水可知，卡朗的发展一直紧跟时代脚步。在获悉香槟或被列为违禁品后，他们推出了一款浴前香——“皇室香浴”香水，并在欧美国家同时发售。据说棉花俱乐部酒吧到处喷的是皇室香浴。可惜的是，它不能起泡，因为在当时泡泡浴还属于市场新事物，价格亦是不菲。皇室香浴香水瓶形似一个小酒瓶子，顶端用金属箔片包裹，带来了类似倾倒香槟酒的快感。它的香味重新诠释而非去试图还原香槟引起的愉悦心情。这款香水极具女孩的天真烂漫气息，安息香树脂和红没药——也被称为甜没药——的烟熏蜜香传递出了香草蛋糕糊的香甜。在残酷严苛世界上竟还有一款如此轻浮却令人欢欣雀跃的香水，这不得不让人心生感激。试想在脑海里勾勒出一幅画，画里面有你，还有许多许多双粉色鹳毛穆勒鞋。那代表着无数根奢侈羽毛，饮之不尽的冻果子露喷泉，养尊处优的皇室公主们，还有无忧无虑的人生。卡朗皇室香浴（因为香槟署名权限制，名字中去掉了香槟二字）时至今日以淡香水形式出现在大众面前——已经从一款仅限于沐浴时使用的香水演变成为一款浴后按摩精油，以水下按摩效果最佳。与松香和迷迭香调香水相对立，卡朗皇室香浴无法带来舒缓肌肉和紧张关节的心理效应。相反地，它需要使用者准备成套用具：一盒玫瑰乳霜，一条浴后穿的鸵鸟羽毛睡袍，以及一个盛满了美好液体的酒杯（自然是姜汁汽水）。这样做当然不是为了保持清洁，而是方便在桌上翩翩起舞。即便是禁酒警察也挑不出错来。

Le Dandy 纨绔子弟

奥尔赛公司，1923年

性别扭曲香水

我们的结合并不登对。即使我当面伤害他，这也没关系。可但凡他要做出伤害我的事情，那将会真的很遗憾！

——奥尔赛伯爵

在爵士时代，过着奢靡生活的人们对“山羊”形象十分熟悉。它不是指初入社交圈子的调皮少女豢养并带到派对上的宠物羊，而是援引一本初进社交界的女孩宝典——《德伯的字典》（*The Deb's*

Dictionary），一个“满身浓香，蓄着柔滑山羊胡，只会发出呆蠢声音，道德心丧失的两条腿或四条腿（视情况而定）的讨厌鬼”。

宝典给出的建议是，尽量远离这样的人，离得越远越好。同时，这也传递出了一个不大公允的信息，那就是过度使用香水的年轻男性容易被认为是油嘴滑舌、性向不明的庸俗男。

到了20年代，男性和香味开始步入困境。一百年前，男子比女子消耗更多的香水（想想那些手帕）。然而，随着某种香味逐渐与一种性别发生关联，也更适合一种性别，香水从“他的和她的”发展到“他的或她的”，最终成为“她的而非他的”。

时装设计师作为20年代里奢侈香水的主要销售者，过于关注迎合女性顾客的喜好，香水也就逐渐被定位为女性扮靓的配饰。而派头十足的男性自然会把专为女性设计的商品作为己用。与六个女性生了一堆孩子的传奇爵士音乐家莱斯利·哈钦森（Leslie Hutch Hutchinson），是一个无节制使用香奈儿5号的人，据一名综艺表演人员所说，他的整个化妆室都弥漫着香奈儿5号的香味。但任何惹眼到近似脂粉气的行为都是性别偏移（gender-bending）的贵族的“特权”。

斯蒂芬·坦南特（Stephen Tennant）是其中一个典型人物。出生在一个坐享万顷良田的富庶苏格兰家庭，完全不用工作就能养活自己。贵族作家奥斯伯特·西特韦尔 （Osbert Sitwell）曾评价说，斯蒂芬本人就是他所专注的事业，是世上“最后一位职业美人”。虽然他的确耗费了大量时间和心血致力于完成一本小说（最终也没完成）。他亦是英国作家伊夫林·沃（Evelyn Waugh）《故园风雨后》（*Brideshead Revisited*）中角色塞巴斯蒂安·弗莱特的原型。斯蒂芬的世界住满了类似诺埃尔·科沃德[1]和塞西尔·比顿（Cecil Beaton）[2]的一类人，充盈着金丝缎内衣、豹纹睡袍和动物皮制的腰带，一切都是那么精致而又过分美丽。最为人所知晓的应该是他佩戴耳环，涂抹口红（“我想要梅·默里那样丰满漂亮的唇形”），以一头沾染了金粉的波浪卷发，出现在派对舞会上。斯蒂芬酷爱香水，他丝毫不觉得随身携带香水喷雾器有何不妥。反而，这一举动成为他挑战世俗眼光，宣告他想成为谁就成为谁，乐意沉醉在香味里的武器。当他那阿多尼斯 (Adonis)[3]般俊美容颜老去，他那轻盈柔软的身姿也日益肥硕，斯蒂芬便一直待在浓香扑鼻的卧室里，躺在床上近二十载，直到1987年离世。他的侄孙后来讲到，斯蒂芬后半生使用的香水价格较低廉，大部分属于沃斯时装屋（House of Worth）旗下。沃斯时装屋从20世纪60年代起，主要推出女士香水（除了两款例外），其中以“在夜里”（Dans La Nuit）、“我会回来”（Je Reviens）最为著名。

如果在20年代，喜爱香水的男性大多为富有、自负、离经叛道的年轻男子，那么奥尔赛推出的这一款“纨绔子弟”热销亦不足为奇。虽然斯蒂芬游走在狂欢派对之间的时候，奥尔赛伯爵（1801—

1 诺埃尔·科沃德：英国演员、剧作家、流行音乐作家。

2 塞西尔·比顿：著名服装设计师、摄影师。

3 阿多尼斯：希腊神话中的美男子。

1852年）早已不在人世，但他的名字也深深印刻在了香水瓶子上。而奥尔赛伯爵本人也因为在20世纪初期博得男子的“性关注”而成为的传奇魅力人物，同时期的香烟卡片上也印有他的画像，电台还在“巴黎式浪漫”系列栏目里向世人述说着他的事迹。与斯蒂芬类似，奥尔赛伯爵同样出生在钟鸣鼎食之家，是拿破仑手下一位得力将军的爱子，无须从商，他天生就是讲究衣着的绅士和拜伦勋爵眼中的缪斯——拜伦勋爵称呼他为“丘比特”——伯爵同时还是一名业余艺术家，一个“奢侈炼金术士”。他设计香水。

所以说，这些美妙芬芳如何在伯爵去世整整70年后才面向市场销售呢？故事的起因是，他的继承人决定公开伯爵这一不可多得的天赋，最终复刻了他的制香配方。然而实际上，奥尔赛的纨绔子弟香水的经营命脉却是掌握在一伙投资商手里，他们意识到把伯爵作为新成立公司的挂名领袖是一件利远超过弊的事情。他们在购买奥尔赛伯爵名字版权后，成立了奥尔赛香水专营公司，甚至还购置了一座城堡以赋予公司更多历史底蕴。战争期间，公司经营陷入困境，后来被娇兰夫人收购，并在夫人的妙手运作下，重获巨大商业成功。

虽然截至1925年，奥尔赛香水公司已经连续推出了20款香水产品，但是确切来讲，“纨绔子弟”才算得上是该公司真正的开山力作。以近年的一款复刻版为例，它能唤起人们的记忆，仿佛晚餐后进入一个雅致的、有木头墙的图书馆，那里有白兰地，还有秋季采摘的苹果，一切都适合盛在阿马尼亚克酒杯里享用。

最大的讽刺？这款香水的使用者并非都是绅士，而是以具有反叛精神，想拥有性别颠覆时刻的时髦女郎为主。这是奥尔赛通过纨绔子弟传递出的信息：“值得他所有。值得你所有。”女孩可以变成男孩，男孩也可以成为女孩。

栀子花 Cardenia

伊萨贝公司，1924年

╏微醺香水╏

芸芸芳香中，“栀子花”香水并不属于最神秘莫测或书卷气的一种，但却能满足人们单纯想要闻起来美极了的要求。大自然的栀子花瓣散发出十分迷人的香味：馥郁芬芳、热闹明亮，让人不由得想起热带地区。栀子花香水混合了香蕉、果汁、奶油、梨形糖果的甜香味，还略带着潮湿感。有些香水适合讲究的穿着，若是配上运动服只怕它会“哭泣”嘞。栀子花香水却不过多考究衣着，它更关注的是使用者的头发是否亮丽丝滑，嘴唇是否干裂脱皮，或许佩戴一颗或一打钻石。

20年代至30年代，栀子花风靡一时。人们将它用作纽扣孔配饰（别在深色外套上格外醒目）、晚礼服的最后一件装饰品以及周末花饰，又或者像小说家、社交名媛南希·米德福德（Nancy Mitford）那样，在出嫁时编织成花冠戴在头上。栀子花由于花期短，被用来比作处于颜值巅峰时期的年轻女子：出演1919年无声电影《风流小恶魔》（*The Delicious Little Devil*）的女星梅·默里（Mae Murray）就被冠以“银幕栀子花”的称号。

与栀子花稍纵即逝的香气相比，栀子花香水能为使用者带来四季不断的快乐。截至目前，已经面世的栀子花香水包括1925年推出的香奈儿的栀子花香水（Gardenia）、1932年的一款塔范奇丛林栀子花香水（Tuvaché Jungle Gardenia）。伊萨贝（Isabey）于1924年创作的这款栀子花曾在翌年巴黎举行的万国博览会上荣膺金奖，并邀请迷人的轻歌剧歌唱家伊冯娜·普林坦普斯（Yvonne Printemps）为其代言。伊萨贝是一家专注于调制“花香型”香水的公司。该公司打着法国贵族、旧世界名门专享品牌的旗号进入美国市场，并向广大顾客保证，第五大道上出售的产品都是在欧洲装瓶和包装。奇怪的是，伊萨贝是在1924年成立——短短时间内就建立起了顾客群，这不得不令人啧啧惊叹。

栀子花香水通常以初入社交圈子的少女或精致干练的新婚女子为目标客户。不过，那色令智昏的特质使栀子花一度成为关于黑暗性欲迷恋的文学主题。一本1928年的必读经典，由英国作家阿道司·赫胥黎（Aldous Huxley）所作的讽刺小说《针锋相对》（*Point Counter Point*）就以这种扰人心绪的香水为主线贯穿全篇。男主角沃尔特疯狂迷恋上了他的第二位情妇露西·坦塔蒙特，可她却对这样的纠缠苦闷不已。露西生性残忍，以名声极差的女继承人南茜·昆纳德为原型，化着浓浓的眼妆，抹着紫色口红，手腕上挂了一串非洲手镯（她从不在人前露出笑脸）。在每次不愉快的约会途中（当他表现出过分谦恭时，露西会毫不犹豫将指甲掐入爱人的肌肤里），沃尔特发现自己频频被她身上的栀子花香所干扰。文章用"裹挟""四处弥散且令人窒息"的词语来形容这股气味，那是一种侵蚀身体的有害气体。当露西越发地抓住他不放时，她身上的香水成为"第二个鬼魅替身"，迫使他不停地吸入香味。小说快结尾时，美丽的花朵竟沦为了恐怖的象征。与此同时，露西开始化身女夜魔——一个超自然女恶魔。文章在此处的描述令人毛骨悚然，恐怖程度不亚于早期德国表现主义恐怖电影，数不完的急转弯、暗影和压抑的闪烁微光。在露西体内，住着另一名无心勾魂使者，即弗里兹·朗（Friedrich Lang）执导的电影《大都会》（*Metropolis*, 1927年公映）中的机器人玛利亚。她会在如巴比伦妓女般放荡舞蹈旋转的时候，向男子催眠使其产生不可控制的性欲。

这款栀子花香水的最后一个恶作剧是，它的香氛可以以假乱真。尽管是萃取，但是这款香水还原度较好，更显栀子花香味。集戊基丁内酯等合成香料和其他数种花卉原料为一体，这款香水芬芳永贻，极其奢华美丽，真的就像玛利亚一样，呈立体表现，香味纯粹浓郁，萦萦缭绕一身，让人不由得忘记这是在实验室混合调制，放入巨大铝制罐子里，再进行过滤后的液体产品。

爱慕、我知道什么？告别贞洁

Amour Amour · Que Sais-Je ? Adieu Sagesse

让·巴杜，1925年

¦ 发色香水 ¦

1925年，一名《Vogue》杂志记者接到了一项任务：采访位于曼哈顿的顶级香水沙龙，其中一些企业抓住了香水“占卜”新风潮并从中获利。当时，新品香水接二连三地问世，选香成了消费者面临的一大难题。不少富有的香水爱好者都不知道，如何才能找到代表最独特自我的那一款香水。哪一款是他们的梦寐以求，哪一款又是他们的命中注定？算命、读茶渣、降神会、占星术风靡一时，从捷克斯洛伐克引进的水晶球占卜也登上了时尚大堂，所以为何不干脆推出一种香氛占卜法呢？找一位欧洲王室贵族成员，在上东区置办一个房间，室内再添些装饰、中国风物品和朦胧灯饰，大笔收益自然也会滚滚而来。

《Vogue》杂志将麦迪逊大道上一家名为“红与黑”（Rouge et Noir）的香水沙龙作为探访香氛占卜的第一站。这是马查贝利王子（Prince Matchabelli）的香水工作室，而主人——乔治·V.马查贝利王子会根据每一名顾客的态度、内在以及气质，为其调配专属定制香水。一次，一名顾客表示他格外钟爱甜菜根汤的味道。王子并没有被这样的要求难倒，推荐了一种类似的香料。王子甚至还承诺，单凭来信上的笔迹，就能为身处远地的顾客推荐香水。

马查贝利这个擅长“冷读术”的人，有着和作家阿加莎·克里斯蒂小说中的侦探赫尔克里·波洛（Hercule Poirot）一样敏锐可怕的洞察力：

> 王子认为，最难伺候的女性顾客当属年轻一代，她们个子娇小、生活简单，自我标榜喜爱各种花儿。但是在她们的灵魂深处，就是美国人口中的那种以色谋利之人。我不能信任她们。不，我不能。从内在来看，她们不是花儿，而有着酸性物质般灼烧力。为她们调配香水，令我十分为难。

可不是吗，以盐酸为基调调制香水，这绝不会是个好主意。

这名《Vogue》杂志记者又将采访笔头对准安·哈维兰德（Ann Haviland）的工作室以及她各式各样的实验记录本。结果一目了然，安的方法是从言语对话和面部表情中进行推测——注意顾客在说出心仪香味时眼神的变化。一旦说中后，顾客会拎着装有六支或者更多香水的购物袋离开。

接下来的采访对象是黛西女士。黛西女士请求顾客从房间一端走到另一端，便于她从他们的衣着中观察出端倪：

> 比方说，对这位身材纤细、身形若小男生般羸弱娇小的银发女士，安推测她喜欢的是清新淡雅、不落俗套的花香型香水。而对另一位年纪稍长、极度敏感厌世的女性，安看出她有着不自知的宗教虔诚，于是向她推荐了熏香型香水。

最后，记者来到大名鼎鼎图尔克斯坦诺夫公主（Princess Tourkestanoff）的地盘。如魔术戏法般，她将香味、情绪、衣着巧妙地融合在一起——推出了三大品类香水。这三类香水“将实现美妙调和，从而为顾客提供无限可能的香氛”，一种恰如其分的芬芳，就能让欲借酒消愁的人变得恣意欣悦起来。

虽然马查贝利王子能够为远在纽约市几百英里外的顾客提供服务，而服装设计师让·巴杜却是第一个做到将此诊断程序实现可衡量化的人，他把香水配对与具体一类人群关联起来。金发女郎有“爱慕”（Amour Amour）这支，深褐色女子会喜欢“我知道什么？”（Que Sais-Je?），红发女郎可以选择“告别贞洁”（Adieu Sagesse）。三款皆由让·巴杜聘请的前调香师亨利·阿尔梅拉斯调制推出，每一款分别演绎了人类爱情的不同阶段。不难猜出，第一款应该是罗曼蒂克气息充盈的花香型香水，第二款以温暖甜美的桃味果香为基调，第三款混合了辛辣和柔和香味，象征爱情圆满，以及结合中会发生的摩擦。

娇兰在“你是她的真命天子吗？”广告中也运用了同样的营销

理念。“蓝色时光”（L’Heure Bleue）主要锁定金发女性，“浪漫巴黎人-柳儿”（Liu）更容易得到红发女性顾客的青睐，蝴蝶夫人则为发色偏深褐或黑色的女性消费者精心打造。当时，这种营销理念一经实施，便取得了极大的商业成功。紧接着，让·巴杜相应推出了同名系列晚礼服。他设计的三款香水以璀璨绚丽、优雅馥郁的香氛闻名于世，香水命名亦是神秘有趣。值得我们关注的是，这种市场营销理念，首次根据消费者的性格、喜好，将不同的香氛与特定的消费者群体绑定在一起。渐渐地，山中幽兰般芳香成为浅发色消费者的宠儿，而深发色消费者更偏爱魅惑诱人款香水。

1925年，纽约大都会歌剧院著名女高音鲁克莱契亚·波丽（Lucrezia Bori）一度十分迷恋香水。她曾这样写道，女高音需要避免喷洒紫罗兰香以及任何降低她们音域的香水。她说，“气味浓烈、刺激的香氛使金发女性产生抑郁情绪，而深发色女子使用含有花香基调的香水会感到头疼。”波丽忽略了肤色和个性，认为金发女子必定傻乎乎、黑发女子必定神秘魅惑，这样的说法有失全面。20世纪初，虽然染发已经普及，但是出于化学物质对身体有害的顾虑，散沫花仍然是大众唯一信赖的天然染色剂。改变传统染发模式着实不易（30年代，明星们开始使用双氧水染发，掀起了新一波化学染发风潮）。在那个年代，除开极个别特立独行女子之外，大多数女性都保持着原有发色，也被认为分别具备以上提及的个性特质。时至今日，业界仍然延续了以发色配对香水这一模式，虽然随着时间推移，形式不再明显，却依旧使人心生厌倦。

图坦卡蒙法老香水

Tutankhamon Pharaoh Scent

艾哈迈德·苏莱曼公司，1925年

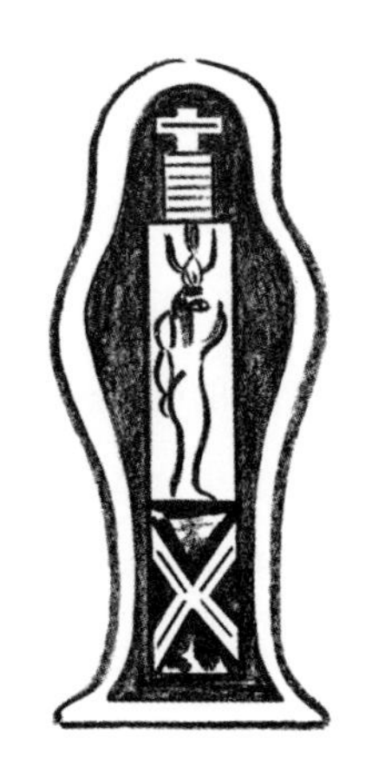

埃及香精

古埃及充满着神奇色彩，有着令世界着迷的非凡魔力。木乃伊、象形文字、烟熏猫眼妆、驴奶等古文明符号，仍然构成了现代人周日下午聚会中的一个不可缺少的部分。只不过很少有人能如古埃及人那样享受到真正的奢华。大家要么是“今天下午，我要效仿埃及艳后洗个驴奶浴，可我只有半脱脂牛奶，这样也行吗？”又或者是“今天我打算画个烟熏妆，看一部伊丽莎白·泰勒主演的《埃及艳后》（*Cleopatra*）。不过，这部电影太长了，我得趁超市关门前去买点洋葱回来。”

19世纪初期，随着拿破仑挥军远征埃及，也唤醒了现代人类对古埃及文明的向往。八年后，哈特谢普苏特（Deir el-Bahri）陵庙地区发掘出皇家木乃伊。1922年，英国考古学家、埃及古文物学者霍华德·卡特在帝王谷发现图坦卡蒙法老墓，出土了大批装饰华美的陪葬物品，整个世界再一次被这奇特的尼罗河文明深深吸引。

20世纪20年代，社会物质经济蓬勃发展，享乐主义开始大行其道，一时间物欲横流、纸醉金迷。当时的建筑师、时尚设计师纷纷在作品中融入古埃及元素，用璀璨精工致敬古埃及文明。而在处于建设热潮的美国，市民们惊喜万分地发现城里一家新开的电影院内部装修得如马尔卡塔宫殿一般——甚至售票处的装修也十分精美。目光所及之处，皆充盈着古埃及符号。女性身上穿的裙子、头上戴的发饰，以及佩戴的珠宝……不仅如此，就连壁炉、灯饰、餐椅等家居用品也有埃及元素。

古埃及人因制香用作宗教仪式或个人用途而留香千古。不例外地，20世纪初叶，香水也兴起了一股复古热。比如古希腊神话中，木马屠城记故事里的特洛伊的海伦。这位尼罗河王后以倾城倾国的祸水容颜，俘获了诸多男人和君主成为她的裙下之臣。她的美貌保养耗费了大量的人力和财力。1925年出版的一本杂志曾试着还原美丽非凡的阿肯那顿公主统治时期的故事，她会先在身上涂满厚厚的一层由檀香木和香茅混合而成的香膏（这两种香料也用于调制贡香）。随后：

在数名努比亚奴隶的侍奉下，王后慢慢走向下嵌到地上的大理石镶边浴缸，将身子沉进盛满了琥珀色尼罗河水的池中。在奴隶们的轻轻擦拭下，她的肌肤焕发着健康的美丽润泽，其举手投足间散发的优雅高贵气质，叫当代西方人望尘莫及。

在此背景下，香水成为古埃及复古狂热潮流的一个重要元素。一款弥漫着神秘气息的香氛就能生动诠释着那匪夷所思的狮身人面像之谜，加上精美的香水瓶，瓶身上满是明亮的古埃及色彩。一款又一款复刻高度发达的尼罗河文明的香水相继问世，不过，让人惋惜的是，没有一款保存至今。他们是否过度专注于香水包装，而忽略了液体本质？抑或，这不过是他们的销售伎俩，兜售的产品根本经不起时间考验。1922年，皮维推出了一款以古埃及中寓意重生的“圣甲虫”（Scarabée）命名的香水，也不过只风靡了几个月，毕竟谁又乐意与甲壳虫长期相伴呢。梳妆台上摆放着一尊法老塑像，任谁看久了也会觉得压抑吧。

以上提到的香水，不过是法国香水店在古埃及这一个主题季中推出的仿制品。要品味臻品，还需亲自去一趟开罗。当然，如果乘坐埃及主题的新游轮过去，那就更加完美了。出发前，最好带上一本克拉拉·E.劳克林（Clara E.Laughlin）撰写的旅游指南：“你要去地中海！如果我和你一起去的话，我会邀请你一起做以下的事情。”

在这本书中，克拉拉·E.劳克林极力推荐开罗城里最负盛名的一家香精宫殿。这家由调香大师艾哈迈德·苏莱曼经营的著名坐标，城里出租车司机几乎无人不知。因此，外地游客可以放心地告诉司机们地址，他们会把车子停在热闹的汗-哈利里大集市外，然后让游客直接走过去。

香水爱好者在穿行集市时，也许会被市井骗术吸引，也可能卷入一场毛毯讨价还价的争执中。最后，他们走进了一家极为时髦的旅游纪念品商店。店里，各种古埃及特色商品琳琅满目，而且都是定价出售，规定不议价。黑色眼影、贡香（还有黄琥珀烟嘴头）……视线一一略过，最终锁定翘首以盼的埃及香精。瓶子珐琅质地，呈方尖塔状，瓶身上布满了歌颂法老的精美图案，鲜活得就好像刚从图坦卡蒙法老墓穴里出土一样。据旅游指南所说，艾哈迈德便是这家埃及香精世家的掌门人。

> 这家店经过了上千年的世代传承，始终以羊皮纸上记录的、不变的秘方调制出玫瑰香精油、阿拉比贡香、莲花香精等传世名品。即使埃及艳后克利奥帕特拉，或是十八王朝的哈特谢普苏特女王和纳芙蒂蒂王后到此，也都会流连忘返，不肯离去。

数量庞大的埃及香精一一罗列在货架上，她们对此感到惊艳，这一点都不稀奇。图坦卡蒙法老墓被发现后，苏莱曼预感到，好运气来了。他按照古埃及法老世系表推出系列香精，详尽无遗，有些还特意注明宗亲关系：图坦卡蒙法老香、拉美西斯四世、哈他苏女王。除了一款名为巴拿马的香精外。大部分苏莱曼的埃及香精在1925年仓促问世，这不得不令人怀疑所谓传了上千年、记在莎草纸上的调制配方是否准确。不论怎样，在这些香精和眼影笔的帮助下，一名年轻貌美的女子不仅能做到形似、貌似，就连身上的味道也和埃及人那独特气息差不离。艾哈迈德·苏莱曼——“开罗香精之王”的名号，就这样流传开来。

Huile de Chaldée 沙尔

让·巴杜公司，1927年

夏日假期香

多维尔与圣特罗佩、戛纳、圣托菲诺齐名，是一个理想的海滨度假胜地。20世纪20年代，这里却没有任何娱乐活动。这颗19世纪以举办各种高雅消遣活动闻名的诺曼底明珠，直到第一次世界大战后，才重新焕发生机。夏季的多维尔烈日似火，但每年仍有数以千计的游客聚集在这里。他们在海滨大道上欢唱、游行，迎接新一轮时尚潮流的到来。

这里离首都巴黎不过几小时车程，住在巴黎的美国迷惘青年十分热爱此地；舞蹈家约瑟芬·贝克曾带着她的宠物猎豹来此度假。英国人也视其为异境天堂，就连温斯顿·丘吉尔也曾穿着贴身泳衣，在多维尔海滩上拍照，留下了和他平时形象极不协调的一幕。当时，几乎大部分社会名流都曾在这里驻足，观赏马球，或与钢铁大鳄、希腊贵族攀谈：

> 在多维尔，有叠戴多层手链的时髦女郎，有引领各大洲时尚潮流的倾世名伶，亦不乏印度上层人士，身着贵族裙装服饰的欧洲绅士，以及一袭传统白褶长袍的穆斯林妇女。

重要人物——比如西班牙国王阿方索十三世——的到来，会让所有人都蠢蠢欲动，如果人们看到他在食用海鲜、品尝美酒，会更兴奋。

“非去不可”旅行清单列得十分详尽、引人入胜，“人人都赶在同一时间参与同一样活动，造成了一定程度上的拥堵。”老牌记者米兰达曾在《素描》周刊夏日“多维尔消遣”专栏里，为读者讲述海边趣事。一场酣畅淋漓的高尔夫、马球或网球运动后，最佳午餐推荐地是在诺曼底酒店的庭院里。夜晚自然是沉醉于赌场的肆意挥霍和夜场的奢靡欢愉，还可以一睹桃丽姐妹的性感狂野舞姿。这对声名大噪的双胞姐妹花，美貌令人惊魂，让等待进场的观众心悸不已。这样的狂欢夜一般会持续到很晚：

> 彻夜狂欢到次日清晨6、7点，是再正常不过的事情了。回家途中，朝阳冉冉升起，这帮醉醺醺的人还能巧遇晨泳者，之后就是回归清醒前的糟糕宿醉。

是的，米兰达，我们都曾有这样的经历。

多维尔海滩是这座滨海城镇的灵魂和永恒的主题。每年，新一季“时装秀”在此地争相上演。随着时间推移，女性们的裙子越来越短，领口也越来越低。游泳绝对是人们最热爱的一项运动，特别是在游泳健将格特鲁德·埃德尔首次横渡英吉利海峡后，女人们对游泳的热情越发高涨。后来，格特鲁德·埃德尔一度拍过香烟广告。然而比起下水，她们似乎更喜欢泳装比美。戴安娜·库珀（Diana Cooper）曾以一身别出心裁的泳装出现，在她的映衬下，大多数泳装都黯然失色。

《素描》杂志极为推崇的另一项消遣活动是阳光浴。与大多数流行轨迹相似，阳光浴在一度沉寂、被无视之后，突然火了起来。对欧美人士而言，日晒有着极大吸引力，其中就有可可·香奈儿。香奈儿不仅为多维尔女性游客提供度假时装，而且也正是她本人对古铜色的偏爱，在时尚界引起了一股美黑潮流。但是，法国北海岸地区的日照强度不足以将皮肤晒出均匀美丽的肤色。米兰达在专栏中曾写道：皮肤白皙的女性选择用散沫花泡澡，以期望达到美黑效果，“她们在脸颊、嘴唇涂上一抹暗漆红，显得野性十足，让人们仿佛又回到了19世纪下半叶的俄罗斯芭蕾复兴时代”。渐渐地，人们意识到，美黑后的肤色并不适合萧瑟的秋季；于是，她们开始用化妆或其他方法——比如伊丽莎白·雅顿特制漂白治疗，还原雪白肤色。

如果说，散沫花是人工仿黑调剂的低配版本，那么在这个十年早期推出染发香水的让·巴杜的产品则更好：沙尔油（Huile de Chaldée）。这个来自法国诺曼底地区的男孩曾在第一次世界大战的战场服役四年。大战结束后，他以“让·巴杜”之名创办服装屋，并在多维尔开设时尚运动服饰精品店，为当地的女性高尔夫球手、网球健将，以及社交聚会常客提供服务。随着欧仁·舒莱尔明星产品防晒霜的问世，让·巴杜紧跟潮流，也推出旗下高端美黑助晒油。这款防晒伤必备用品呈赤褐色，亦可打底涂抹在腿上，问世后颇受消费者好评。试想，上百名女性躺在沙滩上，接受长时间阳光炙烤，一旦听到鼻子被晒脱皮的抱怨声，便有人凑上前：“亲爱的，不要发愁。看，我这有美黑新品。这不错吧，味道真是好闻极了。”不多会儿，她们身旁围满了好奇人群。

这款专为沙滩嬉戏的助晒油，香气温暖、甜美，萃取麝香、愈伤草等香料，与空气中的盐分美妙交融在一起，宛如海边品尝着美味冰激凌和棉花糖般，让人回味无穷。正是因为那无比迷人的味道，让·巴杜相继推出同系列四季版同名香水，方便消费者随时享受到这种香氛。让人着实不解的是，其他美黑产品却只注重效仿这款助晒精油的味道，使之最终成为夏日度假的专属香氛。美黑精油问世一个世纪以来，人们年年都会闻到类似的香气。这一次，不再是从价格高昂的香水瓶子里，而是在超级市场货架上的平价防晒霜中。炎炎夏日，当人们从瓶罐中挤出防晒膏体时，他们真正思念的是让·巴杜推出的这款精油，那揉碎了香草、愈伤草、橙花等调制而成的独特味道，以及由此联想到的美好时光。

Zibeline 紫貂皮

维尔公司，1928年

¦ 皮草香水 ¦

水貂、狐狸、白貂都是人类爱慕虚荣、贪婪欲望的牺牲品。一个令人咋舌的事实是，早在20世纪20年代，三分之二的女性至少拥有一件皮草大衣，一部分取自以上提及的“珍稀”动物，另一部分皮草来源相对隐秘，要么是袋熊又或者是浣熊。人们更喜欢裹着长长的、温暖的浣熊皮草大衣，坐在没有暖风设备的汽车里。皮草围巾、皮草披肩也随之流行起来，富家小姐们、太太们随意围在脖子上，漫步走在伦敦邦德街头。那可怜的狐狸头颅就这样垂下来，迎风飘荡。

皮草的魅力就在于其独特气味和柔软触感。英国作家道迪·史密斯（Dodie Smith）曾在1948年出版的经典小说《我的秘密城堡》（*I Capture the Castle*）一书中，有过这样一段描述：萝丝和卡珊多拉两姐妹到伦敦一家高级百货公司，把继承来的、有些虫蛀的皮草大衣转卖掉。上楼时，嗅觉敏锐的卡珊多拉说：“你闻，一到皮草销售部，就会有一种与众不同、更为混浊的味道。皮草本来的气味也是让人蛮兴奋的。”在C.S.路易斯（C.S.Lewis）的名著《狮子、巫婆和魔法衣橱》（*The Lion，the Witch and the Wardrobe*）中，女主人公露西走进衣橱的顷刻间，便扑向皮草大衣堆里，脸贴着毛皮不断摩挲。

如果露西知道娇兰农牧神（Bouquet de Faunes）香水，她会更加欣喜。20世纪20年代，娇兰以农牧神和其他神话人物之名，推出了这款香水，这款香水也是最初的皮草香水。半羊人图普纳斯先生说不定会使用这个，把鬈发梳理得更加卷曲。皮草香水一开始只是用来盖住霉臭等味道的中和剂。随着时间的推移，它逐渐演变成为点缀衣饰、演绎品位的必需品，各类动物的皮毛也成了研发新香味的研究源。直接把香水喷在皮草上，香味可保持好几周，也让穿着奢华皮草的人士显得更加贵气逼人。

维尔香水（Weil）由三兄弟创建，在巴黎的维尔公司的房子是一个建在童话之上的建筑。创始人三兄弟都是从事毛皮生意的商人，他们从奢华的皮草中发现创制香水的灵感，并效仿当时服装设计师用香水选搭衣饰的做法。30年代，著名的法国毛皮公司雷弗林·福斯也将经营触角延伸到这个领域，并在参加北极光之旅的时候带上了自家的“北纬50度”香水（Latitude 50）。“紫貂皮”香水问世于1928年，由克劳德·弗海斯（Claude Fraysse）创造，是维尔最负盛名的一款皮草香水。这款香水以“紫貂皮”（法语意为“黑貂”）为名［旗下还有名叫栗鼠（Chinchilla）、貂（Hermine）、皮毛之花（Une Fleur pour la Fourrure）等的香水］，承诺绝不损伤皮草本身，并夹杂东方香调的神秘感，“蕴含忧伤乐曲般馥郁华丽、慵懒喑哑”，最是能传递诱惑而引人沉沦。这支香水适合隆重的晚宴场合。

现如今，重温紫貂皮香水的最佳方式是，闻一闻犬猫宠物身上的味道。继1920年“豹女”的电影形象出现后，琼·布朗德尔（Joan Blondell）、玛丽安·尼克松（Marian Nixon）等众多女演员，通过衣着打扮效仿，又或是认养犬猫宠物，纷纷跟风。舞蹈家约瑟芬·贝克度假时，也不忘带着她的猎豹宠物彻姬塔。1925年，影星玛丽安·尼克松留下了身穿豹纹外套，牵着猎豹漫步好莱坞大道的香影。看到同类被人类制成皮草、穿在身上，怕是宠物猎豹也会不寒而栗。从野生动物融入美容院加工的新潮搭配中，人们由此可以幻想出紫貂皮香水的味道——一种夜行性哺乳动物的会阴腺里提取到的纯正麝香，充满原始野性诱惑。其他的皮草香水则萃取自海狸性腺的分泌物，以刺激性的皮革气味为主基调。自此，皮草香水被人们用来柔和、提升皮草外套的独特气息。

萧条恐慌的30年代

1930年
至
1939年

The Threatening Thirties

1930
—
1939

在世人眼中，香水仿佛有一种能冲淡生活中的不幸的魔力。不论人们境遇再怎样糟糕，却也总抵挡不住那散发着光芒的香水所带来的诱惑。20世纪30年代，全球进入了长达10年的经济大萧条时期，大部分人都过着十分拮据和灰暗的日子。香水不再是人们生活中的必需品。然而，1930年诞生了当时世界上最为昂贵的香水——让·巴杜“喜悦”香水（Joy），幽雅的芳香一度让人们在低迷的情绪中看到了喜悦的光芒。

时至今日，喜悦香水仍跻身于高端市场，只不过在那些要价仅25万美金的香水面前，其竞争力下降。可在当时，喜悦以最高昂奢侈的制作成本闻名于世。一瓶30毫升的香水，需要萃取至少10 000朵茉莉和28打玫瑰的精华，所采用的格拉斯茉莉、玫瑰香精都是世界最高级的。继喜悦之后的十年间，许多香水接连问世，这会给人们一种大萧条时代并不可怕的错觉（实际上，让·巴杜早在30年代前已着手喜悦香水的研发）。在当时，富人的家底依旧殷实，他们疯狂购物，甚至在香水选择上要求更加苛刻。最大化彰显奢靡放纵、声色犬马生活的香水应时而生。市面上也开始出现诸如期待、舍弃、胆量、挑战等香水名——能赋予使用这款香水的人相应的气氛。1937年，瑞浓（Revillon）香水公司还设计出了一款名叫龙卷风（Tornade）的香水，一时因其标榜为那些从里诺[1]回来的离婚人士代言而声名大噪。它在美国版《时代》周刊上曾用了整整一页来

1　美国的一个城市，著名的“离婚城市”。

刊登广告，它“富含珍稀木油，是一款极具古怪创意、内涵丰富的香水……其中还混杂了紫貂腺液。”女士们在“鸡尾酒派对前喷一喷，那效果赞嘞！真主保佑！”香水变得如此时尚，甚至具有了重塑、治愈的功能，哥伦比亚大学神经学系用茉莉、晚香玉香水，配合交响乐，进行焦虑、瘾症、噩梦症治疗实验。

值得庆幸的是，有些30年代问世的香水仍然出现在当今市场上，但是大部分都已经停产，龙卷风香水就在消失之列。仅靠当时只言片语的描述，亦不可能还原其香味。那个年代的作者，尤其是女性杂志的时尚编辑几乎不怎么在文章中讨论香水瓶子里的真实味道。可如果是时尚的其他方面，那就另当别论了。她们会不遗巨细地介绍伊丽莎白·雅顿或英格拉姆夫人道家沙龙提供的美容护理，把如何使用荷尔蒙面霜和面部固定套解析得天花乱坠，也会以令潘通[1]都骄傲的狂热，大谈特谈一支新款口红的颜色。如果换作是一款新面世的香水，《Harper’s Bazaar》只会做出如下说明：“马萨尔·罗莎正很巧妙地用白色和深蓝点缀椭圆形的香水瓶子。需搭配相应的口红、粉底。”仅此而已。至于喷洒后的香水是否散发特殊的马鞭草香味，萃取的玫瑰是蜜渍的还是未熟的，花甜香还是泥土香，却没有过多描述。这些编辑穷尽所有词汇也不能描绘香氛之万分之一，也深知每个人对香水都有自己的理解，无法统一意见。

她们更清楚，消费者购买香水的动机，不在于成分调配，而在

1　潘通：一家专门研发色彩的权威机构。

于使用香气能否给自己和周围的人带来良好影响。把这瓶放在梳妆台上好看吗？用这款香水会提升时尚品位吗？更重要的是，在一些重要公众场合中，它是否得体？

时至今日，“专属香水”最能彰显使用者的个性和喜好。不过，早在20世纪30年代，人们更青睐的是各种场合都适用的百搭款香水。富家小姐们初入社交圈的生活不可谓不隆重。每天都是冗长烦琐的“单曲循环”：十点起床、购物、与母亲吃午餐，下午做指甲，晚上参加舞会。第二天、第三天亦是如此重复再重复。一款既能在打高尔夫时谈生意喷，也适合夜晚消遣的香水就是一款完美香水。在这样的背景之下，与百搭牛仔裤一样，百搭款香水应运而生。

亚德利香水公司在推出经典款薰衣草香水时，采用的就是这种“一劳永逸”的销售策略：“这是一款适用于日间各种场合的香水：桥牌聚会、午场演出等其他非正式活动——同时，它也适用于夜晚，并且为美丽夜色增添丝丝魅力。”百搭款香水并不打算流于口号，而是标榜的“实至名归”。香水制造商用尽了千方百计，吸引运动爱好者、剧院观众和派对主持人的赞赏目光。香水作为扮靓必需品，开始在望不到尽头的商业街店铺里陈列售出，为消费者提供越来越多欣赏和购买的机会。

女孩将香水拿回家，犹如一尊奥斯卡小金人奖杯摆放于卧室某处，她会怎么使用呢？是的，她会随意地四处喷洒。30年代，人们还没有发明香水礼仪。1936年，英国《女王》（*The Queen*）杂志呼吁读者跟随潮流，效仿法国人把香水洒在全身——不局限于穿衣后，穿着内衣也可以喷洒——甚至涂抹到眉眼处。与此同时，该杂志亦在第一时间刊登最新的香氛潮流趋势：

> 西普香，这款昔日与法国、俄国名流社会密不可分，玲珑丝茧般的女子闺苑、暖房温室的代名香水，已经演变成为运动女性在日间涂抹的功能性香水。转变竟是如此之颠覆！

市场上的香水种类繁多，无怪乎时尚评论员伊迪斯·斯特韦尔等人缅怀起了品类相对单一的年代。伊迪斯认为，18世纪堪称是香水发展的黄金时期，而正是因为香水选择有限，才更能突出个人风格与独特个性。她在为《Harper's Bazaar》撰文时，笔下描绘出了这样一组画面：

> 年轻的蒙面女郎透过月光笼罩下的窗台，痴痴盼着秘密情人儿，发丝上、睡袍丝质褶皱间，几滴香水悄然滑落；上了年纪、唠叨不休的男士则把香水喷洒在假发上，空气中弥漫着些许发霉的味道，金褐色光斑点点，宛如一枚枚杜卡特金币散落在地上。

正如伊迪斯对18世纪的沉迷，对当代人来说，30年代的香水也是一种通向过去的媒介。幸运的是，部分香水精品保留到了现在，让人们可以轻而易举地穿越到那个令人心生向往却又动荡不安的年代。因为在其他时尚领域，那个年代的审美标准十分严苛。斜线裁剪的丝质长裙固然唯美，尽显女性完美身材曲线，但多吃一小块比萨，微微凸起的小腹都会格外突兀。人们的发型不容易保持，在现代人看来，更是噩梦般的设计。华丽的摄政风格室内装饰呈黑色漆光质地，特别容易沾上指纹和水印。但是香水呢，不论身着睡衣，还是晚礼服，只需轻轻一按喷头，即可纵情享受馥郁芳香。

须后水

Skin Bracer

门依公司，1930年

士兵香水

20世纪30年代，在这个“今朝有酒今朝醉”的十年间，出现了一类令人兴致缺缺的“香水”。门依公司推出的须后水是一款供男士剃须后的专用水。几十年来，它的价格几乎没有受到通货膨胀的影响，单价仅从40年代的1美元一瓶涨到现在的4美元一瓶。这款香水犹如“绿色”切尔诺贝利，设计初衷就是增加清晨刮胡须时脸颊的疼痛感。试想一下，在寒冬的一个清晨，一个14岁小男生学着大人的样子，把须后水拍在脸上，却被刺激得对着镜子狂流眼泪。在

1990年上映的《小鬼当家》（*Home Alone*）电影里，男主角小凯文手拿吉列刀片，往脸上涂抹须后水，顿时发出了一阵穿透幕前观众耳膜的刺耳尖叫声——这一幕场景做出了最为生动的演绎。

疼痛感只是须后水带来的感官功效，就像做了50个俯卧撑后，身体酸痛却也酣畅淋漓。给皮肤微小刺激更有助于提升男子汉气概："用心感受清凉带感的刺痛。长效保持面部肌肤干净清爽。门依须后水给您最清新自然、神采奕奕的户外享受。"

诸如此类的销售广告刊登在《大众机械杂志》（*Popular Mechanics*）、《田野与溪流》（*Field & Stream*）等男性杂志里。广告的内容大多盗用海报图片，其中以比基尼美女画像为主，导致这款须后水在"二战"士兵中备受青睐；一本韩国回忆录甚至还提到参战士兵用须后水擦拭皮靴，让人不得不好奇产品成分。

尽管门依旗下还有许多可圈可点的产品，但是这款须后水最为经典，也最值得记录。充满男性荷尔蒙气息的味道，如薄荷漱口水般刺激清爽，数年来多次问鼎美国畅销排行榜，一度赶超老香料[1]的王冠产品。这款男性十足的须后水之所以久销不衰，原因不在于味道，而在于其功效卓越：唤醒肌肤血管深层活力，完败闹钟，是最为有效的清晨叫醒方式。

1　见本书第159页。

绯　闻　　Scandal

浪凡公司，1931年

动物香水

某种程度上，“绯闻”香水与门依须后水类似。CK的“迷惑”（Obsession）等20世纪后期出现的香水极尽性感挑逗之能事，实际上，它不过是个笑话：这就好像微风轻轻吹起裙边，结果发现美女穿的是大裤衩一样。只有绯闻，以及浪凡于1924年推出的“我的罪”香水（Monpéché），和同时期的皮草香水，才是最货真价实的，是为禁忌贴上深沉野性标签的有趣范例。

这款香水深受皮革香水，特别是俄罗斯皮革香水——香奈儿在

1924年也推出类似的香水——的影响，一上手就是浓郁果香糅合皮革气质，远比50年代朱莉夫人香水等淡而乏味的皮革调更为厚重。香水用鼠尾草、异丁基喹啉——如同为玫瑰、橙花笼上柔软皮革和清甜木果香烟雾——中和桦木的味道。闻上一闻，恍惚看见马戏团进城的热闹景象，满是汗味的亮片紧身衣，还有几缕狮子鬃发在眼前掠过。绯闻绝非纯粹动物香——30年代不乏此类——但它确是那个年代不得不提的代表之作。

出身服装精品店的绯闻香水自然价格不菲，但是香水业也并非一直这么不亲民，水总是会往低处流的。20世纪20年代，美国企业代理机构从法国引进经典款香水，并以一打兰（英两）的量进行重新分装。这些类似便携吸毒工具的小小有机玻璃器皿装的不是毒品，而是一次性分装试用香水。香水试用装通过伍尔沃斯零售商店或贩卖机，以混合套装或品牌专门销售的形式发售，既满足了香水爱好者们囤积心仪香水的愿望，也告别了过去月月光的“吃土”生活。这样的行为不但不规范，而且还会令苦心经营起来的良好香水声誉大打折扣。部分香水品牌企业选择视而不见，但1938年，娇兰以以过低零售价格分装出售一千零一夜香水为由，起诉一家名为尼普斯（Nip Inc.）的香水分装公司（它宣称所售商品皆非源自奢侈品牌）。直到1947年，法院才做出终止分装的判决。

分装试用意味着一周七天都可以因此拥有不同色彩的美丽妖娆：星期一用“轻率”香水（Indiscret），星期二喷“禁忌”（Tabu），星期三试一试“我的罪”，星期四再用用“绯闻”……在大萧条时期，这种创新备受欢迎。忙碌于工作的女孩们闲暇时喷一喷，便可浅尝偶像明星和名流的奢华生活。绯闻，不论整瓶装还是分小瓶，带来的绝对是媲美舞台、银幕、小说般的极致肌肤感受。绯闻一词本身充满着无限吸引和遐想，在腐败糜烂成风的过去十年间频频出现。到了30年代，绯闻的使用范围由政界进一步拓展到了乌烟瘴气的电影产业。就在绯闻香水问世后的第二年，佩格·恩特威斯尔（Peg Entwistle），一个转往好莱坞发展的年轻女演员，由于事业挫折，从好莱坞标牌第一个字母H上跳下自杀身亡，尸首第三天才被人发现。这个比悲剧电影本身还悲剧的故事至今都令人唏嘘不已。

Vol de Nuit　午夜飞行

娇兰公司，1933年

高空香水

飞机航班延误时，机场免税店里的香水走廊是空中飞客们的天堂。此时，机场人员会送上马拉加葡萄酒，以及价值五英镑的食物和饮料礼券。乘客们不得不在航站楼里找一家海鲜餐厅坐下，一边装着开心用餐的样子，一边在心中暗自腹诽吃了会不会引起食物中毒。这是个错误的做法。更好的建议是，喝一杯酒，以微醺的状态沿着记忆中的路线（全然不顾露出手提箱外的三角巧克力），把走廊上的香奈儿全套香水挨个儿在一只手臂上试个遍（另一只手臂拿来试口红色号或试戴手表）。

能否在娇兰的免税店柜台上找到“午夜飞行”这款香水，是件需要碰运气的事情。不过，法国大型机场免税店里基本上都能找到。如果有的话，一定要去试试这款独特的飞行主题香水——30年代的“旅行”代表香则另有推荐。与1929年卡朗推出的翱翔香水（En Avion）一样，娇兰的午夜飞行致敬飞行这一重大科学技术创举，并为人类实现空中飞翔梦想雀跃欢呼，是一款极具装饰艺术风格的标志性香水。传闻翱翔香水从女性飞行员阿梅莉亚·埃尔哈特（Amelia Earhart）的果敢事迹里得到启发，而娇兰这款午夜飞行香水的灵感则来自法国作家安东尼·德·圣埃克苏佩里（Antoine de Saint Exupéry）的同名畅销小说。小说描写了一名飞行员在一次飞行任务中遭遇狂风暴雨而九死一生的故事。香水有着让人体内肾上腺素急速翻涌的功效，与克拉克·盖博和海伦·海丝联袂主演的改编电影同时推出，其声势在当时可谓是轰动一时。

翱翔香水宛如搭乘30年代的旅客航班，软皮座椅抵消了对飞行和未知风险的恐惧。它辛辣醇厚，又不失端庄，混合带有微微药香的橙花香气，让人联想到精美的皮革内饰、涂上油漆的木材和喷气燃料。午夜飞行香则更为柔和。人们经常拿它与娇兰旗下的其他香水做比较。午夜飞行虽然延续了娇兰一贯的香辛主题，但基调强度却减弱了不少，因此在众多芳香中似乎并不出色。但是，沉下心来研究，你会发现，即使耗费整个飞行时间，它也依然让人欲罢不能。细闻这款香，清淡香甜的香柠檬裹挟着海草，随后苦涩的白松香袭来，为香调增添了些许绿意，最后黏稠的龙涎香加入进来，慢慢融合到极致。清冷而悠远的调子，在散发过程中始终绵延不绝，宛如吹熄了生日蜡烛还闪烁着的暗暗微光。

午夜飞行紧跟时事发展脚步，却反而令人心生遥不可及之感。其香味本身虽不足以作为登上飞机的凭证，但是驻足片刻嗅嗅那独特芬芳，听听香水背后的故事，就能让人重新感受到每一次飞行的惊喜和愉悦。英国作家伊丽莎白·鲍恩（Elizabeth Bowen）在《向北方》（*To The North*）小说中，对一架由伦敦飞往巴黎的飞机降落场景，作了类似的精彩描述：

> 随着机翼向一边倾斜，飞机开始在勒布尔格市上空盘旋；在超强气波的影响下，城外大片土地如热浪般翻卷起伏；底下的无顶建筑矗立着，仿佛裂开了大口；此时，却没有一个人抬头遥望。飞机落地时，起落架机轮急速滚动，与机场跑道地面进行剧烈摩擦。然后，乘客们心有余悸地拎着手提箱，从微微颤动的飞机里鱼贯而出。

花呢香 Tweed

蓝瑟瑞克公司，1933年

户外香水

20世纪30年代，“花呢香”香水独树一帜。不同于激情、轻率、惊奇等老派香味，花呢香更实用且硬朗粗犷。喷上它，就好似提着装有鳟鱼酱和燕麦饼干的野餐篮子，与《柳林风声》（*The Wind in the Willows*）故事里的蛤蟆先生结伴来一场自驾旅行。不可否认，花呢这个名字稍显陈旧，甚至把它与鸭舌帽、粗制滥造的夹克外套搭配在一起，还略带俗鄙之感。对女性而言，粗布花呢的确不太容易驾驭，即使再怎么想穿出凯瑟琳·赫本的效果，可看上去，更像是鼓吹邻里守望的教区小子。

不过，蓝瑟瑞克（Lenthéric）这款最负盛名的香水给人们带来了意外之喜。它引领人们走出烟雾缭绕、曼裙飞舞的鸡尾酒派对，彻底远离城市的浮华喧嚣，转而踏进崎岖不平的无边旷野，目光所到之处，满是低低浅浅的苔藓，高低不平的岩石，泛着湿气的泥土，空气中夹杂着些许凉意。这支花呢香水格外符合20世纪第一位女战地记者玛莎·盖尔霍恩（Martha Gellhorn）偏好宽松舒适的穿搭标准。除了实用、高效率、静谧安宁等关键词，花呢香给人一种刚刚结束了漫长乏累爬山旅途的错觉。

人们在探寻花呢香起源时注意到，20世纪30年代掀起了一股“苏格兰热”，外赫布里底群岛上织布工和酿酒师有情饮水饱的故事格外令人着迷。1939年，《生活》杂志曾为哈里斯花呢公司做了一期摄影专辑，文中声称，花呢这种布料打破了只能做日常服装的常规，开始向晚礼服制作方向拓展。该杂志记者用笔头描述了花呢布料的独特气味——“制作过程中，除了适度添火加水之外，制香师还添加了具有辛辣味的地衣、草本根和泥炭烟等。有传闻说，凭着气味，一块正宗的哈里斯花呢布料能引来母牛舔舐。”这也许为蓝瑟瑞克调香师带去了灵感（蓝瑟瑞克还向每一名购买此款香水的顾客提供花呢布料制作而成的包装袋，以加深印象）。光是听描述，花呢香的香气就觉得格外美好，不过人们禁不住发问：喷上花呢香，是否真的会招来舌头伸得长长的兽群呢？

蓝瑟瑞克一度是个非常懂得顺势而为的香水品牌。19世纪末，一名来自法国的发型设计师以他的名字创立了该品牌，却早早就在20世纪30年代前去世。在敏锐观察到主流香水市场向美国转移的趋势后，该公司果断地摒弃了法语，转而使用英语对产品进行命名。旗下香水大多采用夜幕（Cloak of Night）、流浪者（Vagabond）、三个缄默信使（Three Silent Messengers）等名字，每一款都蕴含了一个惊心动魄的冒险故事。蓝瑟瑞克还偏爱借鉴其他媒介及艺术形式，以更好地推广香水产品并为其宣传造势。在当时，美国有一个极负盛名的香之舞舞蹈团，在全国各地音乐大厅和百货商店进行巡回演出。该舞蹈团用芭蕾对6支蓝瑟瑞克香水作了最为生动的演绎，充满活力的曼妙舞姿，轻盈灵动的舞美设计完美展现了香水的特质，并将香氛精髓具体化，征服了现场观众。演出间隙，香水大师M.杜瑞尔·杜戈斯（M.Durel Dugas）大讲特讲用香艺术，洋洋洒洒的销售言辞引得观众纷纷掏钱购买。巡回演出集中在1938年、1939年两年，NBC还进行了实时转播。

花呢香如今依然在售，但它需要一次大变革。最近一次相关主题的推广活动发生在20世纪80年代。广告里，女模特烫着一头卷发，身穿一件中规中矩的蝴蝶结衬衫，饰演参加婚礼的未婚阿姨。花呢香背后不该是这样的故事，它应该属于户外——不过前提是，母牛得待在要多远有多远的地方。

Blue Grass　芳草青青

伊丽莎白·雅顿公司，1934年

¦ 马主题香水 ¦

到了20世纪30年代，纸醉金迷、享乐主义般的爵士时代逐渐成为过去，一股在结肠软管多到数不清的健康农场排毒的治疗风兴起。这里所指的健康农场是伊丽莎白·雅顿女士在缅因州芒特弗农成立的缅因度假庄园。1933年，伊丽莎白·雅顿女士将这座庄园改造成为全球首个温泉疗养地，这也成为后来整个行业效仿的典范。

如果说，雅顿开设在纽约第五大道和伦敦邦德街等时髦圣地的红门沙龙是诸多名媛、明星日常生活中必到的美容场所，那么缅因度假庄园就是理想的“充电”避暑胜地。1933年，《Vogue》杂志曾在一篇文章里写道，度假动力源于人们厌倦了“活跃”或“放纵”生活，而且疲乏程度已经蓄积到顶峰，无法再忍耐下去。该杂志鼓励人们分享记录在小黑本子里的乡村好去处。其中，鲁伯特·科克伦·金夫人推荐西部小镇杰克逊镇的惬意牧场生活，“你可以一整天都穿着休闲骑马装或牛仔裤，脏了的话换件干净的T恤衫便好。这里的娱乐活动丰富多彩，有骑马、自驾、钓鱼、游泳、野餐、烧烤，以及牛仔竞技表演等。”还有人喜欢去亚利桑那州或汉普顿区度假。不过，缅因度假庄园始终是人们心中最理想，也是最令人向往的度假胜地。四年之后，《Vogue》杂志再度撰文赞美这座至今热度不减的庄园所拥有的独特魅力，“即使身处奢侈逸乐之中，你也能得到运动员般的严格训练”。

享受庄园的顶级护理，从心灵到发肤感受涤荡纯粹的滋养和酣畅淋漓的魔鬼训练，这些进一步在健康机制上，为现如今维瓦梅耶诊所等疗养中心提供了范本。客人们的房间里摆满了伊丽莎白·雅顿品牌的产品。每天清晨，工作人员将日程表放在床上，让客人们可以随心所欲地沉浸在自己的世界中，不受任何干扰。这些客人每天进行精油按摩、清肠治疗、面部和身体美容，然后是游泳、羽毛球、骑马等室内和户外运动。庄园里还有一间用菲律宾贝壳装饰的阳光房。这里的三餐都根据营养师本杰明·盖伊洛德·豪泽（Benjamin Gayelord Hauser）特制的食谱制作。需要时，工作人员推着移动小推车，挨个将各式健康食物和用保温瓶装的营养肉汤送到客人们手中。最尴尬的场景莫过于，看见贵妇们白天敷着抗皱面膜，夜晚戴着紧致面罩走来走去。

有人曾欣喜若狂地描述，在缅因度假庄园待上一两周后的治愈疗效：“看呐，湖水顺着山势流淌，水光潋滟、碧波荡漾，顿时让人有重焕新生之感。”这就是光环效应，那置身大自然，呼吸新鲜空气带来的神清气爽、直达心灵的涤荡洗礼，也是“芳草青青”香水享誉30余年，至今畅销不衰的原因。伊丽莎白·雅顿女士不只是想通过早期发行的系列香水，引领整个纽约住宅区的美容文化［后来，她又相继推出了红门（Red Door）和第五大道香水（5th Avenue）］，更多的是出于她对于市场走向的敏锐直觉，以及对肯塔基州和赛马文化的热爱。伊丽莎白·雅顿女士十分钟爱马这种动物，她的爱驹还在1947年的肯塔基赛马会中夺魁。

伊丽莎白·雅顿女士的这个决定，在当时受到了公司团队的质疑。他们担忧，新理念或因过于乡村或田园而不被忠实的高端顾客所接受。然而，芳草青青，正如同时期的蓝瑟瑞克的花呢香水和沃斯高定“我归来”香水（Je Reviens），都给那个浓烈馥郁的香水时代增添了一抹独特色彩。这款香水大胆采用醛类化合物，糅合了大量薰衣草、草根香，制造出清冷的皮革调，让人仿佛看见月色下，微风轻轻拂过草地，一群野马在肯塔基州草原上纵横驰骋。芳草青青仍然很得大众青睐，就像鲁伯特·科克伦·金夫人（Mrs Rupert Cochrane King）还是会抹着口红穿牛仔裤，只不过她会选择相对休闲、保守的款式。自始至终，这款香水都带给人们刚蒸完桑拿后清爽舒适、皮肤粉嫩嫩的感觉。然而，随着时间的推移，人们对芳草青青的味觉感官逐渐向功能性产品转移，其中又以香皂香味居多。一款寓意元气满满的香水，现如今也被贴上了卫生洁净、消毒水等味道标签。

从那个时候开始，芳草青青就和清洗一词联系在了一起。在芝加哥市的雅顿美容沙龙将有芳草青青香的小香片放入喷头，冲出来的水更加清爽。伊丽莎白·雅顿女士还让人用芳草青青香水冲洗肯塔基州的马厩，她这样做是为了告诉人们，对动物要像对待人一样。她喂养的马匹，可以聆听轻音乐，享受8小时润肤霜按摩，待遇规格堪比在缅因度假庄园休息的贵妇们。

Fleurs de Rocaille　洛可可之花

卡朗公司，1934年

¦ 午后场香水 ¦

“洛可可之花”香水一度是卡朗最负盛名、受人瞩目的一款香水，现如今，它的风采却逐渐被黑水仙抢走，虽然还是碳化后冰冷的醛类化合物的味道，但时尚程度却大不如前。

这款香水产生于“装饰艺术”运动巅峰时期，名字的寓意是“石中花”——攀爬在嶙峋岩石间找寻微风中摇曳作响的小鲜花，邂逅的不是一簇簇繁花，而是玲珑小朵。卡朗将年轻女性作为目标销售群体，香水海报上是一名画着时兴粗眉女孩子的肖像。

从某种角度，我经常把洛可可之花与演员、舞者金格尔·罗杰斯（Ginger Rogers）联系起来。在《礼帽》（*Top Hat*）电影里，当她和男主角弗雷德·阿斯泰尔（Fred Astaire）翩翩起舞时，婀娜灵动的舞姿，恰到好处的力道，还有那一袭轻如羽翼的长裙，都和这款洛可可之花无比契合。那种浑然本天成的水乳交融是“震惊”（Shocking）等硬朗香水没法实现的，我们将在随后的文章里细谈震惊香水。比起通宵达旦的狂欢盛宴，洛可可之花给人的感觉更像是午后场。这支香水单价由30美元一瓶飙升到现在近500美元一瓶，是其他高端香水价格的两倍之多。如此看来，使用洛可可之花的年轻姑娘们得找一份收入不菲的工作，才支付得起这款“谁，我吗？”香水。

1940年，罗杰斯在《享乐之路》（*Primrose Path*）中出演女主角。这部影片由好莱坞黄金时期五大电影制作公司之一——雷电华电影公司（RKO）出品。雷电华电影公司制作了多部她与男星弗雷德·阿斯泰尔联袂主演的卖座影片。这家电影巨头与卡朗达成了合作协议，要把洛可可之花植入新影片中。卡朗认为如此可以提高香水的出镜率，从而对销售额产生积极影响。《享乐之路》是一部以卖淫为主题的影片，讲述了女主角不甘被母亲和祖母卖入娼门，毅然走上反抗之路。然而，卡朗旗下的一款明星香水竟然出现在与“一群令人生厌的人”为伍、“污秽肮脏、堕落邪恶”等情节充斥的场景里，这与他们所料想的实在大相径庭。于是，他们投诉，在得知撤回电影片段无果后，甚至还试图诉诸法庭。事实上，这部影片在审核阶段时，就对相关词汇进行了隐晦处理，以至于一大半的观众进影院后都表示看不懂。

时间快进到1992年。这一年，另一部影片《闻香识女人》（*Scent of a Woman*）公映。电影里，阿尔·帕西诺（Al Pacino）主演的眼盲退休军官，在闻到爱人的香水味道后，准确叫出了香水名字：洛可可之花。时隔55年后，卡朗如愿以偿，迎来了属于它的电影时刻。

震　惊　Shocking

艾尔莎·夏帕瑞丽公司，1937年

缤纷香水

人们常常通过颜色来识别香水：绿色表现清爽、活泼、轻松。东方调香水呈华丽的紫色——因为在西方人眼中，东方人个个身着帝王般的华服。香奈儿5号以纯色系为主，简单而不花哨的瓶身设计完美搭配干燥、柔滑、淡雅香味。柑橘古龙水带有柠檬皮或正午阳光的金黄光泽。

20世纪30年代，香味和颜色之间越发密不可分。彩色印片技术在各大影院的广泛运用，使观众能够全身心沉浸到电影剧情里，满足观众更强烈感官刺激的需要。屏幕上，野外乡间显得格外风光秀丽、肥沃富饶，就连1939年《绿野仙踪》里塑料做的蛮支金国也别有风味。超现实世界里，这些电影角色仿佛要从大屏幕里跳出来，蹦着钻进观众席。令人记忆深刻的是，迪士尼出品的《白雪公主和七个小矮人》电影中，当邪恶王后涂着血盆大口，披着暗紫色斗篷出现时，场景一度十分惊悚。电影中颜色鲜艳的服装，特别是桃乐斯脚上的红宝石鞋，都给人一种触手可及的错觉。到底有没有一种香氛，可以带给人们如彩色电影般绚丽夺目的感官享受呢？在这一方面，没有人会比意大利著名服装设计师艾尔莎·夏帕瑞丽（Elsa Schiaparelli）更有代表性。艾尔莎·夏帕瑞丽设计出了一种专属于自己的粉红色，命名为“惊人的粉红”（Shocking-pink）。

30年代，艾尔莎·夏帕瑞丽在巴黎时装界崭露头角，她设计的时装用色强烈、装饰奇特，就连“时装女王”香奈儿女士也不得不对她刮目相看。她推出的亮黄色长裤和紫罗兰色无指手套等经典款式，色彩大胆而不失高雅，设计新颖而不落俗套，满足了人们求变的心理。法国著名作家、导演让·谷克多（Jean Cocteau）将她比作狂热美娜德（希腊神话中酒神狄俄尼索斯的女祭司）。他如此评价：

> 她难道不是专门来诱惑女性，一边放肆大笑，一边牵着野兽的恶魔？旺多姆广场的专卖店是一座不折不扣的恶魔实验室。到那里去的人会掉进魔鬼的陷阱，出来后戴着面具，伪装自己，畸形丑陋，或变得面目全非。

夏帕瑞丽将这种敢于创新的开拓精神也实践在香水制作上。经典之作——“震惊”香水面世以来，经历了上市、下架、再上市多次反复的坎坷命运。粉红是最能完美诠释这款香水味道的颜色，还没扭开瓶盖，便已经通过粉红色的外包装、香水瓶及文字将色彩印在脑子里。香水大胆奇异地混合了蜂蜜、麝猫香和龙蒿，气味独特迥异倒也时髦。用料极为讲究，包括了从巨型蜜蜂巢中提取出来的蜂蜜。这支香水不仅味道与众不同，香水瓶外形更是别具一格。香水瓶是一个女人身体模型，由阿根廷女画家莱昂诺尔·菲尼（Leonor Fini）根据女演员梅·蕙丝（Mae West）的身体模型设计而成，瓶肩还有玫瑰花装饰。要使用震惊香水，首先你得有梅·蕙丝那样性感撩人的胸部才行。

通过充分调动消费者所有感官，以制造香水粉红热，“震惊”一上世便获得了巨大成功，位居销售排行榜前列。它优雅精致的味道，诠释着难以抗拒的果敢和魅力，其销量远远超过夏帕瑞丽旗下任何一款香水。很快，夏帕瑞丽在此基础上推出了各种新版本，“幸运转轮”（Spin and Win）旅行套装就是其中之一。亚利桑那州一家百货商店曾在1939年圣诞节促销广告里写道：“不知道她的心中所爱？那么，一瓶夏帕瑞丽震惊是个绝不会出错的选择。”“震惊”在当时的火热程度由此可见一斑。

我们商店购进过大量香水，其中不乏业内人士评议为有新意的作品，但最终只会被我们忽视或闲置。鲜有像“震惊”这样，其发行之势是如此之连贯统一，香味又是如此之清奇绝伦，正如彩色印片技术让观众对电影的惊人发展感叹不已，“震惊”那独具匠心的味道，大胆猎奇、斑斓缤纷的惊艳呈现，令30年代的香水爱好者啧啧称奇。

老香料 Old Spice

舒尔顿公司，1937年

男士香水

“老香料”香水一旦下架，就会引发最强烈的公众呼声。届时，报纸会刊登长篇幅纪念文章，“时代终结”四个字将出现在公众视野。老香料是迄今为止识别度最高，也是大众最为喜爱，与金宝汤（Campbell’s soup）、鸟眼牌的豌豆（Birds Eye peas）齐名的老字号品牌。人们不一定非要把它带回家不可，但是它的存在让一切都圆满。老香料就像世代传递的熊熊火炬，见证了每一对父子在同一个特定时间都会发生的关于小心避孕的尴尬对话。

老香料的魅力在于它是独属男人香。60年代上市的香槟香水具有同等知名度，让人陷入一缕青丝放在胸前，哪里都有陪伴的温暖。而老香料更像是《生活多美好》（*It's a Wonderful Life*）电影中的男主角詹姆斯·史都华（Jimmy Stewart），熟悉、谦和，甚至还有一点沧桑。除了2010年和2011年推出新宣传语“闻起来像个男人”并锁定年轻男子为目标消费人群之外，老香料一直都是以穿着格子晨衣、趿双酒店免费拖鞋的老爸形象出现在大众面前。

老香料始终如一地扮演着平均先生角色，正因为如此，它稳稳攫住了消费者的胃口。1938年，正值大萧条时期，威廉·莱特富特·舒尔茨（William Lightfoot Schultz）创建香料品牌——舒尔顿公司，公司相继推出老香料等产品并获得巨大成功。老香料现在已被纳入宝洁公司旗下。舒尔茨很有商业头脑，他意识到虽然美国本土香水与欧洲香水平分秋色，但美国本土的香水缺乏深层次的寓意。要知道，1908年，加州香水公司发行美国理想香水时，竟无法解释清楚美利坚（America）第一个字母“A”代表的意义。舒尔顿为新款香水设计出一个可运作、真实可靠的营销概念：美国殖民史，尤其是开国先驱踏上美洲海岸使用到的舰队船只，以及航海文化。无论是风格，还是那糅合肉桂、八角茴香和肉豆蔻的香味上，老香料和1940年问世的奥加拉湾朗姆酒香水（Bay Rum）颇为相似。可尽管如此，舒尔茨及其公司营销团队不惜制订详细的方案远航世界七大洋，最终建造了属于自己的香水王国。奥加拉湾朗姆酒代表了一种香味，而老香料只能为舒尔顿所有。

老香料的故事是基于真实殖民史料的，故而这款香水有着不容置喙的牢固基础。舒尔顿效仿历史，推出复古剃须皂，并把它放在以早期餐具为原型设计的马克杯和白色陶瓷瓶里。这样一来，妻子可以将此作为爱的礼物送给丈夫，也可以是儿子挑选的父亲节礼物。老香料还是一个成功的收藏品牌，推出了许多受人喜爱的芳香饰品，截至20世纪70年代，老香料的小物件数目庞大，即使穷尽一生也不一定能收集齐。谁不想要拥有一副老香料望远镜，一个须后水的船型玻璃瓶，一台微型大炮，一盏提灯，一根救生带，又或是一支水手长口笛呢？有了这些物件，可以玩一出角色扮演游戏。在船上，住着一个戴着老香料海军司令帽子的男子，盛气凌人地命令邮递员称呼他为船长。

Colony　殖民地

让·巴杜公司，1938年

方向错误的香水

最令人身心愉悦的香水是那些让我们有代入感的香水，哪怕是有点曲折。娇兰的圣莎拉香水（Samsara）将人们带到苍茫沙海中，乔治·比弗利山香水（Giorgio Beverly Hills）令人陷入无意识状态，仿佛经历了一次大西洋航行、抵达罗迪欧大道的脑海风暴。20世纪30年代，一款最具代入感的奇异香水诞生——“殖民地”香水。让·巴杜，这个多次出现在时尚报刊里的风云人物，设计了这款香水，意在捕捉远方岛屿，特别是法占热带地区那不可言说的神秘。香水瓶身宛如一个完整的菠萝，味道也像极了这种水果特有的迷人香气。这自然不会是德尔蒙食品公司的杰作。在当时，它可忙着为罐头食品、菠萝生菜沙拉食谱做营销推广呢。

时至今日，殖民地香水已不复存在，这着实令人惋叹。因为它是如此地美妙，唤醒了人们记忆中的沙滩：高腰式束身泳衣，发间的幽兰香，五颜六色的脚趾甲，不远处的夏威夷风情酒吧……让·巴杜尤其擅长将时尚的生活理念融入香水制作之中。开设在巴黎的精品店以鸡尾酒吧为原型建造。几年后，让·巴杜开始出售制香工具，方便顾客自己在家里调香，其中包括了中和味道的“苦精”、小型鸡尾酒摇酒壶等。这名调香大师还推出一款名叫假日（Vacances）的香水，以庆祝法国实施带薪假期制度。1935年，另一款纪念诺曼底号邮轮首航的香水——诺曼底（Normandy）问世。每一名入住头等舱的女士都得到了一瓶诺曼底香水作为纪念。

殖民地香水赶上了出国旅行热潮。富人们对具有异域风情、气候温暖、文化上熟悉的法占殖民地格外感兴趣。这些渴望曾经是那么地遥不可及，可航空旅行让它成为现实。他们有大把大把的金钱和时间可供挥霍，在他们眼里，欧洲风光不再，失去了往昔的魅力。1937年，知名杂志编辑詹姆斯·罗德尼在一篇文章中写道：

> 英国人满脸露出渴望的神情，那是再正常不过的反应。想想时间充裕能去的地方，棕榈滩、西或东印度群岛、拿骚、火奴鲁鲁、印第安。再想想，时间有限能去的地方，埃及、里维埃拉、葡萄牙、北非。因此，我就假装自己去这些远距离国家

旅行好了。

如果出发去旅行，那么殖民地香水是绝对不容错过的必备款。它也是旅游结束后，买来纪念欢乐时光的最佳选择。对于那些没能去成，只能在脑子里想想特立尼达和多巴哥共和国的人而言，它还能满足他们的旅行幻想。

到现在为止，一切都还不错。但是，那令人困扰的香水名呢？那支刻画了黑暗丛林中一双亮眼的原版广告呢？

殖民地香水问世于1938年。当时，一种“本宗即大”的家长式观念根深蒂固。那一年也正值儿童文学家让·德·布吕诺夫（Jean de Brunhoff）所作读物《大象巴巴的故事》（*Babar the Elephant*）的畅销时期。《大象巴巴的故事》一书虽好，但故事却潜藏了一个使人忧虑的信息，大象巴巴是在将城市文明带回象城后才被拥戴为王的。主流影院同样将外国人定为受尽欺凌的柔弱者形象。首位好莱坞华人女星——黄柳霜（Anna May Wong）是一位非常有才华的演员，但是她在电影里得到的角色总是在重复《屠龙女》（*Dragon Lady*）中的形象——考虑到当时电影业界习俗，这不足为怪。“詹姆斯·邦德”系列小说作者伊恩·弗莱明的哥哥，彼得·弗莱明（Peter Fleming）在电影中谈论“东方”的时候这样说：

> 他们适用于任何怪诞离奇的情节。他们可以被击毙、被淹死，可以被丑化，甚至被扔出高楼也不会激起观众心中一丝涟漪。他们的恶与喜，忠诚与口误，都会顺利地把电影中的尴尬场景圆过去。

透过银幕，这些观点在一帮老套的恶棍角色身上，在无伤大雅的电影片段中，得到了充分彰显。米高梅1939年公映的音乐剧《火奴鲁鲁》（*Honolulu*）中，演员埃利诺·鲍威尔（Eleanor Powell）饰演的一名顶尖舞蹈家前往度假天堂夏威夷。在那里，舞蹈家受到了当地人民的热烈欢迎。他们载歌载舞，跳着富有特色的传统舞蹈。她微笑着表示感谢，随即走上舞台，并在他们跳的舞步基础上，跳出了高阶版本。难道她就不能静静地欣赏吗？要知道，火奴鲁鲁可是一个以歌舞表演、夏威夷花环等闻名世界的旅游胜地。携一缕殖民地芳香去远方，旅途（或神游）也香得别致。而在此背景下产生的殖民地香水，还会令人从对社会现实的片面理解和轻慢对待中获得快感。如今，属于殖民地香水的美好时光或许已经结束，但是如果换个名字再次推出的话，说不定这款香水又能重获大众的喜爱。

Alpona 阿波娜

卡朗公司，1939年

滑雪场香水

即使战事临近，一种运动仍以雨后春笋之势迅速席卷了整个欧美大地。这种运动至今风靡，足以引发一群人狂热，但同时也会让另一些人心生困惑或羡慕。它就是滑雪。

直到最近，滑雪场才开始投入使用绳索轮，因为他们终于意识到，人们热爱的是从高山上飞速滑下的刺激与酣畅淋漓，却并不热衷裹着冻得发紫的脚趾头，步履蹒跚地向山峰攀爬。滑雪不再是专属于勇者的运动。如今，只要支付足够的费用，带齐滑雪工具，鼓足勇气，人人都能尝试。“滑雪时尚”成为大势。除了常见的提洛尔少女打扮之外，勒隆、夏帕瑞丽、让·巴杜等服装品牌纷纷抓住此商机，以实用为原则，试着设计日常可以穿的滑雪服系列。在我们看来，其中有一些装束实则更接近监狱风。

随着滑雪运动为数十万计的美国人热爱，这个产业开始创造巨额财富。此时，精明的企业家们向市场灌输新理念，让游轮消遣顿时黯然失色。人类已经征服了阿尔卑斯山，但是在那广袤无垠的美洲大地上，还有许多原生态高山，等着人们去探索。

位于爱达荷州的太阳谷度假村滑雪场是美洲大陆最好的滑雪地之一。太阳谷最初由奥地利伯爵、银行继承人菲利克斯·沙夫戈奇发现。彼时沙夫戈奇伯爵还是一名纳粹军人，奉命在北美寻找一处可与阿尔卑斯山媲美的滑雪场地。太阳谷所在地凯彻姆因此从一个人口不到两百的小镇发展成为集餐饮、赌博、运动为一体的度假天堂。太阳谷当年吸引了很多名流，包括作家欧内斯特·海明威，演员克拉克·盖博、英格丽·褒曼、加里·库珀等。被拍到手持滑雪杖，明星们并不会过于紧张。也许是寒冷的天气使得他们的反射神经有些迟钝，又或者是厚厚的滑雪装让他们有了安全感，他们会欣然应允，然后摆出各种新奇姿势，笨拙地排成一排（连皇室家庭也会配合）。镜头下的太阳谷欢声笑语不断，充满了恬淡惬意，由此博得了名气。

太阳谷度假村还是1941年公映的好莱坞音乐剧《太阳谷小夜曲》（*Sun Valley Serenade*）的创作灵感来源地。音乐剧中，太阳谷被刻画成泛神论中的乌托邦。在这个世界里，成群成群的人们或踩着雪橇，或穿着雪靴，像工程建设中的工蚁有条不紊地进行分工合作。这其实是滑雪运动给人的假象。这项运动看似辛苦，可实则也只是自山顶而下的自由落体而已。

让・巴杜的殖民地是热带雨林的代表香。其对立面，即阿尔卑斯高山脉系需要另一种香水来诠释。毕竟，殖民地香水并不适合所有场合。这时，卡朗的“阿波娜”香水走进大众视野。这款“二战”前最后一款经典香，以苦中带甜的香调为主，是卡朗在滑雪热巅峰时期，为颂扬法国的阿尔卑斯山脉而调制。鲜花与葡萄柚的微妙组合，传递出怡人心脾的沁香。这支香水闻着令人顿觉积极乐观，精神为之一振。可就在此时，卡朗创始人欧内斯特・达尔多夫由于其犹太人身份，不得不逃离巴黎飞往美国。虽然阿波娜沿用了欧洲式名字，但它却与卡朗旗下另外两款香水一同在1939年至1940年召开的纽约世界博览会上问世。目标消费群向美国消费者转移，宣告20世纪40年代间香水产业即将发生巨变。法国巴黎作为时尚之都的影响力逐渐削弱，取而代之的美国东海岸日益崛起。不同于欧洲人当时的捉襟见肘，美国的中产阶级一直都有能力支付奢侈品。

阿波娜在见证盛事之隆重的同时，面临的周遭环境却不尽如人意：达尔多夫移民后水土不服，在阿波娜问世不久便离开了人世（菲利克斯伯爵成为武装党卫队的一员，死于俄罗斯战场）。作为达尔多夫的离世代表作，阿波娜香水知名度虽低于他最具盛名的金色烟草和黑水仙，却也是一款不可多得的精品。

战争年代

1940年
至
1949年

The Insubordinate Forties

1940
—
1949

1939年至1945年，世界大战硝烟四起，上百万人丧生或受伤，香水不再受到人们关注。在战火纷飞、满目疮痍的年代里，细说香水是多么地不合时宜。然而，如果缅怀英国大后方仅限于家庭防空洞、画出的丝袜接缝、“为了胜利”的挖掘运动等片段，也许谈一谈香水，可以为后人提供更加宽泛的视角，方便他们了解战时人们经历的苦痛与磨难。

亚德利香水公司通过广告向消费者传输“实用”“爱惜”“珍爱，直至最后一次挤压”等理念，建议他们用尽香水瓶里最后一滴液体。香水公司规劝顾客打消购买念头，遏制购物需求，也算是一则战时奇闻。对于有些女性顾客在得知店里没货后不依不饶的态度，会遇到严厉的谴责：“请记住，货物紧缺不是它的错误”，或是黑色粗体字的提醒“请把购置香水这笔钱节省下来，它应该去更需要它的地方”。许多香水公司一改战前怂恿顾客任性消费的姐妹淘形象，摇身一变成为了反对浪费、颂扬节制的“护士长”。

战争时期，大部分开设在巴黎的高级时装屋及其香水沙龙选择了关闭；以30年代香水扬名天下的法国时尚大师吕西安·勒隆（Lucien Lelong）忙着劝说纳粹不要把法国的时尚产业迁到柏林去。除此之外，还有一小部分公司留在欧洲继续制香，成为业内传奇，其中以罗莎（Rochas）为代表。即使兵连祸结、炮火连天，罗莎仍坚守初心，成功推出“女士香水”（Femme），被人们誉为战中瑰宝，与战后迪奥推出的迪奥小姐、莲娜·丽姿的比翼双飞香水（L’Air du Temps）一并成为希望和重生的象征。

香水产业设法维持基本的营运，这意味着停止生产时，得卖掉所持股票，以合成材料代替稀有天然原料。在这样的情形下，人们在实验室就能完成香水的调配。大批量生产是在远离战火的美国本土进行的。美国作为一个尚未开发的新市场，对香水需求旺盛，亦渴求大量美容税收充盈国库。大战爆发前，法国是世界香水的“至高点”。可随着越来越多的香水开始选用英文名，地域影响力发生了变化。美国本土调制的香水同样享有盛誉，其精美程度、奢华质地丝毫不亚于欧洲香水。然而，战争结束后，新一轮欧洲香水制造商浩浩荡荡地越洋而至，只因他们觊觎美洲大地上潜藏的巨大商机和唾手可得的巨额财富。稍后，关于黑缎香水（Black Satin）的章节会提到其中两位代表人物。

40年代的香水除了量少物稀这一特点之外，在战争中还有一个优势，那就是，流亡走散的人使用香水，能在第一时间留下踪迹。就像《这些傻事》（*These Foolish Things*）中唱到的：枕头间栀子花香萦绕，仿佛你还在身边。英国作家达夫妮·杜穆里埃（Daphne du Maurier）在畅销悬疑小说《丽贝卡》（*Rebecca*）中，给香水赋予了惊悚恐怖色彩。这部小说后来改编成希区柯克的悬疑片《蝴蝶梦》，于1940年公映。故事讲述了梅西·文德斯第二任妻子发现丈夫的前妻丽贝卡的阴魂笼罩在豪宅中。丽贝卡虽然死了，却影响着庄园里的一切，庄园到处都是带有丽贝卡名字缩写的物品，丽贝卡的杏色睡衣上褶皱就像它刚被穿过一样，沾有丽贝卡唇印的手帕还散发出杜鹃花香味。在这座庄园里，丽贝卡那特有的香气无处不在，庄园管家丹弗斯夫人明显流露出对新文德斯夫人的厌恶和对前任文德斯夫人丽贝卡的崇拜。有一次，丹弗斯夫人在文德斯夫人面前，轻轻托起一件晚礼裙，“这件天鹅绒裙穿在丽贝卡身上，简直美极了。你用脸碰一碰，它很轻柔，不是吗？你能感觉到吧？裙子上还有她的香味呢，就好像刚刚才脱下来似的”。丽贝卡的气味，犹如一堵墙搁在新任文德斯夫人和文德斯先生之间。“走廊上回荡着她的脚步声，楼梯间弥漫着她那独特的香味”。

由此可见，人们根据喜好选择的香味不一定符合本人气质，甚至还会传递令人困惑或误解的讯息。1943年，澳大利亚记者埃里克·鲍姆（Eric Baume）撰写了一篇短篇小说《香水》（*Perfume*）。故事里，一名陆军少尉在一次行动中受伤，后来被送进医院接受治疗。少尉身上的伤势十分严重，导致他多次昏迷和暂时失明。养伤期间，一个叫奥古斯塔的女子前来探望他。少尉深深地被奥古斯塔身上那迷人香气——钱彼纳尔德先生（Monsieur Chambillard）旗下预言香水（Presages，作者杜撰）所吸引。那香味“似韧钢轻轻拨开病房里的浊气：宛如空气中那一轮看不见的光晕。即使在熟睡中，他的鼻孔也一张一合，企图捕捉一缕幽香”。

那鼻孔真是前所未有地性感。

关键是，少尉在看不见女子容貌的情况下，仅凭其身上的香味，就无可自拔地爱上了她。他认为，那香味既不可能为“挤在货摊前的那些胖女人”所有，也绝不会从“贪婪吝啬的小妇人”身上散出来。他信心满满地表示，“懂香水的男人能从香味中找到命中人。”

可事实上，奥古斯塔担心，少尉一旦恢复视力，将会是多么地失望。少尉想象中的她，和现实生活里又老又胖的她，差别是如此之大。为了不让少尉难过，奥古斯塔在他面前，假扮一名金发女郎。终于在一天夜里，奥古斯塔悄然离去，并留下了一封信。信里写着："当你下次再遇到喷香水的女子，请一定要及时逃开。"

《香水》篇幅虽短，可它并不是当时以此类话题为主题的唯一一部文学作品。在这个十年结束的时候，现在在小说和电影中代表胜利的"黑色"将成为香水身份的象征，无论身份是真实的或伪装的。通过香水，你想要告诉别人什么？怎样误导诱骗世人？这样做，又期望达到何种目的？

Chantilly　　轻　歌

霍比格恩特公司，1941年

罗曼蒂克香水

霍比格恩特公司出品的“轻歌”香水，问世以来以混合了玫瑰、丁香、香草的甜杏仁香气俘获了诸多女孩子的芳心。它宛如一道法式甜品，将世人带进甜蜜美妙、无忧无虑的世界。在那里，每天都可以享用到各式美味下午茶点，有树莓馅饼、焦糖布丁，等等。餐桌上摆着精美蕾丝餐巾，避免客人将奶油沾到丝裙上。向远处望去，一群天鹅在湖中嬉戏。

一天，杰恩坐在湖边，为即将成为老处女而苦恼不已。突然，她听见一阵马蹄声，冲着她的方向急速逼近。小道上，马儿奔腾着、嘶鸣着。渐渐地，一匹矫健的红褐色骏马进入视野。杰恩抬头去望马背上的人。那是一个英俊的绅士，身穿绿色马裤，因颠簸跋涉而显得有些狼狈。这时，绅士向她发出了询问。他看上去有些迷惑（男子受命前来，告知杰恩关于姐姐玛格丽特的不幸消息），不过他碰巧瞧见了一名身姿曼妙的女士。按捺住内心小鹿狂跳，杰恩慢慢站起来，缓缓地行了个屈膝礼，然后轻声说道……

美好遐想在这里停顿。

这就是轻歌。在蕾丝花边与甜奶油交融成罗曼蒂克气氛下，璀璨的甜香所象征的，就是禾林[1]的浪漫小说或米尔斯·布恩的言情小说里爱情与幸福的香味。闻着迷人芳香，把玩那如钻石切割的淡粉色香水瓶，令人不由心生荡漾。

轻歌以其独有方式在保守中做到极致。当同时期香水沙龙纷纷推广香味浓烈、魅惑中带有顽皮可爱的香水时，霍比格恩特反其道而行之，推出纯真香水。这个18世纪欧洲皇室御用品牌向经典致敬，重新参考了1898年问世的宫廷爱情香水配方，并在时隔半个世纪后再次推出。没有《危险关系》（*Les Liaisons dangereuses*）中让人浑身战栗的激情刺激，轻歌——它的味道如轻歌浅唱一般，宛若乔吉特·海尔（Georgette Heyer）笔下清新、活泼、轻松的格调。50年代，霍比格恩特还发起了一个叫“‘扇’语说爱”的活动，他们

1 著名的言情小说出版社。

向各大百货商店经销商赠送香扇和免费香水，只为告诉人们眉目传情、含蓄暗示的传统方式让“求爱”更加美好。

绝代艳后玛丽·安托瓦内特是霍比格恩特品牌的忠实粉丝。为了纪念她，霍比格恩特在香水设计上，特意加入了许多与王后生活有关的元素，如花园、凉亭、拱门、喷泉、塑像等。他甚至也从王后诸多追求者身上得到过创作灵感。广告词以可爱甜腻为主，包括“爱情序曲”“香水流传千古，迷醉一吻！”“芳香配美人”“美人诱惑”等。广告语中多次出现“美人”“小姐”词语，让人不由联想到意大利服务生的挑逗话，“漂亮小姐，为什么不给我你的房间钥匙？为什么不呢？”

干香粉　　Dri-Perfume

J.L.普里斯公司，1944年

战争时期香水

1943年，香奈儿在《泰晤士报》等英国知名报刊上，刊发了一则通知。通知采用类似悼词使用的黑体边框，在文章开头，香奈儿向广大消费者致歉，“出于战争原因”，暂停供应香奈儿5号。通知上，香奈儿向读者做出保证，公司将竭尽全力推出口红、香皂等同款香氛产品，一旦战争结束，他们将尽快恢复香水的生产与销售。

香奈儿还在通知上做出如下提醒：“按照贸易部相关规定，正版香奈儿香水瓶上应刻有相应名字和地址。否则，皆为假冒伪劣产品。”

当时，黑市经营者、倒卖贩子从混乱失序的香水产业供应链中牟利，导致英国国内黑市交易泛滥，甚至还有人将赃物倒卖给远在地中海、北非海港等地出勤的军官士兵。香奈儿亦难免被染指的命运，虽然它是诸多品牌里的最后一个。战时大后方境遇艰苦，亟待解决的问题何止这一个（何况这个问题还只在欧洲范围内），从画双丝袜“穿”到扯下窗帘布做衣裳，太多心酸惆怅说不完、道不尽。

大西洋对岸自是另一番天地——至少战争初期头五年如此。根据《Vogue》杂志1942年11月刊中的一篇报道，1938年《慕尼黑协定》签署前后，武装冲突一触即发，法国香水的代理商订购了大批量成品香水和原材料。《Vogue》以Q&A问答形式，再三向美国读者保证，即使战争切断香料供应，特别是茉莉和玫瑰供应，市场上仍然有很多库存，新款香水亦不会受到影响。读者只需“明智地”使用香水，以避免造成浪费。他们建议：“购买大瓶正装前，首先你得喜欢试管小样的香水味道。”

现实则更加有趣。美国国务院在意识到美容治疗有助于提振士气，是一项重要的国家财政收入来源后，开始着手制定协议以避免出现货物封锁。货物包括格拉斯的精油，以及产自亚洲的香料，如香茅精油、柠檬草等。由于显而易见的原因，这些努力都失败了。更不用提法国沦陷后，原本用作培育花草的土地都被征用来种土豆了。部分“顺利登陆故事”在流传，但是也有幻想成分在里面。当时，《纽约时报》曾集中对香水贸易进行过报道，其中有一篇报道写道“大量茉莉精油成箱在卡萨布兰卡集结，曼哈顿商人经历着漫长的等待。”

备选方案——既然无法将香水原料运输至美国，那么美国就只能学会本土种植，或在海地、多米尼加等邻国进行。产业巨鳄对种植实验抱有巨大热情。佛罗里达州的沼泽地被开垦来种植柠檬草。人们将居住在那里的数百条鳄鱼赶出巢穴，给种植腾出足够空间。得克萨斯州作为玫瑰种植理想地，开始了好几轮实验。但就算土地符合种植条件，仍有一个关键而令人沮丧的问题摆在大家面前：劳动力成本。雇用人力采摘上万朵玫瑰仅提取一公斤精油，成本实在是过于昂贵。天知道，法国制香工人拿到的报酬是什么。

当股市下跌，化妆酒精供应量减半，这时，人们需要一个紧缩计划。美国从不缺液体香水供应（小一号的浓缩香水取代了古龙水），但为缓解经济压力，各大化妆品公司纷纷引进替代方案。口红不再是以前的金属盒子，而采用纸盒包装，“我们早就想这样做了，这与战争并无关系。”就在此时，一件复刻早期经典香水“震惊”的巧妙作品问世。夏帕瑞丽推出“震惊长袜”，在解决香水本身和尼龙面料的双重紧缺的同时，用如同丝袜般光泽的棕褐色液体，提供最经典最完美的香氛享受，完胜赫莲娜、雅顿等香水产品。吕西安·勒隆以旗下最负盛名的香水，包括慌乱（Tailspin）为原型，制成与香水香型一致的乳霜和固态古龙水。马查贝利王子推出沐浴精油，也可以直接抹在眼皮上。

干香粉是香水复兴中流行最广的一种，后来在20世纪之交也盛极一时。现在，它又卷土重来。起初，人们叫它香包，不同于内衣抽屉里的那种，而是以新娘子为目标客户群的蓝之香水（Something Blue），以及肌肤香包（Jardinière Skin Sachet）、奥洛夫（Orloff）的香包手链。香包手链是指手链上挂一个装着香料的小球，但据奥洛夫的竞争对手——位于芝加哥的普里斯声称，小球里肯定放了其他物质，因为香料触摸起来干干的，淡淡香味转瞬即逝。不久，普里斯便推出干香粉，声称这是一种更加高端的香粉，创造（Creation）、诱惑（Allure）和一流（Tip Top）香水都有对应的香粉。干香粉被誉为明日香水——但所谓的“明日”很短暂。几个月后，酒精限制解禁，干香粉开始退出市场。其实这是件让人遗憾的事情。时至今日，由于安全原因，含酒精的香水越来越难以邮寄或运输。而干香粉以其独特新颖的质地，说不定还能跻身最畅销香水之列。

女　士　　Femme

罗莎公司，1944年

回归本真香水

罗莎“女士”香水的诞生，标志着流行风向渐渐由20至30年代的创新风格向另一种类型发生转变。这归功于第二次世界大战的种种限制。人们驶离让·巴杜打造的香水海岸和装饰华丽的的香水鸡尾酒吧，不再沉迷夏帕瑞丽和吕西安·勒隆。相反地，他们选择回归本真。罗莎女士香水问世于1944年，这是一支万众瞩目的香水。被爵士时代纸醉金迷、浓郁强烈的香氛环绕着，鲜有品牌会为一款香水取一个如此简单的名字：女士。这就好像在做了石榴酱和金粉马卡龙之后，突然后悔没有来一份大家内心都渴望的巧克力蛋糕。女士香水亦是如此。它就是一款具有女性气息的香水，仅此而已。

女士香水“出生”在战时沦陷的法国，这进一步提高了产品吸引力。它是制香大师爱德蒙·朗德尼斯卡（Edmond Roudnitska）的早期作品。爱德蒙·朗德尼斯卡制造了多款20世纪为人熟知和喜爱的香水产品［其中，以60年代的迪奥清新之水（Eau Sauvage）最为经典］。大师尤其擅长制水果调香水，巧妙地勾勒出成熟西瓜和桃的香味，鲜美多汁、甜且不腻。

1943年，爱德蒙·朗德尼斯卡将一个工业园作为实验基地。沦陷后的法国，制香条件简陋，情况不太乐观。然而，他灵活运用一只闻起来有阿让西梅味道的大桶，成功调制出一款不逊色于娇兰蝴蝶夫人的西普香水，那味道饱满馥郁，带点李子的微微酸涩。香水液体呈棕色，适合在深秋的第一个寒夜使用。

细数过去20年间的香水，它们让女人们变得不像自己，或激励着她们去发掘另一面。罗莎女士香水那馥郁的女人香，把女性本身的魅力发挥得淋漓尽致，而不是让女人们去追赶香水。

女士香水的诞生是否意味着以标新立异为追求的香水时代结束？当然不是。不过，它的确引领了极简香水主义先河。战争期间，舞剧被中止了——只是一段时间。

白色香肩　White Shoulders

依云公司，1945年

精致香水

远远望去，天文台银白色的屋顶好像一个巨型圆球，在阳光照耀下闪闪发光，与周围墨绿色橡树群互为映衬。被茉莉花、树藤缠绕的走廊通道弥漫着淡淡幽香。半扇格子百叶窗虚掩，隔离出凉爽宜人的休息空间。

——对路易斯安那州伯恩赛德种植园的描述

富饶旧南方腹地的韵味宛如白色花朵般：风车茉莉、栀子花、紫藤种植在年代悠久的大房子两旁，炙热的空气中散发着甜美、迷人的幽香。

这种糅杂了各式花香的香氛代表了闲适与慵懒。一旦气温飙升，香味浓度也到达极致。这时，一切消耗体力和精力的活动最好都停下来。理想状态是一边慢跑，一边陶醉在阵阵花香里。不能指望喷茉莉花香水的人能高效完成任务，还是让他循序渐进吧。

茉莉是制香过程中一种至关重要的原材料，它比玫瑰还要常见。那么，40年代，人们为什么会想要调茉莉花香呢？我们把镜头拉近，聚焦一个对香水充满狂热的虚构人物——《欲望号街车》（*A Streetcar Named Desire*）的女主角布兰奇·杜波依斯。《欲望号街车》最初以舞台剧的形式于1947年首演，著名影星杰西卡·坦迪（Jessica Tandy）担纲女一号。1951年，同名影片公映，布兰奇的扮演者换成了费雯丽。香水之于布兰奇·杜波依斯就像咖啡之于某些人一样。在新奥尔良的妹妹家中，即一栋拥挤肮脏的公寓，她过着寄人篱下的生活。茉莉花香成为她在落魄生活中的精神寄托。

每天，布兰奇不是在泡澡、蒸桑拿（以热攻热）或往脸上涂脂抹粉，就一定是在喷香水。她会用古龙水作前调，疏散空气中的闷热，使空气更清新。漂亮衣裳和茉莉花香水，都使她回忆起乡下的贝尔·立夫家族庄园——在那里，她和妹妹丝黛拉度过了无忧无虑的青少年时光。由于某个神秘的原因，布兰奇抵押掉了家产贝尔·立夫庄园。她把用过的香水瓶（以及酒瓶）收藏起来，以宽慰自己。小说里，布兰奇被贴上“飞蛾扑火”标签，她对爱，对金钱，对生活，对一切一切都有着那么强烈的欲望。

布兰奇的茉莉香水（“每盎司高达25美元！”），具有蛊惑人心之效，是帮助她以楚楚可怜的模样俘虏男人的绝佳武器。她还买来灯盏，柔和公寓中廉价灯泡发出的劣质光芒。在朦胧柔光下，她的脸蛋会看起来格外年轻。她以柔情似水为武器，用谎言为伪装，掩盖她那神经质、堕落放纵、女骗子的本质。她生活在一个和她理想生活模式完全不同的现实世界中。她追求美和雅致，名字中透着细腻温柔，与暴躁阴沉、执迷于布兰奇不检点过去的妹夫斯坦利格格不入，与有着强健腹肌的追求者米奇亦是不同世界的人。

茉莉花香水是40年代女人们的宠儿。其中，最为突出的要数依云推出的“白色香肩”——被誉为“世间最好的馈赠”。刻有法国奢侈标签，它自然价格不菲，却是一款独属于美国女人的美国香水。这款香水以白色花香为主导，妩媚花香为云层笼罩，然后慢慢减淡，仿佛置身仙境之中，堪称20世纪“约会”必备香水。而布兰奇可能只会把以前买的旧香水如喜悦全部用光光。

事实上，布兰奇不可能支付得起白色香肩，尽管这是一款与她气质相符的香水。香水名字诉说的是一位完美无瑕、高贵富有的美人，拥有着无数条名贵礼服。早期艺术品对这款香水的刻画令人有些不适：一名女性注视着白色香肩香水，然后她胸部以下的身子慢慢消失。即使有华服遮挡，女子洁白香肩看着是如此单薄羸弱。喉头涌动，如天鹅幽雅的颈部线条纤长，感觉随时会断掉似的。

Black Satin　黑 缎

安吉丽公司，1946年

以营销噱头取胜的香水

安吉丽（Angelique），一个轻柔、温和的品牌名字。人们不禁猜测，它是由另一位流亡海外的俄罗斯公主创立，以邀请富家太太小姐们喝俄式茶、品香氛为目的。

事实并非如此。安吉丽总部设在康涅狄格州威尔顿镇上的臭鼬街，故而被戏谑为“臭鼬工厂”，是由美国人查尔斯·N.格兰维尔（Charles N.Granville）和N.李·斯瓦陶特（N.Lee Swartout）创立。他们与各自的妻子一道辞去朝九晚五的上班族生活，创立了这个臭名远播的消费品牌。

在多数产业同行的唾弃中，格兰维尔和斯瓦陶特决心要点爆一直以来受到精心维护的香水房子的神秘。他们的品牌成立在一个有趣的时间点。当时，战争导致法国香水无法运输至美国，而新香水品牌及制造商还未在美国站住脚。在为期不长的空档时段里，人们渴望“发生点儿什么”，以填补生活中的空白。

成立于1946年的安吉丽异军突起，就像宫廷弄臣在加冕宴会上放鸽子一样违和。格兰维尔和斯瓦陶特这两个毫无香水基础和工作经验的人，却觊觎行业背后的巨额财富。对他们而言，每一瓶香水都潜藏着大笔大笔的利润。那么，这又有何难呢？不过是调个香罢了。这二人发现，许多美国女性仍然保持节约用香的习惯。于是，他们推出了一款名为黑缎的香水，并积极展开公关营销攻势，鼓吹它为“所有女性”而专属定制，可以从早到晚不节制使用。他们还发明了一种新用法，将香水喷洒在后背，这样香味上升后就能闻到了。但此时，俩人遇到一个难题：另一个品牌早在他们之前便注册了黑缎商标，所以他们不得不把房子抵押出去（让妻子卖掉部分珠宝首饰），经过协商后，付了2.25万美元才重新把商标买回来。

问题得到解决后，安吉丽凭借一种颇为高明的发行策略，迅速席卷了整个香水市场。他们把待售的黑缎放在位于远东地区的美国海军商店和邮政局里，好让妻子及女朋友们作为礼物寄给进行战后清扫的军官爱人。产品种类丰富，包括酷似子弹口红的固态香。他们与化妆大师黑兹尔·毕晓普（Hazel Bishop）合作，推出有香水海绵的胸针。安吉丽还在银行支票上喷洒黑缎香水，以此引诱处理收款的女文书员。这些举措进一步提升了香水销量。

与格兰维尔和斯瓦陶特展开声势浩大的营销活动相比，以上不过是略施小计。全美所有城镇都处在他们的攻击范围内。《生活》杂志曾经就此事作过大篇幅专题报道："他们在大街上，向人们大量喷洒香水；用直升机投放做成复活节彩蛋形状的香水。"

在所谓的"香气行动"中，这俩人将大量干冰装进飞机，并对外宣称含有黑缎香味。这一次，他们将目标锁定位于康涅狄格州的西南部城市——布里奇波特。可那里早已被冰天雪地覆盖，市民们根本不为所动。一名男子在被告知将要发生什么后，举起雪铲对着妻子头部打下去。后来，他被当地监狱收押。当被质问原因时，他"喘着粗气"拒绝"对自己的行为做出解释"。据报道称，该名男子接连22天都在清理车道上的雪堆。试想一下：大雪没日没夜地下个不停，这个时候竟还有个傻蛋想要往你的房子上砸冰块。

宣传活动首日，全城媒体倾巢出动，等着那迟迟没有兑现的时刻。因为现场没有几个人表示他们闻到了空气中的香味，或是注意到雪花中夹杂干冰。在哮喘患者抱怨行动存在诱发过敏风险后，复制到其他城市的计划也被取消了。

可是这依然无法阻挡他们的脚步。在推出白缎香水（White Satin）时，这两个人又租了12架飞机，雇用了一群身穿缎质长裙的画报女郎，并取名为轰炸员。每一名女郎"驾驶"一架飞机，向洛杉矶投放香水。然而，城市上空的浓雾阻止了香水穿透云层。此时，轰轰烈烈的营销声势将这款香水炒得在市场上大卖（1949年，销售额飙升至50万美金），格兰维尔和斯瓦陶特又把歪脑筋用在发射香水泡泡的机器上。于是，他们开着汽车，沿着迈阿密一路撒。到50年代，营销攻势愈演愈烈，直至顶峰。为了推广红缎（Red Satin），他们竟然将数十吨混合了香水的染料倒进大西洋里，估算染料会顺着墨西哥暖流，在当年圣诞节前后到达英国。想想这个行为造成了多少鱼类死亡。

经过了一连串的威利・旺卡（Willy Wonka）[1]式恶作剧，格兰维尔和斯瓦陶特大赚特赚了一笔，并带着巨资到维尔京群岛定居。也许，事实并非如此光鲜。一来，关于百万利润的报道是否属实尚且值得商榷，况且当时公司因涉嫌证券欺诈还在接受调查。有人说，黑缎得到了很多人的喜爱，是忠实粉丝的不二选择。但是，真的是这样吗？它难道不是一对做皇帝新衣的骗子演出的一场荒唐闹剧吗？营销噱头终有枯竭的一天。到了70年代，黑缎的建议售价降低至1美元，与塑料垃圾桶同价。格兰维尔和斯瓦陶特——所谓的成功“香水企业家、气象学家”的名声“噗”的一声，如夏日蒸发后的云朵消失于无形。

1 威利·旺卡：《查理和巧克力工厂》中的角色。

Oh! 噢!

克劳德·马森公司，1946年

¦ 法式恋人香水 ¦

相较于黑缎的轰炸式营销，40年代一个叫克劳德·马森（Claude Marsan）的香水品牌采取了更加温和的市场策略。

温和，但也令人毛骨悚然。

城市里，总会时不时冒出来一个搞艺术的，迫切地想要出人头地。于是，他将一帮记者召集到一间酒吧里，并向他们展示自己过去三年来制作的类似床架凹槽的作品。紧接着，“艺术家”先生辗转于各大干道的集会中心，以一身皮裤牛仔靴打扮，对着市民激情洋溢地宣讲自己的成功史。

克劳德·马森，一个半路出家的底特律工厂小子，就是40年代典型的“艺术家”先生。

人们至今不明白克劳德是怎样成为妇女之友或者（按照他的话讲）“逆风航行的大使”。作为一名游美法国人，他“惊讶”且“沮丧”地发现，在家里，美国丈夫比法国丈夫要无用的多。在他渐渐有了名气之后，许多心怀不满的妻子写信向他抱怨，她们的老公每天不是醉醺醺地回家，就是讲一些糟糕的冷笑话。克劳德暗示，在法国，每晚丈夫们都要带一束花回家，为妻子献上一首充满爱意的歌曲，然后与妻子共进浪漫晚餐。克劳德开始进行公共演讲，分享妻子们生活中的苦痛。据说，这一行为激怒了不少美国男子。克劳德不得不以“不知名法国男子”的化名开展活动，并随身佩戴口哨以免受到袭击。我们知道的是——因为他出现在各种凸显不幸美国婚姻和幸福法国婚姻的照片里——克劳德头戴白色贝雷帽，是的，还骑着自行车。更令人不寒而栗的是，他佩戴了一枚徽章，上面写着：“我还不是秃头，但请允许我戴上贝雷帽好吗？谢谢你，女士。”

但是，以香水制造商的角度，这真是一个天才策略——成为女性密友，告诉她们生活不是没有第二种选择，告诉她们可以将落魄户般的老公改造为青蛙王子，告诉她们一定得试试“噢！”香水——源自一名英俊法国单身贵族的馈赠。或许这款香水的另一个目的是，鼓励感到沮丧无力的丈夫们购买它以作宽慰。

香水取名为“噢！”是感叹克劳德提出的建议闻所未闻吗？还是惊叹每盎司23美金（现在近400美金）的高昂售价，以至于孩子们拿不到今年的圣诞节礼物？克劳德一定十分善于演讲。他的演讲蛊惑人心，造成听众盲目的崇拜，然后买下如此昂贵的香水。这才是他的目的所在。不然为什么还要麻烦自己做免费演讲呢？

之后发生的事情表明“噢！”香水会给人很强的性高潮暗示。因为接下来，克劳德在公共场合的表现可谓是非常顽劣。

1947年，克劳德在华盛顿州斯波坎市上演了一出关于性爱和接吻艺术的展示表演。演出内容挺有趣，但是对含蓄表达爱意的国度来说，尺度实在有些大。在长达两个半小时的表演中，其中有一幕是他在台上抚摸亲吻一名年轻模特，他还怂恿台下观众上台试一试。通常情况下，香水通过传递诱惑而引人沉沦的讯息，让人深陷其中无法自拔，不由争相购买。而克劳德却反其道而行之：他先挑起观众的兴趣，然后再问他们是否想要买一瓶。

这种性暗示行销最终令克劳德自食恶果。1949年，克劳德在洛杉矶被风化纠察队抓捕。传说，他当时正在指导好莱坞演员如何在摄像机前接吻，与此同时，他还偷偷地兼职主持了好几个娱乐节目（直至此时才真相大白，香水公司原来一直为克劳德提供着诸多便利）。当出现在女性法官面前接受审判时，他抱怨女法官看他的神情不对，要求换一名男性法官。女法官不为所动。如电视里的小丑人物一般，他竟然在法庭上唱起了小夜曲。最后，克劳德被判处90天监禁。他推出的产品不适用于大众消费，法官在审判书上写道，

“你举办的部分演出粗俗下流、内容淫秽……没有一名医生……会与他的病人，甚至是已婚病人，讨论此类话题。”

之后，克劳德特此发表了一份声明，“我内心是如此悲痛。那些女陪审员，本来应该由我把她们从不愉快性爱中解救出来，却认为我有罪。”

噢！亲爱的克劳德！

St Johns Bay Rum 圣约翰海湾朗姆酒

西印度群岛海湾公司，1946年

╏探险者香水╏

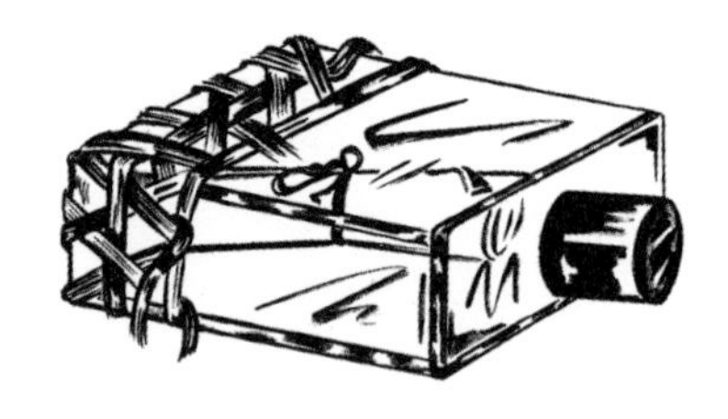

男人在到达一定人生高度后便会开始考虑闲暇消遣。他们一般在40岁左右，会格外关注起周末报纸夹杂的户外运动服饰目录册。目录册上，各大品牌以“海港”或“游艇驾驶”等词为亮点，主要出售平底帆布鞋（拜托，一定不要穿袜子）、斜纹棉布裤、渔人针织衫。品牌定位很清晰。透过这些服装，人们仿佛看到提前退休后，海上惬意生活尽在掌握。海报里的男模特也选用头发灰白的中年男子，他们一只手抄在裤兜里，一只脚踩着帆船索具，极目远眺远方地平线，眼睛在阳光照射下微微眯起。

海港人是不变的唯美主义者。他们想要的是一种恒久香氛。那香氛，我的伙伴们，它就是“海湾朗姆酒”香水。这款香水并非诞生于40年代，而是由来已久。早在维京群岛时期，当地人将西印度海湾上的树叶和浆果碾碎酿成朗姆酒，糅合肉桂、酸橙，制作成一种好闻的香剂，用于舒缓肌肉和按摩头皮。19世纪30年代，一名居住在圣约翰岛，名叫艾尔伯特·海因里希·里瑟（Albert Heinrich Riise）的丹麦人发现了这款具有独特功效的香剂。于是，他对制作、萃取过程进行一番提炼和完善，并向市场推出这一款商品，由此催生了维京群岛的主体产业。凯玛氏（Caswell-Massey）、泰勒老德街（Taylor of Old Bond Street）、乔治 F.特兰佩（Geo F. Trumper）等理发店亦推出了类似产品。然而，20世纪20年代，“禁酒令”的实施中止了一切出口，人们不得不就地寻找可以替代原料的人工制剂——一种正规用途为理发，私底下被人们当酒狂饮的制剂（监狱歌曲《海湾朗姆蓝调》里有讲述）。“二战”结束后，海湾朗姆酒以独一无二、不可复制的特质迅速回归市场——本真。

美容产业素来青睐“自然无添加”的产品故事，倘若冠之以当地习俗的框架则更甚。一段经典的配方描述是：“多年来，圣温根托修道院的僧侣用翁布里亚的皮肖利天然橄榄油沐浴，以表示对经书的尊重和对信仰的虔诚。来此的参观者们诧异地发现，僧侣们的肌肤竟然比新生儿还要细嫩顺滑。宛若新生的奥秘尽在精萃精华露（300美金一瓶）。”

海湾朗姆酒香水采用本土天然原料，并在距离沙滩不远处的厂房进行加工、装载。这是一款具有清新提神之效，让人耳目一新的产品。相较于欧洲古龙水，它的功能范围更实际、质地更浓烈。但和美国本土香水如舒尔顿的老香料比起来，它颇具异域风情感（老香料这个名字可能也是受到了海湾朗姆酒气质的启发）。一名叫约翰·韦布（John Webb）的美国人搬到圣约翰岛，在那里成立西印度群岛海湾公司，并将海湾朗姆酒重新带回到40年代。韦布想出了一个极妙的主意——将岛民用来制渔网的棕榈叶编织成香水瓶外包装，带来阳光岛屿般的既视感。与基安蒂红酒篮子类似，但样式更精美。不多久，海湾朗姆酒成为国内热卖产品，并与布克兄弟这一主要零售商合作，将其与学院派风格服装结合在一起。20世纪中期，从可口可乐严格保密饮料配方到桑德斯上校的肯德基特制香料，一些消费巨头尝试在配方保护的原则下发掘新技术、推出新产品。海湾朗姆酒香水的卖点亦源自其愈久弥香的调制配方，以及浸渍至纯佳酿需付出的专注恒心和强大毅力。广告画里，一排大炮中间，海湾朗姆酒香水作为奖品被高高举起：一种高端的香氛烈酒，箱子里的珍宝。由此可见，它还传递出自信。

如今，海湾朗姆酒香水就像斜纹棉布裤一样，不温不火地存在着。它面临的市场竞争更加激烈复杂。它时而会成为月度最爱香水，但使用者要年轻得多，不一定是它的忠实粉丝，也不仅限在剃须后使用。在基督教国家所有水手之歌里，海湾朗姆酒香水只需一双平底帆布鞋。

玛　姬　Ma Griffe

卡纷公司,1946年

¦ 早期青春主题香水 ¦

安吉丽不是战后时期唯一采用高空营销战略的品牌。一家位于法国的香水公司——卡纷（Carven）创造了一款用降落伞投递于巴黎上空的名香——“玛姬”。卡纷的营销也因此成为最具谈资的传奇范例之一。它传递了一个信息，巴黎女性在尽可能多地往手提包里塞免费赠品的同时，也会爱上这款独特的新品，并在试用装用完之后把它买回家。

如同罗莎女士香水一样，玛姬是一个自信满满的名字。曾经，专属香这个概念盛行了一段时间，但卡纷声称玛姬才是正儿八经的专属香：在法文中，玛姬有“专属”“爪”或“刮痕”等字面释义，此又源自拉丁词“鹫”或“狮鹫”，特指神话中半狮半鹫的怪兽。这个词汇具有专属领地的寓意，因此玛姬香水粉丝称其为“我的”或“专属于我”。

谁是这个“我”？谁能使用玛姬？历史上，它不是第一款宣称献给青春一代的香水（30年代，洛可可之花视年轻消费者为目标群体，香奈儿亦将珍藏系列栀子花香水贴上“青春”标签）。但是，卡纷绝对是首个精琢于方方面面，确保香水洋溢青春“新自我”的品牌。它帮助搭乘法兰西第四共和国经济快车的新女性确定了正确的步伐节奏。玛姬犹如一颗破土而生的新鲜绿芽。这款香水由调香师琼·卡莱斯（Jean Carles）设计，采用了一种新化学分子，即乙酸苏合香酯，将栀子花香由烛光般微弱闪烁转化为如霓虹般璀璨夺目，不再是摇摇欲坠、芳香馥郁的花瓣，而是用绿叶、金属质感、具有活力的果香取而代之。玛姬大量使用醛类，带着花香，橡木苔基调糅合肉桂冷香，瞬间周围空气变得很柔和。它有一种魔力，能将寒冷二月的周一清晨变成令人开心到尖叫的灿烂一天。

绿色是卡纷的专属色。卡纷会在每一个季节以玛姬香水瓶上绿白条纹对角设计，推出一款绿白条纹图案连衣裙。与同时期香水相比，玛姬的包装至今看来依旧十分时尚。那色彩对比强烈的外形，以及网球场绿，都与同时代以金、琥珀、黑三种颜色象征奢侈高贵的香水不同。从排字印刷的角度来看，玛姬是首个使用无衬线体[1]的香水。它充分诠释出了卡纷作为新时尚品牌的特质。卡纷由卡门·德·托马索（Carmen de Tommaso）创建，成立于玛姬香水推出的前一年。卡门之前曾学习过建筑设计，凭借着艺术基础和天赋开始了她的时装之路，为年轻女子尤其是身材娇小的女子设计时装。这也使她成为巴黎时尚界屈指可数的优秀女裁缝。卡纷偏好细褶设计，如此既能凸显身材，又能呈现出大方冷静的运动风格。绿白条纹、亚麻裙、白色棉质等经常应用在他家的设计作品中。

玛姬问世一年后，巴黎另一家时装品牌巴尔曼（Balmain）推出绿色草园（Vent Vert，或称绿风）香水。绿风以白松香为主基调。现在，人们很难判断，这两款香水的调制是否发生在同一个时期，绿色草园的制作是否受到了玛姬的影响，又或者是玛姬是在绿色草园的启迪下产生的。巴尔曼旗下香水由调香师杰曼·塞利尔（Germaine Cellier）创造。杰曼·塞利尔与琼·卡莱斯似乎发生过争执。这两位天才调香师都曾在纪芳丹·若勒香水学校深造，因此可谓是同时学习了新观念和原料。然而，传言这二人的实验室隔得极远。有趣的是，尽管二人互相不喜，但她们设计出来的香水作品又惊人相似。

玛姬和绿色草园极力勾勒的是一种尚未被完全诠释的青春，即青少年。自从20世纪初期开始，人们通过少年犯罪这一视角对青

1　在字体排印学中，衬线指字母结构笔画之外的装饰性笔画。

少年下定义、做讨论，却对青少年生活方式和文化（他们热衷做什么）缺乏足够认知。美国第一本青少年杂志《十七岁》（*Seventeen*）创刊于1944年，主要针对广大青年女读者。法国则有《小姐》（*Mademoiselle*）杂志。青少年电影、青少年书籍、青少年饮料、青少年潮流打扮——一个全新（且高利润）的市场催生了整个产品链。但是，直到60年代，香水才加入进来，或许是因为该产业对富有“成人魅力”的香水跻入天真年少年代抱有顾虑。

玛姬早期的一则广告称其为“一款年轻的香水”，并选用一条美人鱼而非一个女孩子作为女主角。这个关于青春的新概念，是一个建立在想象基础上的抽象概念——原型似人却非人。

比翼双飞 L'Air du Temps

莲娜·丽姿公司，1948年

¦ 母爱香水 ¦

随着玛姬香水大获成功，“二战”结束后，法国香水产业从蛰伏中苏醒过来。过去六年里，大量美国品牌、制造商侵入，恢复正常生产秩序就显得尤为重要。宣告谁才是世界主宰的时刻到了！与此同时，美国女性已经成为消费主力军，因此跨文化合作也是必要的。

在首轮“回归”中，值得记住的是科蒂在1946年推出的缪斯香水（Muse）。科蒂集团很早以前就不属于创立者弗朗索瓦·科蒂所有了。科蒂先生一生致力于政治活动、金融投资，在损失了全部财富后，于1934年逝世。科蒂集团旨在使旗下香水为更广泛女性群体所喜爱，他们不再延续以前的莱俪式的高端风，而是将营销触角伸向大众市场——以更优惠的价格。

缪斯香水诞生于巴黎，却是在纽约华尔道夫酒店正式发行。该酒店也因此成为缪斯产品基地。首发仪式十分盛大，邀请了5 000名人士，共同见证这一实现欧美文化完美交融的盛事。在欣赏音乐、享用完午餐，以及一段有英文翻译的法语演讲过后，九名希腊缪斯女神，分别穿着不同时装造型师设计的服饰，从“雪”山笼罩的神殿里款款而出。“第十位缪斯——奥斯美，是希腊香水之神。她身着一袭淡海绿和太阳黄相间，针织与薄纱质地的华伦天奴长裙……当奥斯美出现时，整个大厅里弥漫着新香水的迷人香气。”

通过这样的方式，科蒂让大家感受到香水的代入感力量，并引导媒体对新香水进行报道。虽然几十年后，这逐渐发展成为新品发布的固定形式，但在1946年，这一创举引起了不小轰动。可即便如此，它也没能确保缪斯经久不衰。60年代，缪斯停产。

比科蒂香水更胜一筹的是迪奥小姐和莲娜·丽姿的比翼双飞。这两款香水的高明之处不在于香味有多新奇，而是在于它们能转化为符号。在当时，迪奥一反大行其道的简约线条，采用大幅布料，设计出饱满的圆形裙摆造型，重新给人们的生活注入惊喜的元素。迪奥小姐也因此被誉为“新风貌”香水。然而，仅从味道方面来讲，罗莎女士香水闻起来更具奢华感。比翼双飞不是莲娜·丽姿推出的首支香水［第一支香水喜悦之心（Coeur Joie）诞生于1946年］，但它却是业界新宠儿。到了50年代，它以瓶身独特和寓意深远而受到人们喜爱。瓶塞采用莱俪式风格，用了一对可爱的鸽子，相互亲吻、展翅欲飞——设计是如此奇特，以致扭开瓶盖比较困难，但它又象征了和平与和解。

比翼双飞宛如一阵和煦微风。不同于30年代那些隐含性爱禁忌寓意的香水，这一支诉说着爱的忠贞。它传达了一个几乎不可译、只能意会的概念——“议论最多”或“时代精髓”。它成为“那时”即战后年代的缩影。不同于喧哗（Fracas）香水的女主角光环或玛姬的淡雅，比翼双飞是一款集柔和、辛辣、飘拂于一体的香水——让使用者看起来知性素雅，透着一股难以捉摸的神秘。它给人模糊感，最好喷在干燥头发上，犹如涂抹了凡士林的香水镜头，勾勒出平滑柔和的线条。

比翼双飞凭借温柔无害、招人喜欢的独特气质，成为代表母爱的香水。许多人使用、爱上它，因为它独属于一代人的回忆。对于战后婴儿潮一代来说，这是睡前被妈妈搂在怀里，亲亲小脸蛋儿，温柔道一声晚安的味道。

Fracas　　喧哗

罗拔贝格公司，1948年

黑色香水

蛇蝎美人狂爱此类香水。以1946年公映的黑色惊悚影片《吉尔达》为例，丽塔·海华丝（Rita Hayworth）饰演吉尔达一角，在片中尽展放荡女人的迷人魅力。对于她的完美演绎，电影工作室在电影海报和宣传剧照上用“摄人心魄”一词来形容。吉尔达最为人所知的，是她能将摘下手套这一个简单动作变得如跳脱衣舞般富有情色魅惑。但这里重点讲述她使用到的香水。吉尔达第一次出场是她的老公——一个叫巴利·穆德森的赌场老板——把她介绍给新伙计约翰·法瑞尔。穆德森还不知道二人其实是老相识。当这两名男子走进吉尔达卧室，她出现了——站在一个巨大的肾形盥洗台前，拨弄着头发，假装从未遇见过约翰。盥洗台至少有六英尺宽，用俗丽的金属色织布面料盖着，上面摆满了各种牌子的香水。

这个类似于控制面板的梳妆台是电影必备道具。自30年代以来，众多影星借用它，在台前扑粉扑，抹软膏、口红，或喷喷雾，以更好地融入角色。吉尔达是大荧幕上最具传奇色彩的美艳女性角色之一。她的美丽，不只是外表靓丽，还有骨子里流露出的尤物特质：性感邪魅，又充满神秘感，同时擅长千变万化，以假象迷惑男人，其中可能也有香水的协助。古罗马时期，斯多葛学派学者担心女人用香水来引诱或欺骗男性。罗马伟大讽刺诗作家朱文纳（Juvenal）嘲讽买香水的女性心怀不轨。到了20世纪40年代，这样的观念照样存在——直到现在也是如此。

同样地，在犯罪小说里，香水还会暴露行凶者行踪，香味弥漫在整个犯罪现场——如被笨蛋罪犯丢弃的白兰地酒瓶碎片——虽若隐若现，却也有迹可循。黑色影片又一次把香味和犯罪行为联系起来。1944年公映的黑色电影《双重赔偿》（*Double Indemnity*）中，保险推销员与富翁妻子合谋杀死了富翁。在合谋者，也是他的情人被指控为杀人犯后，他悔恨不已，“我怎么会知道杀人犯身上有金银花的味道？”

推理小说作家雷蒙德·钱德勒（Raymond Chandler）1939年出版的《长眠不醒》（*The Big Sleep*）是钱德勒的登场作，也是最为著名的一部作品。小说中，侦探菲利普·马洛正悄悄地搜查一栋房子，这时他惊觉异样。在一个伸手不见五指、四下安静的房间里，他嗅到了一股“浓甜到发腻的香水味”，仿佛有人隐藏在此处。“我努力让眼睛适应黑暗环境，然后看见对面似乎有个东西。”马洛迅速打开灯一看，发现了一位伙伴——不是尸体，而是一名吸了毒的金发女郎——卡门·米兰达。女子的状态让她发不了声，但她也不需要说话，因为香水已经说明了一切，它让马洛一眼识破女子努力佯装的良家女孩模样。

然而，香水也有助于洗脱疑犯嫌疑，正如雷蒙德·钱德勒另一部小说《湖底女人》（*The Lady in the Lake*）里的故事情节。小说于1943年出版，讲述了侦探马洛受一家名为季乐兰的香水公司首席执行官雇用，调查一桩谋杀案。当他被叫到香水公司总部去的时候，他发现休息室里展出着许多香水瓶，瓶身上系着蝴蝶结，宛若“上舞蹈课的小女孩”，这暗示着香水将被拟人化。接着，马洛来到主嫌犯、下流小子克里斯·拉佛利的办公室。在空无一人的房间里，他找到了一张手帕，并从上面闻到了“很明显的”西普调香水的香味。手帕上还刻有季乐兰员工弗拉姆赛特女士的姓名首字母缩写。在了解到弗拉姆赛特平时使用的都是价格不菲的檀香木香水，而非这类劣质产品后，马洛排除了她的嫌疑。拉佛利那热衷西普调香水的女孩没有出现在小说里。但是，人们通过一个被遗弃在帕萨迪纳城郊橱柜里的小物件发现了她的踪迹。或许这个香水踪影代表了洛杉矶等现代都市的匿名人，在那里可以更轻易地藏匿起自己。

“浓烈”“明显”“甜得发腻”——蛇蝎美人与柑橘类香水自然不搭，但不可抗拒之处在于，两者结合又具有矛盾的戏剧性。正是出于这个原因，喧哗——一款浓浓奶香包裹，浓郁饱满的最华丽的晚香玉，成为40年代后期的传奇香水。在上百支香水中，这款成为回顾黑色蛇蝎美人时期的经典香，名字意为“破裂之声”“喧闹喧哗”，物亦如其名。喧哗由调香师杰曼·塞利尔设计，罗拔贝格香水公司推出。杰曼·塞利尔，这个在四五十年代时尚界举足轻重的调香大师，设计的此款香水艳帜高涨，与其1946年推出的绿色草园灵动风格截然不同。杰曼·塞利尔同时期调制的另一款知名香水匪盗（Bandit），同属罗拔贝格旗下，呈深绿和焦油色。而喧哗则是完全对立面，精致的晚香玉白色花朵，夹带桃香，那令人欣喜的明艳之味，极致张扬性感。

两款中必有一支受欢迎的程度较低，这毫无疑问。但问题是，哪一支才是呢？答案自在答题人心中。喧哗不会像匪盗那样气场全开，犹如战争女神端着枪四处征战，它更像是以吻封缄。那香味带来通达灵魂深处的欢愉窒息感，让使用者目眩神迷，最终清醒过来时，发现自己双手被绑地关在汽车后备厢里。

雍容典雅的50年代

1950年
至
1959年

The Elegant Fifties

1950
—
1959

男性读者抱着这本与自己格格不入的书籍，或许会疑惑接下来的十年能否与某个标志性的气息相遇。请相信，变化正在发生。终于，到了50年代，干旱季节过去，雨季即将来临。

50年代，新一代年轻人进入职场。这一代人身着灰色法兰绒西装，佩戴天美时手表，脚上穿着高帮男鞋，手上提着公文包，是西装革履、面料考究的绅士。他们的日常梳洗流程日益完善。城郊住宅区回荡着雷明登电动剃须刀发出的“嗡嗡嗡”声音。按照正常程序，须后水是剃须的最后一步。音乐剧《红男绿女》（*Guys and Dolls*）中，本尼·绍斯特里特（Benny Southstreet）演唱到工作后的无用懒汉在脸上涂抹大量维塔利斯和巴巴索。他提到的这两个品牌分别代理头皮护理和剃须泡沫产品，投入大量资金用于营销活动，确保产品上市后一举成名，以及每一位男士家中浴室橱柜里都放着一瓶。

但问题是，哪一类男士呢？当时毕竟正值广告创作的黄金年代。50年代，美国主流广告公司帮助品牌定义并抓住目标客户群体，广告收入从13亿美金飙升了四倍至60亿美金。过去，香水将目标客户群体分为上层社会人士和“大众群体”两大类。“二战”后，一些国家进入快速发展阶段（不包括英国。50年代初期，英国经济加速衰落，挣扎在配给限制边缘），中产阶级数量大幅增加，这意味着香水正在成为大众市场的“摇钱树”产业。如果把一直被忽略的男性纳入固定客户群体，市场形势将更为乐观。考虑到当前香水产品供大于求，发展新客户已迫在眉睫，这一点就显得尤为重要。

香水产业缺少属于自己的万宝路牛仔——一个由广告大拿李奥·贝纳（Leo Burnett）在1954年为万宝路过滤嘴香烟广告设计的西部牛仔形象。万宝路过滤嘴原本是专供女士享用的香烟，因此也被大众认为带胭粉气，后来在李奥·贝纳广告的帮助下，树立起具有男子汉气概的香烟品牌形象。须后水渐渐锁定处于某个人生阶段或扮演某种角色的客户群体，不论是谋求升职的企业人士，还是追求婚恋的男子。该产业还着力将父亲节打造成购物日，在剃须护理广告中推出父亲节当日，孩子以一瓶古龙水作为爱的礼物献给父亲等故事画面。最为关键的思路是，要让此类产品慢慢渗透消费市场，否则会因过度脂粉气而受阻，毕竟主流社会仍推崇传统的男性气质：力量、成功、繁殖能力强、喜欢异性。有的须后护理品牌采用名人代言的宣传方式，邀请体育明星为其呐喊助威——门依请来高尔夫冠军球手山姆·史尼德（Sam Snead）头戴棒球帽，振臂高呼："有了止汗露，赛事'一马当先'！"然而，这些强调权威感的广告也会产生负面效应。荧屏里的他们给人傲慢专横之感，导致以中层管理人员为主的目标客户出现了流失，因为这些客户们感到自己不过是巨型机器上的一颗小小齿轮罢了。

在电视广告业崛起的十年间，值得注意的是，只有男士香水通过这种渠道得到了发展。舒尔顿老香料是为数不多能支付得起巨额广告费用的品牌。这些广告倾向于向消费者强调一个独特的销售主张——这是50年代另一个创新理论，通过一个押韵好记的词或短语，强调产品具体的特殊功效和利益。须后水可以按照独特的销售主张理论进行推广，这是因为早在30年代人们就已经发现，须后水最大的优点在于其能产生的功效而非味道本身。老香料在1957年推出的电视广告中，以船夫号子、动画版水手和人鱼为主题，结尾时再将镜头对准这款精心之作——清晨须后水。片子里，主人公用力把老香料须后水拍在脸上，范围之大差点揉进眼里。

这样的营销新方式却无法立体地诠释出香水的真实味道。露华浓（Revlon）曾是电视业先驱，甚至在1959年还推出了独家赞助的综艺节目《潮流派对》（*The Big Party*）。该节目由洛克·哈德森（Rock Hudson）主持，以一个华丽时尚的室内鸡尾酒派对会为背景。节目集中展示新样品，帮助女性观众购置下一次派对需要用到的化妆品，还穿插了名人访谈、歌舞表演、喜剧小品等环节。无论是在黑白电视的屏幕上猛烈拍打各式鲜艳口红，或是将产品放在盛着碎冰、雪盖着塑料水果的碗里，或是睡在吊床上的美丽女郎戴着讨论中的遮阳产品，露华浓尽显其宣传之能事，但它从未尝试过在电视上销售香水。这就好像表现香水的气味暂时被这种新理论排除在外，如要付诸实施需再等好些年。

除了电视广告，香水还可以通过另一种渠道为大众所知。这种渠道更适用于那个便利至上的时代。30年代，香水试用塑料小瓶出现在公众视野。20年后，它的升级版，即香水贩卖机悄然兴起。美国各大电影院、加气站、酒吧和餐馆，或者是“任何有女性的地方”，都设有香水贩卖机，截至1953年，共覆盖全美1万余处场所。这种自动贩卖机主要提供四款热卖香水（以古龙水的浓度）——亚德利英伦薰衣草、香奈儿5号、禁忌和花呢香水。消费者只需投入十美分，用手腕抵住香水喷嘴，便可享受一次肌肤芳香之旅。这就是活动式香水，价廉物美、随处可得。值得注意的是，在贩卖机中没有一款香水来自50年代，仿佛人们放缓了新品发布速度，转而享受经典款的至臻至美。其中有些香水已有40年的历史了。

香水贩卖机实现了不用花大价钱即可享受高档香水的愿望。凭借着这个优势，它对赴约的女孩子们有吸引力吗？或许有，但一个重大疏忽是，50年代后几年里，摇滚音乐蔚然成风，“猫王”埃尔维斯·普莱斯利（Elvis Presley）扭动臀部大受粉丝喜爱，而这时，香水公司还未研发出适合年轻一代使用的香水，更不用说一款反映原子时代的设计美学的香水了。追溯到20世纪一二十年代，香水开创时代先河并引领了整个时尚思潮。再回过头来看50年代，你会发现，这期间的香水只是传承延续，并未有重大突破。

香水一度象征着解放，如今却被视为美艳家庭主妇为取悦丈夫装饰靓容的工具。《经济学家》在1956年的一篇报道中写道：“大众女性坚持认为，在婚姻中，一盎司香水等同于一份合法权利。她们的赋权梦旨在成为蛇蝎美人，而不是公职部门的行政人员。”

香水游走在走味过时的危险境地，它并没有使女性得到解放，反而变成了束缚身心的桎梏枷锁。只有到了60年代，这样的局面才得以扭转。

Wind Song 风之诗

马查贝利王子公司，1952年

白马王子香水

乔治・V.马查贝利王子的名字不是第一次出现在这本书里。据说，他最后一次出现在公共场合是在20年代，王子邀请女性朋友参加香水配对盛会，并就罗宋汤古龙水侃侃而谈。到了50年代，他又回来了，准确地说是一种精神的回归。马查贝利王子在与一生所爱、公司合伙人诺瑞娜王妃离婚后的第三年，即1935年离开人世。一年后，王子旗下公司被转卖，1941年又为维克斯化学公司收购（1958年为芝士堡-旁氏收购，后来成为联合利华旗下品牌）。

至1952年，该品牌正处在由小到大、由弱变强的关键阶段，转型升级阵痛仍在持续。它致力于从一个皇室贵族御用香水品牌，发展成为所有女性，哪怕再拮据，也都能得到王妃般享受的大众消费品牌。即使没人知道或记得马查贝利王子本人，但他是香水王族，是如奥尔赛伯爵之于纨绔子弟香水般的灵魂人物，是帮助成千上万名顾客找到心中白马王子的伯乐。马查贝利旗下香水还透着一股小可爱。他巧妙地选用色彩缤纷、王冠形状的瓶子作为香水瓶，仿佛要把人带到迪士尼动画电影《灰姑娘》里。广告文字以高音调的、萌萌的声音念出，好像动画片里小老鼠说话的腔调："他（马查贝利王子）为全球众多知名女性设计专属定制香水。这些产品如此大受欢迎，也让王子决心把这一爱好发展成为终身事业。"

如何介绍"风之诗"香水？首先，香水名就有问题，因为听上去像是浮夸的委婉表达。然而这款香水本身，却与浮夸丝毫不沾边。它表达着一种复古的喜悦，辛辣花香糅合了佛手柑、康乃馨、芫荽的味道，与比翼双飞有点类似。香水带有浓浓皂感，暗示使用者需时时爱干净、勤打理。

40至50年代后期，风之诗采取了一种十分高明的营销战略，其国内销量迅速超过马查贝利旗下其他香水。通过精准的市场定位，以万人迷香水的形象闯入市场，风之诗向大众传播了这样一个信息："风之诗替你在他耳旁浅浅低语、倾诉爱意，叫他难以对你忘怀。"这句标语和帅小伙的照片放在一起，作为香水广告刊登在各大报刊上。这些帅小伙们化身为姑娘们心目中的白马王子，隔着纸张直勾勾地注视着你，目光炽热得仿佛对面的女性不着一物。手段或许低级俗气，但这是一次颇有成效的营销。它没有采用绝世美女站台，而是邀请广大女性一同感受被渴望、被挑逗。此策略之前广泛运用于针对剃须护理产品的画报女郎广告。

这一成功的营销策略进一步延续到了70年代。只不过，那时的电视广告还配上了“有毒”的民谣歌词，从而形成了该产业独有的流行文化现象。马查贝利，这名根据生前照片可知长相并不是最帅气的王子，是否料到在他死后还能被重塑成梦之船上哼唱着动人歌谣的男模呢？

朱莉夫人 Jolie Madame

巴尔曼公司，1953年

¦ 上城香水 ¦

在继续讨论50年代前，且停下来，缅怀曾风靡一时的女帽和手套——愿它们安息。翻开半个世纪前的时尚图集，人们发现就社会流行而言，产生了许多变化，或许在此过程中一些实用配饰逐渐被淘汰。毕竟再潦倒落魄的人带上了平顶小圆帽也颇有“帝王”风采。在这个十年，就连用做家务活儿的手套都绣上了精美的蝴蝶花纹，手套口也饰有绒球增添迷人魅力。

短型、长款或皮质？伯爵缎或纯棉，猪皮或鹿皮，皱褶或光滑？紫罗兰色、蓝色、淡粉色还是最近大火的毛茛黄？这些只是50

年代时，人们购买手套需要考虑的几个方面。当时还专门出版了一类名为社交礼仪指导手册的书籍帮助人们更好地做出选择，包括下面这一本来自巴黎某品牌的小册子：“在餐厅用餐时，女士应脱下外套，继续佩戴帽子和手套，待坐下后再褪手套。”还有“手镯可以戴在长手套外面，而戒指则不行。”

论优雅穿戴手套的典范人物，便不得不提布朗温·皮尤（Bronwen Pugh），即后来的阿斯特子爵夫人，她也是法国时装设计师皮埃尔·巴尔曼（Pierre Balmain）的御用模特和灵感缪斯。布朗温是一个性子极好，但略带傲慢的人，好像如果给她招惹了太多麻烦，她会戴着手套一个巴掌呼过来。她拍摄的最著名的一组时尚照片是1957年，她以一袭黑色长酒会礼服，佩戴奶白色皮手套和毛茸头巾，站在巴黎街头。照片里，她的站立姿势和一颦一笑都诠释了什么是“时髦新潮”。装扮过时的旁观者则用“她以为自己是谁”的不赞同眼光注视着，他们都披着厚厚的皮草外套，由此推测当时天气应该十分寒冷，然而酷酷的布朗温却漫不经心、懒得在意。皮埃尔·巴尔曼说道：

> 她一脸轻松，迈着大大的步子，手臂稳稳地固定在身体两侧。一双浅色瞳孔的大眼睛空洞得没有一丝情绪，漠然地望着前方。她一边走进沙龙时，一边习惯性地拨乱头发，给人以至高的英式优雅既视感。

50年代的主流穿搭时尚，通过布朗温以及她那优雅精致的风姿得到了完美的诠释，亦有助于香水保持某种特定风格。在此背景下，巴尔曼公司调香师杰曼·塞利尔调制的“朱莉夫人”香水诞生。

朱莉夫人——一位漂亮女性——宛若瓶中优雅精灵。它显然是一款皮革调香水，但却不似葛蕾（Grès）1959年的倔强（Cabochard）、罗拔贝格1947年的匪盗等同期皮革香水带有强烈的墨香，朱莉夫人质地如奶油般柔滑，味道糅杂了水果特别是梨香。它具有极强的包容和灵活性。这款香水并不标新立异，而是一款日日夜夜、出入城市使用的常规香水。回顾巴尔曼同时期的时装设计，酒会礼服固然以款式独特见长，但最为世人铭记的还是他设计的日常套装，尤其是裁剪简约的紧身服装，溜肩的收腰小外套，配以短款皮手套和女帽，被视为20世纪50年代的经典造型之一。巴尔曼广告拍摄取景地多为城市街头，所选的模特们和布朗温一样，要么倚在灯柱下，要么透过花车凝视，又或者是带着某种特殊情怀游走在巴黎大街小巷间。朱莉夫人的香氛中亦体现了这点，呈现出比自身历史更悠长的印记。不妨试试那些“噱头”香水，但最终无一例外会被朱莉夫人替代，它的适用范围如此广泛。

皮埃尔·巴尔曼是首位承认旗下香水大多改变不大，但朱莉夫人却是例外的人。朱莉夫人推出后深受消费者喜爱，巴尔曼紧接着又在美国市场推出同名系列服装。他在回忆录中写道，为了保住这款招牌，让他的品牌陷入了一成不变，永远复刻50年代的形象。但是，他后来又写道，“朱莉夫人须与时俱进，方不负其名”。直到今日，一双皮手套、一抹口红以及一缕香味便能提振时尚服装界的精气神，即使平顶小圆帽早已退出历史舞台。

Youth Dew 青春朝露

雅诗兰黛公司，1953年

城郊香水

如果家谱图可以记录“嗅嗅事务”，那么上百万的人将会闻到雅诗兰黛“青春朝露”香水的贵妇人香味。与男士香水阵营的老香料一样，青春朝露始终存活在人们记忆里，是一款最能唤起怀旧情绪的香水。人人似乎都有一个喷着这瓶具有永葆青春之奇效的糖蜜色仙露琼浆的姨妈，又或者人人都会记得这个弥漫在浴室里的味道。这款香水自1953年问世以来广受欢迎，到了80年代仍然热卖（如今仍在销售）。

极强的认知度，以及世界各地对它进行铺天盖地的报道，使得这款香水成为一款经典之作。可以说，青春朝露好比鼻子文身：闻一闻，那香味便萦绕在脑海里，挥散不去。喜爱它的人会对第一次邂逅刻骨铭心，而憎恶它的人会一边揉着太阳穴防止头痛产生，一边逃得远远的——哪怕只有一丝微弱味道。这种有争议的强烈的香味是什么样的？与之可比拟的日常参照物是可乐饮料——50年代美国文化的一个重要标志。小伙伴们下课后聚在冷饮店里，喝着可乐玩耍，冷饮店的模样就像《回到未来》（*Back to the Future*）电影里1955年卢开设在希尔谷的那家咖啡馆。在那个时代，美国苏打汽水委员会向母亲们推销可乐，鼓吹早期饮用可乐的孩子在进入青春期前的尴尬时段里能够更好地融入同伴。他们的牙齿也会比正常人少。

青春朝露如可口可乐，亦将美国中产阶级“时髦派”作为目标人群，并定义其为有着客观可支配收入，热爱选美皇后香水的群体。1953年，依云的白色香肩、雅顿的芳草青青、赫莲娜的天堂使者（Heaven Sent）相继面世并热销，与此同时，雅顿和赫莲娜公司在全国东奔西走，大力推广抗衰老冷霜和粉色口红。但是只有初露头角的雅诗·兰黛女士领悟到亲民售价的产品方能走进千家万户的道理。雅诗·兰黛女士在帮助其叔叔经营美容企业时创立了同名品牌。50年代，她也致力于推广护肤试用小样发放，并开创了购买即送赠品的先河。雅诗·兰黛女士还能分辨香水名是否够引人入胜。她在一次沐浴的减压舒缓仪式中获得灵感，设计了这款可作为香水试用的沐浴精油。

在50年代的美国，青春朝露成为竭力挤进开敞的牧场式住宅的阶层的必备消费新品。在这些外观千篇一律的“平房区”中，每家每户厨房都安装有伊莱克斯冰箱、热点厨灶、尚缤搅拌机，橱柜里放着方便食品、杰利奥果冻、事先磨碎的葵花牛起司等。推开滑门，走进起居室，一台通用牌最新款电视机则显示了家主荣光，楼上卧室家具来自高端品牌——巴塞特。

相比高露洁棕榄和卡里尔·理查兹美发等个人护理用品，青春朝露无疑代表着奢侈豪华般享受，但它同样以最快速度在人们的日常生活中占据一席之地。产品的畅销自然削弱了其独一无二性质，巨大的商业成功亦招来了诋毁（伊丽莎白·雅顿女士给出嫉妒评价，称其为俗气平庸）。然而，青春朝露作为一款承接时代的试金石，一种缅怀旧时光的媒介，这一点值得后来人感恩。如果所有香水都是小众性质，只为某一类人拥有，那么人们在回顾时便找不到爱好共通点。

时至今日，当同时期的北极牌冰箱已经摆在设计博物馆的玻璃陈列柜里，青春朝露香水作为可售品的身份仍然存活在市面上。它的热爱者数量有限，多为年龄稍长的忠实粉丝，说不定随着她们的记忆逐渐消退，它也会在某一天消失。不过，直到那天到来为止，这款50年代的遗珠将永葆青春朝气。

露雅露雅 Noa Noa

赫莲娜公司，1953年

¦ 鸡尾酒派对香水 ¦

黄昏时分，水泥丛林里的居民们

聚集在各式酒吧里，

——昏暗灯光下他们的脸庞有一种朦胧美——

在巨大城市森林中，

开启了醉生梦死的夜生活模式。

——哈尔·波义耳（Hal Boyle）

感到生活单调乏味？那么来点儿20世纪原创音乐人雷斯·巴克斯特（Les Baxter）的异域风音乐吧。一两首来自1951年发行的畅销音乐专辑《野蛮仪式》的歌曲便能让在家中度过的周一夜晚与众不同。《爱之舞》《繁忙港湾》《蜜熊》等三首歌曲大量采用邦戈鼓元素，将起居室幻化成南太平洋上的一座天堂岛屿，耳畔猴叫声不绝于耳，目光所及之处一根图腾柱高高挺立，几棵塑料棕榈树树姿挺拔。

在50年代的鸡尾酒派对上，当巴克斯特的音乐响起，踩着节拍跳起希米舞越过凑上来的蠢蛋，来到有好感的人儿身旁。这是该场景的非正式原声配乐，为舞台设置了音乐背景——再加上些许游历世界的荣耀。派对主人站在鸡尾酒推车旁，往代基里酒里调制悬钩子利口酒，接着配以起司烤火腿风车饼干分发给客人们。举杯言欢、觥筹交错间，人们的交谈短小明快，话题多半聚焦《Harper's Bazaar》总编辑拉塞尔·林恩斯（Russell Lynes）归纳总结的“五个以D字母打头的单词”，即“时装、房子、家务事、子女和疾病”（Dress, Domiciles, Domestics, Descendants and Disease）。随后，他们还会围绕作家纳博科夫所著的《洛丽塔》进行一场的激烈辩论，一系列活动就此展开。

数不清的天堂鸟儿穿着华丽酒会礼服，穿梭在一套公寓的几个房间，空气中弥漫着各式香水味，有传奇经典香也有时兴发布的新品，包括巴黎世家的四对舞（Quadrille）、娇兰的颂歌系列（Ode）和巴尔曼的朱莉夫人。但是只有赫莲娜的“露雅露雅”香水格外出众：宛如住在瓶中的雷斯·巴克斯特的音乐精灵。这款香水的灵感来源于艺术家保罗·高更（Paul Gauguin）画的塔希提的女人的肖像画。这幅画曾在20世纪40年代后期展出，以表人们对这位伟大画家的缅怀之情，可能就是在那个时候使这位美容大王受到启发。这款香水名在塔希提语里的意思是“香味”，这也是高更记录在南太平洋岛屿上生活的日志标题（后来被证实为杜撰）。日志中，他写到曾经邂逅了一名女子，她身上散发着“一种动物香、蔬菜味掺杂融合的芳香。那香气带有融入骨血和栀子花味道——蒂阿瑞花（tiare）——他们把它戴在发间”。

赫莲娜的这款香水饱含了蒂阿瑞花的浓郁香气（一种生长在塔希提的栀子花类），瓶身形似一节斑竹。它像让·巴杜的殖民地香水一样，将高更笔下塔希提女性的迷人香气带到美国中产阶级，并援引该香水公司的话语，勾勒出“花朵般脸庞，心形嘴唇，谜一样的双眸”。最能将香味形象化的是来自异域的微光油——假日游客在沙滩浴和晚间饮酒时用来润泽肌肤至闪闪发亮。在烘焙饼干的香味、绽放的花朵，新碾碎椰子的香味的环抱之下，她们开启夜晚探险之旅。

到了50年代，赫莲娜建立的美容王国已经形成了强大的影响力和渗透力，她能围绕新款香水设计完整的生活方式。与此同时，赫莲娜还推出一款火烈鸟色高更粉口红，搭配最新款珠宝时尚配饰和服装设计师卡洛琳·施努勒（Carolyn Schnurer）设计的高更波利尼西亚风夏日裙装。

通过采取如此聪慧敏锐的市场营销策略，露雅露雅迅速成为太平洋岛国上“异域热”中的一个重要部分。自1949年起，由音乐剧双人组理查德·洛根和奥斯卡·汉默斯坦（Rodgers and Hammerstein）创作推出的《南太平洋》（*South Pacific*）吸引了无数观众前去观看，成为在百老汇上演时间第二长的音乐剧。在纽约市，主题鸡尾酒会是如此盛行，以至于1955年，一家名为夏威夷之兰的公司向大众提供成套用品邮购服务，其中既包括了烤椰子片、罐头芋泥、百香果汁等食品，也涵盖了纸花环、夏威夷音乐带、邀请函、岛花提炼的小香水等派对准备用品。当然，精明的赫莲娜再次抢占了市场先机。

白 火　White Fire

格罗史密斯公司，1954年

区域性香水

“白火让你邂逅最好的人。”1954年，香水公司格罗史密斯在推广新款女性香水时如此宣传。

20世纪中叶，英国重振国内产业，并致力于通过开展如1951年英国艺术节等活动找寻现代发展的机会，在此背景下发展英式香水再合适不过。英国本土香水产业，曾一度受到皇室和上层人士的青睐（更不用提钦羡不已的法国人在调制香水时皆视伦敦为灵感来源地），却在战后呈现出低俗平庸之发展态势。战争犹如一记重锤，砸得国家支离破碎。以格罗史密斯为例，其香水公司曾在一次轰炸袭击中毁于一旦，从头再来时却发现已经落在了时代后面。此时，法国香水发展势头迅猛，美国香水充满了时尚气息。只有英式香水，在战后英国进入经济紧缩年代和持续实行配给制的影响下，变得越来越平淡乏味。如此看来，白火其名是否也与露华浓1952年推出的“冰火”（Fire and Ice）系列口红一样，是这个时代发展的衍生产物呢？

不可否认白火的重要性。十年间，它一度成为热销英国国内的拳头产品，和戈雅黑玫瑰（Black Rose）这类的香水一样在海外博得了不小名气。这些香水产品在经过一番精心包装、仔细定价后，被放在国内大小百货商店的货架上公开出售。格罗史密斯和戈雅不仅没有去尝试为产品冠之以独特风格，反而过多地吹嘘香水如何具有法式特征，他们固执地认为法国产地便能说明产品质量有保障。这自然不足以激起人们的喜爱——可以说适用范围有限——不过，这两款香水对外宣称能帮助女性邂逅风度翩翩、事业有成的男子。这如同“与牧师饮茶”[1]。

在当时，专注于报道编织图案和为年轻姑娘提供约会技巧的《妇女世界》周刊杂志还为白火做了大篇幅广告宣传。它是一款略带醛调的花香型香水，糅杂了柠檬糖霜和碎肥皂的香味，带有硬脆易碎，以及行事恰到好处后的“融冰”之感。

1　“tea with the vican”意指用某事来掩盖另一件事。

这款白火使人不由得回想起伊灵电影制片厂在1953年创作的电影《老爷车》（*Genevieve*）。这部公路喜剧片讲述了两对年轻夫妇参加老爷车俱乐部组织的自驾来往布莱顿活动的故事。跌宕起伏的故事情节中，其中一个场景格外有趣。艾伦、文迪夫妇在取消布莱顿酒店预订后，不得不暂时借宿在一栋简陋破败的公寓里。公寓除了一张弹簧床和严苛的住宿规定之外，什么都没有，不仅没有热水供应，就连窗外火车经过的轰轰隆隆声也都清晰可闻。一向以华丽妆容和美丽衣裙示人、始终光鲜亮丽的文迪却没有掩面哭泣，反而放声大笑起来。白火不属于简陋的公寓，这是一款在经济紧缩年代，仍努力保持生活水准不下降，突破困境肆意潇洒生活的香水。

一度热销如比思涛牌肉汁的白火香水，渐渐从大众视野里消失。或许在经历过那十年困苦生活的人眼中，它不能算作是最典型的一款，但是实际上它的确是50年代的标志香。不要以狭隘的视野回顾过去。

Pino Silvestre 卑奴苏佛士打

马西莫·维达尔公司，1955年

¦ 清新空气香水 ¦

乘坐小型出租车旅行的一大健康隐患是司机对空气清新剂偏执成狂引发的乘客头痛症。有时候，这些清新剂像一颗颗痔疮，密密麻麻地悬挂在后视镜上，每一瓶都散发出一种浓烈而又劣质的香味，直到乘客察觉到眉心一股剧烈的跳动。

截至目前，汽车空气清新剂销量过亿，单凭这一点就值得提一提这款历史上的重要香氛。车载香片发明于50年代（用类似啤酒杯垫的材料制成）。在这十年间，英国汽车拥有量飙升了250个百分点，汽车已成为每家每户的必需品。汽车也促使欧美的城市规划发生了质的转变，无论是从家庭的内嵌式车库，还是远在城郊的购物中心都反映出了这一点。在那个令人兴奋陶醉的年代，汽车不仅仅是一种交通工具，它更代表了人们对休闲生活的向往，对于那些在汽车影院，舒舒服服躺在凯迪拉克车上看电影的有钱人而言更甚。麦当劳成立之初便是一家为中产家庭提供高价周末野餐的汽车快餐店。

人类史上第一款车载香片至今仍是最具标志性的：小树香片（Little Trees）。这种松树形状的挂式香片可以掩盖住汽油味和烟臭味，使汽车里弥漫令人神清气爽的森林味道。小树香片由犹太科学家朱利尤斯·萨满（Julius Samann）发明，他于“二战”前从瑞士逃到美国定居。1952年的一天，在听到送奶工抱怨牛奶发霉的酸臭味后，朱利尤斯·萨满，这名多年来致力于从松针中提取香氛精油的科学家，将研究方向锁定在一种可以保持香气长达几周的多孔纸片上。1954年，他就此申请了专利。最初，纸片雏形形似海报贴画可钉在墙上，但他最终决定以常青树形状为模型，并在沃特敦成立了一家汽车香片制造公司。渐渐地，一个个小树吊牌成为司机们的骄傲。这款设计是如此地别具一格且获利丰厚——有着不逊色于金色拱门的鲜明辨识度——任何一家企图仿造，觊觎从中捞点好处的公司都不得善终。自2002年以来，该公司曾几次向法院提起诉讼，其中包括一起以形似杉木为由，控告一家以飞机为模型制作车载香片的企业。

当心不要与任何树形状的香片有直接联系。不过，由此可见50年代是一个充满松针香味的时代。同一时间，意大利威尼斯的维达尔公司推出一款须后“常青树”产品——卑奴苏佛士打。该产品以其清新盈面之感，自然的味道，原始的配方，以及物美价廉的特质，一上市便受到大众喜爱，成为一款经典香水。这款香水选用绿色松果作为瓶身模型，瓶盖为塑料质地，呈棕色，至今仍然热销。它造型可爱、制作精美，就像梦幻森林家族世界里的玩具。

待新鲜劲儿过去，卑奴苏佛士打那持久不散的琥珀香味才开始引人入胜。要欣赏到它的美，须得抛开洁厕漂水的联想，涤荡升华暗含的机械味。松树的气息自有别于其他味道的独特之处，是否因为它的勃勃生命力，沁人心脾的那一抹绿？还是它寓意了远离城市喧嚣？又或者是它的香味拥有令人忘却烦扰的魔力？小说家约翰·契弗（John Cheever）在1961年出版的短篇小说《客迈拉》（*The Chimera*）里给出了答案。小说里，一个遭逢不幸婚姻的男子幻想出了新情人，她的身上有着最为独特的味道：“突然一阵风吹过，夹杂着雨滴，一股森林气息——即便在我的世界里从未出现过森林——扑面而来。那味道使我兴奋，让我重拾年轻和幸福滋味。”

茉莉花 Diorissimo

克里斯汀·迪奥公司，1956年

基座香水

这是我想要的生活方式，

没有生活鞭打下的奔波，

也无须陀螺般不停旋转。

茉莉花似我

——百合花一样洁白无瑕。

请为我装点如诗如画的美丽。

——《Vogue》杂志香水彩色画簿

对男人们而言，最痛苦的购物经历莫过于圣诞节前夕为妻子或女朋友挑选香水礼物。那一天，商场美容专柜前围满了濒临抓狂边缘的男性。有的在来之前已经反复阅读过香奈儿5号最新广告海报，他们仿佛罹患图雷特综合征一般，不停高声叫着“5！5！5！”，却被接下来柜台小姐“香水还是淡香水？”的追问弄得困惑不已。有的还会询问，“那个好像是叫马克·雅可布的新款是哪种？我想她曾经在纸上写到过。但就只有那么一次。”

这样一年一次的传统形式可以追溯到20世纪50年代，当时正值战后消费热，香水（以合理的价格）成为献给女性的一种礼物。身居管理阶层的丈夫以香水为礼物向心爱的妻子表达爱意，是再理想不过的了——与昂贵的蒂凡尼钻石相比，香水更物美价廉。美国喜剧明星乔治·戈布尔（George Gobel）还把这样的经历写进了一出独幕剧里，剧名为“怎样在香水柜台前占据主导”，“你知道‘她们’是谁。‘她们’身着黑色连衣裙，站在商场柜台后面，目光盈盈地向你们推荐‘暴力事件’（Violent Affair）、‘遗弃’（Abandon）、‘彻底的夜’（One Utter Night）等香水产品。”

倒霉的乔治独挑大梁，演得很是活灵活现：只见他操着一口费解的法国腔，挑起眉眼，指尖敲打柜台，还不忘叹着气。他甚至一人分饰几个角色，还扮演柜台助手。在购香指南漫天飞舞的年代，摆脱这种体验的人无疑是幸运的。1958年美国版《Vogue》杂志曾在问答版块精心列出了一组问题，以方便让丈夫们发现妻子们的爱好是什么。除此之外，他们还在如何使之成为一本男性会读的刊物上花费了大量心思。一个行之有效的途径是按照金融类报刊风格对其进行改版。于是，大幅运用道琼斯式图表的“男士购香指南”的全新版本问世，“零风险投资”“交易”和“分红”等词汇在该书里频频出现。该书并非盲目填塞，而是精心挑选了“荣誉殿堂”级别的香水产品，这进一步巩固了香水市场发展。其中包括香奈儿的5号、娇兰的一千零一夜、浪凡的琶音（Arpège）、蓝瑟瑞克的花呢，以及让·巴杜的喜悦。只有格外出众的新款香水才会被纳入推荐榜单。娇兰的讴歌就在其中。同样登上荣誉榜单的迪奥的“茉莉花”香水。在其发行之时，报纸上整版都在宣传其价格不菲的巴卡拉香水瓶，金丝制的花朵装饰着瓶盖。其发布之盛况可与如今由查理兹·塞隆（Charlize Theron）代言的迪奥真我香水（J'Adore）媲美。

迪奥茉莉花是克里斯汀·迪奥旗下最负盛名的一款。它成功地捕捉了铃兰清新柔美的气息，纤细轻薄如蝉翼，且没有侵略性。它带领你来到开满了铃兰、沾染了露珠的青草、“叽叽喳喳”鸟叫声萦绕的清晨花园，阵阵熏风吹过，让你回到生命中最难忘的那一个春天。它“美妙”“健康”“不轻佻”，与迪奥女装凸显谦和有礼，完美映衬了侧重展示女性魅力特质的风格。迪奥在1955年发布的一个经典造型是一套腰部窄紧的绿色西装裙套装，领口处别着铃兰花作为装饰。50年代中期，“A形线”造型逐渐代替了“新风貌”服装风格，紧接着迪奥又发表了“H形线”“Z形线”。他发布的每一个重要设计都得到了媒体的高度关注，各大时尚杂志纷纷预测下一款又将对女性的腰、胸部曲线做出何种飞跃式改变。迪奥还选出7名拥有令人艳羡傲人身材的“女模”团到世界各地去展示他的服装设计。这也是后来90年代超模阵容的原型。克里斯汀·迪奥先生的传奇一生亦引起了人们的大量猜测。这位被人尊称为“诺曼绅士”的迪奥先生，尽管可以只手搅动城市风云，但他却独爱在枫丹白露的简单庄园中栽种果树、酿制覆盆子酒、信步于铃兰花园的简单生活。

迪奥茉莉花香水是一款用来崇尚女性之美的基座香。淘气地拨乱精心打理的头发，揉皱平整无痕的“A形线”连衣裙，就能为其增添一抹俏皮感。连希区柯克作品中女神格蕾丝·凯利（Grace Kelly），亦对在汽车后座上俏皮翻滚情有独钟。

Single Girl）将其列入五大值得推荐的香水之一。《性与单身女孩》详细阐述了罗娜·杰菲小说中隐藏的时尚讯息，该书发行后在两周时间里销售额便高达2百万册之巨！这本生活圣经最为人记住的是，它鼓励女性拥抱成家之前的自由——当然只是暂时的，以及享受锁定白马王子前，多和男生约会的乐趣。除了围绕外出就餐、保持性爱关系、与异性交谈等给出提示之外，布朗还建议女性把被香水浸湿了的棉花藏在文胸里面："记住，如果你闻不到香水味，那么你心目中的那个他也不可能会闻到。这只能说明你过于小气了。"

换言之，在那个时候，香水已经成为人们发动魅力攻势的一种有力武器，在诱惑阶段尤其如此。这样的思路在催眠香水的营销广告中亦有所体现：香水瓶如节拍器一般，在眼前来回摆动。轻轻地，它发出指令："让他的目光锁定你，锁定你，只锁定你。"

催眠采用的兜售把戏使人着魔，虽说它算不得是一种好的营销理念，但却足以令这款香水成为50年代的大热产品。六年后，一个名为露丝·西蒙斯（Ruth Simmons）的家庭主妇被叫莫瑞·伯恩斯坦（Morey Bernstein）的小商人兼治疗师催眠了。露丝躺在治疗室沙发上，看见一闪烛光掠过脸庞。随后，她竟摇身一变，以一名叫布莱迪·墨菲（Bridey Murphy）并已在某年秋季去世的爱尔兰女子的口吻说话。

伯恩斯坦闻言大喜，并将这则故事记录在了《寻找布莱迪·墨菲》（*The Search for Bridey Murphy*）书中。该书随后荣登全国畅销书籍排行榜首位，在国内引发了一股回归热。人们纷纷把起居室改造成了临时催眠治疗室。派对皆以“来，以你以往的样子”化装舞会为主题（该类派对更多的是满足人们的虚荣幻想——可没有人想要打扮成清洁工去参加），处处都播放着“你相信重生吗”这类歌名的歌曲。一时间，社会上关于转世的话题众说纷纭，一位女性还对外声称自己前世是一匹马。科学家们亦被迫加入讨论，去探讨以上说法是否属实。难道露丝·西蒙斯和跟随者们所创造的奇幻想象为操持家务的家庭妇女们提供了一种情感上的宣泄？还是说，这波催眠狂热中蕴藏着一股在进行下一轮熨烫工作时，仍不忘苦苦思考生活意义的女性深深为之着迷的神秘力量？

50年代期间，蠢蠢欲动的女性解放运动慢慢地蓄积力量。这时，催眠等香水产品则为女性认可和运用潜力与权力提供了一种媒介。但是，在某种程度上，这些香水同样锁定了“生来诱惑男子的女性”，并仍将取悦男性作为其存在的价值。

催眠问世几年后，蜜丝佛陀又推出了全新包装，和香水瓶摆放在一起的还有一只以水晶为眼睛、挂着珍珠项链的黑猫玩偶。猫，曾经老姑娘的象征，如今已是如《蒂凡尼早餐》女主人翁霍莉·戈莱特丽般的城市单身女性的代名词。每一小步，成就虽微小，但我们坚持不懈，始终向前……

原味烟草　Tabac Original

摩勒沃兹公司，1959年

❙ 男士香水 ❙

点开网页浏览器搜索50年代的探险类杂志，你会发现它给人带来了一种充满罪念却又愉悦真实的享受。在巅峰时期，这类杂志的月销售额最高可达1 000余万份。杂志通常以壮男、男性潮流、睿士等词作为刊物名号，也因此格外受到了美国白领一族和退役军人的钟爱。这些读者多数正饱受战后文化现状焦虑症（常被称为“养家糊口综合征”），或者是受到创伤后应激障碍的折磨。

这些如同B级片的低俗读物，每月一次便将淫秽带入近郊住宅区。杂志大多采用耸人听闻的英雄图作为封面：赤膊上阵的男子英勇抵御巨型河马、水獭，还有海龟（这一选择令人费解）等动物的攻击。杂志里刊登的“真实”故事记录了从性侵施虐成狂的纳粹极端分子手中解救婴儿的拯救行动，其描述之生动且引人入胜，让人沉浸其中不可自拔。有时，文中被解救的婴儿反而更具威胁性，而拯救者则被困在慕男狂国里，如“欲女热情船坞”或“慕男魔女岛国”。

杂志上刊登的关于西部牛仔、海盗、印第安纳·琼斯等类型人物的流血故事还影响了现实生活人们的自我表现方式。1949年，密歇根州的时尚专栏作家克林特·杜纳森（Clint Dunathan）就对一身黝黑皮肤冒险者时兴系彩色领结这一现象表示出了惋叹，他认为服装设计师们企图塑造一种“身体强壮、孔武有力，甚至性欲旺盛”的男人形象，或者至少让他们从外观上看来如此。售卖须后水和须后霜的商家自然乐见其成，他们的产品不由让人联想起“第一守垒手被汗水浸湿的手套，全天候练习赛跑，旧马鞍，以及体育馆的澡堂”。杜纳森担心这样的香味会让城市男性纷纷效仿伐木工人，从而使他们远离自己的日常生活，进入一个幻想世界。他们“渴望成为冒险归来的英勇武士，浑身还散发着战场上的汗味和血腥气”。他把这种味道总结描述为：“一个由猎犬群引路、马背上的午后。”

可以确定的是，50年代男性对这种香味，或“战场血腥”的使用逐渐呈上升趋势。1949年，一篇锁定女性读者的专题文章《香水时代》指出“男性入侵香味世界，正如女性以不可阻挡之势席卷了香烟市场”。该报告谨慎地把这些“香味”与香水区别开来，并定义为以其他功效产品形式出现的芳香剂。“剃须皂、须后水、滑石、牙膏、洗发露、漱口水等产品的味道都经过了一番精细巧妙的设计。他们清楚，甚至笃定这样做能吸引男性消费者。”

同时期，浴室洗漱槽成为男士们家中的一块领地（正如梳妆台亦为女性所专用）。男士护理产品品类日益繁多，其中有雷明顿的电动剃须刀，更不乏令人欣喜的新发明——剃须泡沫。如此一来，在鱼龙混杂的市场中辨别男士专用香水（不同于剃须皂或须后水）的难度和复杂程度增加了。40年代末，一系列男性皮革香水相继面世，如王的男人（King's Men）、英式皮革（English Leather）等。这种香水生动还原了杜纳森描述的马鞍效应，更显男性血气方刚。接下来的十年间，这个领域一度陷入了瓶颈期。直至1959年，摩勒沃兹推出“原味烟草”，方才打破这一困顿局面。它完美地延续了19世纪80年代蕨类香水传统，那经典肥皂味，成为现如今老式理发店和剃须泡沫产品的招牌香。

这款香水好比须后水中的条纹背心：虽然谈不上有多别致，但确是衣橱中的百搭靓品。这种老式香，当最开始的醛香散去后，薰衣草、檀香木、烟草，以及繁花气息弥漫开来，为男性使用者提供了一次极致、立体的味觉盛宴。在如今的人们眼中，那是热气腾腾的法兰绒毛巾的味道。过去，售价适中的香水须得以功效产品的形式出现，如剃须灼痛或刀口创伤舒缓剂，才会为大众所接受——除了香气宜人之外，它还要能发挥效用。现在，同原味烟草一样，须后水终于可以不用如此。不过，人们仍然把它和清晨面部清洁后，酒精擦过肌肤带来的刺痛与愉悦交织的感受联系在一起。

到了50年代末期，市场对两性的划分以确立健美男子和半裸体女子为标准形象而结束。男性渴望获知喷香水的效用——他们希冀向世人描绘出一名从探险杂志走出来的壮男猛士，尽管风尘仆仆、衣衫褴褛，但其威武勇猛足以令人侧目，心爱的女子即使在被巨型水獭攻击时，也难掩媚眼红唇、丰乳翘臀的倾城之姿。

伟之华（香根草） Vétiver

娇兰公司，1959年

¦ 绅士高雅香水 ¦

50年代末期，单一香根草香水如一辆辆接踵而至的巴士层出不穷。一时间，三款香水产品相继问世：1957年，卡纷率先发布，1959年娇兰、纪梵希亦发行了旗下香根草香水。谢天谢地，高品质的香水产品让男士香水告别严冬，迎来了旭日暖阳。

一直以来，剃须泡沫和须后水都是大众消费品。当时，离以奢侈品定位的高度细分精品“香水”的诞生仍需时日，但这种变化是潜移默化，甚至是不轻易令人察觉到的——这与50年代的时装流行风潮从初期追求宽大舒适的常春藤学院风格到年代末强调硬朗、修身、大陆式裁剪［参考《西北偏北》（*North by Northwest*）影片中的加里·格兰特（Cary Grant）的演变］。《时尚先生》（*Esquire*）等一大批传达生活新主张的杂志面世催生了一群新的消费者以及相对应的高消费市场。这些消费者拥有庞大的财力、独特挑剔的品位，绝不仅仅只满足于购买如老香料般的大众消费品。50年代中期，市面上涌现出了各种贴上“男士”或“绅士”标签的香水产品，其中不乏香奈儿、纪梵希、科蒂等奢侈大牌。通常情况下，一个品牌只会推出一款男香，其男性味十足的特征让不期而至的男性顾客在挑选到女性香水时避免产生尴尬。

香根草，或称岩兰草，原产于印度，是一种能够有效预防水土流失、饲养牲畜，具有多种农业用途的草本植物。其引进最早发生在美国内战爆发前，路线途径东印度群岛，最后进入墨西哥湾沿岸各州，并成为当地农场主的新宠。香根草的须根可用来制香，它也是目前使用最为广泛的香料之一。直到20世纪初期，香根草从留尼汪岛、海地、爪哇岛等地引种，并得以进一步推广。人们会把须根作为衣物芳香剂放进橱柜里，或者把根茎磨成粉末状，制作出东方色彩浓郁的传统香囊。

香根草的历史由来已久，在50年代中的香水中自然算不上是一种多么新奇的用料。但是，它却首次被赋予了阳刚属性。人们不惜攫住任何近似木质调的香味，并努力将它去女性化，势必要在香水市场上为男士们争夺到一席之地。除了被标榜的以外，其实香根草并非特别男性化，这也是许多女性读者购买娇兰“伟之华”的原因。据介绍，娇兰推出的这款产品意在还原花匠在翻整土地后手指尖上的味道。自面世以来，它如今已是最经典的香根草香三剑客之一。这款香水确实堪称一绝，特别是浮华喧嚣后，喷一喷平复心气再适合不过。对我而言，从实物的角度来类比，娇兰伟之华是一剂药效优于生姜的止吐药，一种类似马麦酱吐司搭配大量茶的解酒食物。这款香水的香味值得细细品酌。世人常用木质香气、甘草清新、辛辣烟熏、琥珀香冷来形容。其中，佛手柑令味道中夹杂了一抹清新绿意，肉豆蔻、胡荽使味道变得芳香感性起来，而烟草则增添了甜柔烟熏的质感。当整体味道散开，让人仿佛由苦寒户外步入一个夜里壁炉熄灭，只剩下余香缭绕的房间。

摇摆的60年代

1960年
至
1969年

The Swinging Sixties

1960
—
1969

振奋人心！60年代的香水业呈现出一片繁荣景象。概括地讲，如果40年代是一出情节剧，50年代是一出精美的爱情剧，那么60年代就是一出怪诞的闹剧，其中芳香四溢的粉红豹（Pink Panther）登上了舞台。

这是一种巨大的改变。在这一篇章的开始部分，我们会讲到一些二三十年代经典香水的视觉运动。她们希望通过最后一搏重新回到时尚圈，殊不知身着的长摆礼服荒谬可笑，早已过时，只有迅速逃离到后台翻箱倒柜，草草地穿上迷你裙和时髦短靴，气喘吁吁地再次回到舞会中央。卡朗公司的洛可可之花香水便是典型的例子，1962年时仍然沿用其经典魅力包装形象，到了1963年便推出了崭新的包装设计：夸张的字体配上头戴雏菊、画上白色眼影的“花儿嬉皮士”形象。随后的一年里，又在广告文案上大做文章，“如果有这样一个帅气的男士，驾驶法拉利跑车，坐拥蓝色海岸的豪宅，并且手持洛可可之花香水，女孩们能够拒绝吗？”答案是“毫无抵抗力”。

同样在1964年，科蒂公司也在大肆鼓吹人们购买祖母绿香水，他们的广告语是“你的青春只有一次，或是两次！”

即使这些幽默有点刻意为之，以至于让人厌烦，然而，我们却看到了产品创新的良苦用心。我们看到在这十年间，像璞琪（Pucci）这样的公司也突然大肆采用色彩斑斓的印花。那些令人信服的权威（曾经统领50年代的品牌），为了适应潮流，都不约而同地放下身段，就像是个满身酒气的低俗大叔，在想出一句自觉幽默的句子时，会用手肘捅一下你的肋骨。

在很大程度上，祖母绿香水和洛可可之花香水仍然使用从前的配方（由于过去使用的天然材料太过昂贵，可能使用了一些替代品）。那么，我们第一次遇到同种香水竟然有两种截然不同的宣传方式，它们都忠于原味吗？会不会洛可可之花香水更适合新一代的年轻人：它舍弃了昨日的天真无邪，变成了明日的妖冶？

一些品牌悠久的香水努力寻求永葆青春的秘诀，而同时代的其他品牌则希望再现昨日辉煌。为了渡过难关，不被新兴品牌击倒，它们采用了一种策略，即让自己的产品成为女性日常生活必备品。1964年，一千零一夜香水（此时已经有近40年的历史了）就成功地运用了这一策略，不但留住了忠实的信徒，也收获了一众寻求“首选”香水的年轻女性用户。自1926年起，女士们可能会说，娇兰掀起了一场革命，在发型、鞋帽、挺拔的鼻形，甚至是挑选丈夫等方方面面都影响着她们。然而，一千零一夜香水成功地坚守住自己的位置。与此同时，全新的品牌也登上了香水的历史舞台。其中巴尔曼、巴黎世家、纪梵希等一些时尚品牌依然保持着传统风格，就像奥黛丽・赫本标志性的浓密眉毛一般。而其他品牌——诸如：博高・拉班尼（Paco Rabanne）出品的“百灵”（Calandre）、资生堂（Shiseido）的“禅意”（Zen），以及罗伯特・皮盖（Robert Piguet）的“未来”（Futur）——则紧跟潮流风向标，追求简洁之美。后来，摇摆的伦敦、卡纳比大街（战后一半的建筑都成了废墟）以及国王大道都对香水业的发展造成了影响。玛丽·昆特等大众时尚品牌推出了一些快时尚、有趣而又适合年轻人的香水——50年代，昆特公司甚至还提出了一种风靡大众的概念，推出了一款姐妹香水，分别取名为“上午”和“下午”，分别对应着工作和玩乐。亚德利公司很快也顺应了这一潮流！一时间，这种创新的潮流从伦敦一路火到大洋彼岸的美国。然而，总体上来说，英国香水业的发展疲软，当时并没有足够的能力来吸引来自大洋彼岸的注意力。可以很肯定地说，整个香水业都太拘泥于魅力和优雅，拖地的长袍、整齐涂抹的嘴唇，一切都是那么固守成规，以至于根本没有准备去适应席卷西方世界的社会变化，当然，无论怎么努力，也无法再创辉煌。相反，在这十年里，来自游走在主流香水业之外的草根品牌竟然大获全胜：这种与传统香水抗衡的正是广藿香精油。

60年代，并非所有的香水都淡出了人们的视线；仍然有一些了不起的香水继续影响着人们的生活，特别是一些男士香水。它们（高收入人群的消费品）专为行走于高端场合的品鉴师所打造，在他们的世界里充斥着各种优质的威士忌、烟草和红酒，必须拥有为其量身定做的须后水或者古龙水，克里斯汀·迪奥旗下的“清新之水”香水（Eau Sauvage）便应运而生。然而，让人倍感讽刺的是，曾经的传统品牌竟然出现在大众市场任何一家药店的货架上。香水开始被肆意模仿，就连香水产品的准则也遭到颠覆。在后面的描述中，我们能从法贝热（Fabergé）出品的“香槟”香水（Brut）以及自带防女色狼手册的“空手道”香水（Hai Karate）中窥见一斑。问题在于人们是否能理解到其中的幽默之处。

1967年出品的“半人马”香水（Centaur）便是一个很好的例子。这是一款按摩古龙水，不含酒精，适用于敏感肌肤。其广告模仿了1963年一部名为《杰森和阿尔戈英雄》（*Jason and the Argonauts*）电影里的剧照，即一个穿着宽松长袍的女孩躲在一名成年男子的身后。香水瓶被打造成仿古墨水瓶的形状。这款香水告诉男人们把它揉进腰部，直到产生新的“三维空间”，传递一种“充满男性荷尔蒙的讯息”，正如其名，“半人、半兽，都是男性！”这种幽默的销售方式竟然奏效了。虽然看上去是拙劣的模仿，但品牌设计者清晰的指导，总有些人会领会到个中意义。

Bal à Versailles 凡尔赛宫舞会

珍蒂毕丝公司，1962年

╏ 多数派香水 ╏

想要尝试“凡尔赛宫舞会”香水的人，都是庆典上的焦点人物，身边一定得配上小号手，他们系上红色的腰带，戴上单片眼镜，小号上装饰着皇家纹章图案，在舞池中大声喊着：“让开！让开！恭迎尊贵的皇室成员！”

“哎呀！这香水瓶里到底装了什么？”读者也许会问。“凡尔赛宫舞会香水”里没有什么？这个问题或许更加单刀直入。这款香水综合了多种气味，就像法国的舞厅，拥挤、恶臭而嘈杂。你还需要多一些元素吗？那么我们再加入一些柑橘花、迷迭香、玫瑰花、茉莉花、肉桂、依兰依兰、香豆、檀香、琥珀、麝猫香、香草等香味。据称，这款香水的配方里含有上百种成分。由于以动物香味为基础，凡尔赛宫舞会香水散发出一种特有的老旧、脏乱宠物店的味道，并不像人们想象的那样令人震惊。试想一下，你有一件中意的舞会礼服，本来应该干洗了，可你还想穿一次，那么，洒一点香水便能解决这一问题。

凡尔赛宫舞会香水由珍蒂毕丝（Jean Desprez）香水坊出品，这是一家始于20世纪30年代的地地道道的法国香水公司，闻名遐迩。作为品牌复兴的力作，香水延续了“二战”以前浓郁的东方风格。事实上，珍蒂毕丝香水坊在20年代推出的中国丝绸香水（Crêpe de Chine）已经成为轰动一时的伟大产品。其60年代的再次成功似乎带领着顾客登上时光机回到《危险联络人》（*Les Liaisons dangereuses*）一书中虚构的18世纪的舞厅：充斥着互相挑逗的人群，脸上贴着心形的宝石（为了掩盖痘印）。这让人轻易地联想到1968年的音乐剧《飞天万能车》（*Chitty Chitty Bang Bang*），尤其是男爵和男爵夫人在皇家宫殿里的场景，身着荒谬的服饰，浑身戴满了钻石，有气无力地唱着“彼此要做彼此的唯一”。凡尔赛宫的舞会香水一直拒绝使用香草（以及任何觉得清新的东西），还有一种“60年代喜剧”的风格，从中我们意识到，女主角竟然佩戴了三组假睫毛。

最棒的是据说流行之王——迈克尔·杰克逊（Michael Jackson），他非常中意这款气味极度丰富的香水。这一点得到了珍蒂毕丝香水坊的证实。他们也是通过引用杰克逊的御用化妆师的描述得到的消息，当然也清楚经不起考证：“迈克尔将这款香水视作珍宝，对它总是异常兴奋和激动。他不仅喜欢花哨的大瓶装，也常常随身携带着小样……在他生命的最后几周，一直使用凡尔赛宫舞会香水。”那可不是什么凡尔赛宫的舞厅，而是杰克逊的梦幻庄园，那里有大象、星星、碰碰车和汽车影院，一切都触手可及。

香 槟 Brut

法贝热公司，1964年

¦ 穴居人香水 ¦

把人的面孔画成动物的，

意大利人称之为漫画。

——托马斯·布朗（Thomas Brown），

《基督教道义》（*Christian Morals*）

正是它。在100种香味中，“香槟”香水是人们能想象到的唯一与肉体有关的味道。可以说，它家喻户晓——即使是那些从来不用香水、认为这是在浪费时间的人——都知道这是一款体现某种男子气概的香水。特别是在流行文化中，它更是得到了喜剧演员、讽刺作家和情景喜剧的青睐。香槟香水就是独一无二的，就像窑烧的锅，你可以欣赏它，也可以砸碎它。

“啊，你的胸毛真像是一件艺术品。”法贝热公司满怀自信如此推荐自家新款须后水——这是一种欲望的表达，人们几乎能在任何一部以家庭主妇和水管修理工为主角的电影中，听到这样的开场白。我们可以通过放大胸部区域来理解“胸毛”（这对于人们来说，可不是什么新闻）。涤纶衬衫敞开，露出胸膛。可我们看不到任何皮肤，因为这个男子体毛茂盛，他的胸毛泛着些许油光、蓬松茂密，跟他巨大的鬓角如出一辙。他想要逃跑，正在拍打自己的胸膛，他的胸牌差点打到你的眼睛。混合着薰衣草和皮脂的香气，一种独特的充满男性荷尔蒙的香气飘浮在空气中，看来他想勾引你回到他的洞穴里去。截然相反地，70年代时香槟香水让校园女生趋之若鹜，就像花花公子那样让她们着迷。

然而，为什么香槟香水有这样的效果呢？到底是什么原因导致了这种特殊的香味如此吸引大众？也许是因为，它是那样地与众不同。我们知道，30年代至50年代的大众市场香水产品，总是为男性打造“芳香的味道”，不管是在剃须后使用，还是用来吸引女性，又或者是为他们提供一种逃避现实的角色扮演。

现在是60年代，我们不太能看到这样的情景：丈夫出门工作时，妻子亲吻着丈夫，幸福地回味着丈夫脸颊散发出的淡淡清香；

相反，从十年前塑身衣中走来的香槟香水味径直飘进了卧室，成为鱼水之欢时的芳香伴奏——并且，这是上帝的禁区。为了避免社会上认为这些有关性爱的产品都是非主流的，法贝热公司将旗下的须后水定位为“男性化”的产品，它赞助了许多运动员，特别是拳击手和足球运动员。运动员在职业巅峰时，浑身上下都散发着迷人的荷尔蒙，充满了攻击性、性欲、动机和力量。不管是异性恋还是同性恋，这都是快乐的源泉。有一个来自70年代的典型例子，足球运动员凯文·基冈和亨利·库珀一起沐浴时，高喊着：“我爱这独特的香味！”

香槟香水于1964年推出，当时人们只能通过血液样本来量化一个人的睾丸激素水平，从而了解他是否拥有“足够的”幸福生活赖以需要的灵丹妙药。那时候，男性可以从医生那里获得睾丸激素，因而体育界一度进入了大力丸和同类激素盛行的时代，特别是在1954年世界举重锦标赛上，苏联代表团无敌的肌肉力量震惊了世人。除了这个希望开发身体潜能的愿望，还出现了一种关于人类潜在行为的奇怪看法，声称我们只使用了大脑的十分之一，必须努力实现更大的自我价值。可以说，香槟香水是实现自我价值的最著名标志之一，它充满了睾丸素，与穴居人狩猎的本能密切相关。但这种气味也暗示着荷尔蒙香水让人感到不安。

1968年，在电视情景喜剧《家有仙妻》（*Bewitched*）中，有这样一个剧情：人见人爱的女巫萨曼莎，把一只流浪的黑猩猩变成了一个男子。她的丈夫达林正在负责一款男士剃须品牌的广告策划，当他无意中看到这个英俊的男子时，当即宣布他正是他们一直在寻找的面孔。事实上，他虽然相貌堂堂，但内心仍然是一只猩猩。当广告拍摄要求他摆一个打高尔夫球的姿势时，他野性大发，砸毁布景，爬上墙壁，朝着惊慌失措的工作人员发出怒吼。

禅 Zen

资生堂公司，1964年

¦ 日本香水 ¦

世界没有开始的时候

因为它总是循环往复，周而复始

而这个循环从来都没有开始的地方

——艾伦·瓦茨（Alan Watts），

《关于认识自己的禁忌》（*The Book：On the Taboo Against Knowing Who You are*）

1964年，香槟香水遇到一些竞争对手。同年，东京举办了奥林匹克运动会，另一款绿色须后水也进入了市场，这一时期竞争相当激烈。东方玉石香水（Jade East）由斯万克公司（Swank）出品，它的灵感来源于一部动作电影中的塑料制成的滚动卵石——完全是杜撰的，但充满乐趣。当时，东西方的文化在激烈碰撞，树立了一个典型的女性形象——她身着苹果色的高领毛衣、迷你裙和白色的航天靴。曾经在一幅印刷品上，她抓住一个男人，嘴里说着，“即使他不是你的爸爸”——引起了社会上很多方面的关注。

东方主义又回来了，这一次它搭上了禅宗，这是一种兴起于50和60年代的文化和哲学概念。艾伦·瓦茨是一位英国圣公会的前牧师，对禅宗教义颇有研究，每年在美国的各大校园宣讲近百场禅宗教义，同时也参加广播节目、出书和上电视宣讲禅宗。到了60年代，他的思想得到了主流社会的重视和接受，报纸上开始刊登他的观点，读者可以在报纸上找到这样的一些小片段：“那么你究竟是谁？这个问题仍然无法准确回答，因为任何对自我的定义都像是在自讨苦吃。”

美妆产品，特别是香水，长期以来一直借鉴着东方美学，打造并出售那些源自古老仪式和秘密中的迷人配方。想想19世纪晚期和20世纪早期的那些深受日本文化影响的香水吧，无论是格罗史密斯的“花之舞者”（Hasu-no-Hana，1888年）、娇兰的“蝴蝶夫人”（1919年），还是巴巴尼（Babani）的“日本康乃馨”（Oeillet de Japon，1920年）。诞生于1964年的“禅意”与众不同，只有它真正起源于日本本土的公司，一家多年来深受跨文化影响的公司。

资生堂公司于1872年由药剂师福原有信（Arinobu Fukuhara）创建于日本。起初，他想经营一家独立的药妆店，吸引那些爱好购物的顾客。但是根据当时日本的行业准则，药店必须依附于医院。由于他深受西方美容文化的影响，借用了美国在商店里装冷饮柜的习俗，在东京的银座区开始了自己的事业。资生堂公司创新性地模仿欧洲当时最流行的艺术形式，以水中的山茶花为主题。

很快，资生堂成为日本规模最大、名气最响的公司之一，旗下的美白爽肤粉、欧德雷（“Eudermine”古希腊发音，非日语罗马字）肌肤柔嫩润肤露，以及日本国内的第一只牙膏都大获成功。1927年公司成功上市。虽然像露华浓和赫莲娜这样的美国大牌公司试图在20世纪中叶占领日本市场，但是资生堂仍然霸占着头把交椅。最终，资生堂决定扩大规模，成立海外子公司——赫莲娜既然想在日元市场分一杯羹，不妨也在美国占领一部分她的市场。

资生堂公司——就像日本国本身——没有强大的香水传承。到目前为止，他们在国内市场推出的香水，比如1917年的提炼自山茶花的“花椿”（Hanatsubaki），都是精致细腻的，更多是为了迎合人们对清香的偏好。禅意是一种绿色的玫瑰香水，闻起来很像史密斯奶奶（Granny Smith）[1]的苹果，专为西方市场打造，体现

1 Granny Smith：一种苹果的牌子。

了日本美妆文化的精髓。它的独特之处在于不张扬的释放，淡淡的清香传递出平静和纯洁的概念。相对于其他品牌的张扬宣传，大喊着“买我！买我！”资生堂的低唱浅吟把美丽升华成一种神圣的仪式。禅意黑色的玻璃瓶上饰以手绘的金色山茶花，形象生动，销售人员身着精美的和服，微笑甜美。这俨然就是一件艺术品，远远超过50年前万里之外的普瓦雷公司出品的东方香水。

禅意以及资生堂的风格，在多年的演变中始终与时代精神保持一致：80年代流行科幻故事，当时的产品包装设计带有浓浓的苹果公司风格，是一艘宇宙飞船。后来，到了2007年，又做出了另一个转变：受日本茶道启发，变成了金色的立方瓶。现在销售的1964年版本是禅意的原作。禅是一种存在，不仅存在于香水中，还有很多其他的表现形式。

美丽蜜桃 Pretty Peach

雅芳公司，1965年

我的第一瓶香水

雅芳的“美丽蜜桃”系列是一种情绪激活剂。这些充满芳香的产品——装饰着塑料桃花盖子的古龙水瓶、蚌壳状露出内部结构的花式香皂、藏在装满蜜桃的塑料篮子中的芳香面霜——所有这些都能让文静的八岁女孩一瞬间充满激情，“妈妈，妈妈，我现在就想拥有她。我希望一生都有她的陪伴。”

即使是成年人，看到雅芳的产品，也会陷入怀旧的情绪。事实上，雅芳这款产品最初的受众是小女孩，因为公司知道如何进入小女孩的内心世界。所有的小女孩都不满足于模仿母亲的打扮方式来假扮成年人，她们需要的更多，不仅仅是童话故事里的插图，也不仅仅是1961年音乐剧《梦游小人国》（*Beauty Dust*）里的场景。她们更容易沉浸在自己的私密空间或上锁的日记里，这些地方能保存她们的秘密，里面满是迷人而令人感动的东西，虽然有一半是平凡的，但也有意想不到的喜悦。在这个漂亮的桃形香皂里，我们仿佛能看到作家罗尔德·达尔（Roald Dahl）笔下的詹姆斯[1]正在与蜘蛛小姐和蜈蚣先生饮茶攀谈。

在经典儿童文学作品中，总是充满了这样的私密空间，天马行空的幻想令人着迷，就像在伊妮德·布莱顿（Enid Blyton）的《遥远的树》（*Land of Goodies*）一书中，有一座秘密花园藏在一扇上锁的门后，古老的橡树正是通往极乐净土的通道入口。这些快乐几乎都是通过玩具重现的，玩具以微缩的形式重新创造了它们。然而，我们认为美丽蜜桃远远超出了玩具的概念。在设计标准中，美丽蜜桃为后来（即七八十年代）风靡一时的玩具，如键盘手、迷幻天鹅、兔子和蜗牛等铺平了道路。这些玩具被人们视为珍贵的财产。比如英国其乐（Clarks）的魔法鞋，搭配锃亮的黑色皮鞋一起出售的还有一把钥匙，可以打开隐藏在鞋跟的“密室”取出深藏其中的照片。最吸引人的是“波利的口袋”，将一座宫殿或房屋安放在一个整洁的、淡紫色的塑料心脏中。

1 《詹姆斯与大仙桃》的主角。

这些产品都是那个激动人心的、无毒害塑料风靡时代的产物，随处可见的塑料玩偶和乐高玩具都是那个时代的代表。醋酸纤维素也造就了美泰（Mattel）这样的玩具巨头，他们通过建造复杂的迷你游戏世界，轻松地赚取孩子手中的零花钱。

有趣的是，虽然美丽蜜桃系列产品还是不太成熟，但仍让人们想起在荒谬主义盛行的30年代埃尔莎・夏帕瑞丽设计的香水瓶，寄希望于有人能真正领会到他们的奇思妙想。60年代的另一款儿童香水的设计则彻底走上了噩梦般的不归路。美泰的儿童香水将精心打扮成花朵的玩偶装进瓶子里，有苹果花或玫瑰两种香味，但都是单一的花香（一种植物）。

儿童香水有一个缺点，很容易让小孩子过早过快地受到名利的影响。然而，蜜桃香水却恰到好处：她告诉孩子们，香水是他们短短童年生活里一笔宝贵的财富。待他们长大后，面对琳琅满目的成人香水时，他们自然会认真选择和对待。

Oh! de London　　啊！这就是伦敦

亚德利公司，1967年

¦ 时髦香水 ¦

英国人最大的乐趣之一就是批评好莱坞电影公司试图“模仿”英国乡村、苏格兰高地或伦敦的场景。特别是，一个一贫如洗的角色竟然买得起位于伦敦切尔西区的一幢联排别墅，坐拥大本钟的美景，出门就是伦敦泰特博物馆。尽管如此，至少对我来说，虽然外界的关注焦点仅仅停留在英式管家、密探和斑点狗，但看到祖国的文化输出如此繁荣还是值得自豪的。

60年代末的短短几年里，英国从来没有这么冷静过。整个世界都在推广伦敦的生活方式，虽然只有少数人经历过，但安东尼奥尼（Antonioni）的电影《放大》（*Blow-up*）普及了这种生活。电影将观众们带入一个令人战栗的工作室，讲述了一个傲慢的时尚摄影师和他的模特之间的故事。很快，伦敦成为世界各地争相模仿的对象，众多品牌也开始疯狂追逐。仅仅在推出新款香水的两年前，亚德利公司的主要业务还是舞会礼服和手袋，且总部位于邦德街的一个小地方。现在，它被英美烟草公司收购，跨过牛津广场[1]，成功跻身卡纳比大街。其营业范围不再是运动套装和珍珠，改头换面成了几何图案和让・诗琳普顿（Jean Shrimpton）的作品——主要针对美国市场，瞄准那些崇尚伦敦的人群。

作为60年代中期时尚转型的代表，鲜花的力量越发强大，出现了一批全新的色彩鲜艳的化妆品，比如加倍鲜艳的口红，像口哨一样引诱着男孩们。其中有一种名为爱情粉末的香粉套（有人记得吗？）被故意拼写成“a-go-go”（意为活泼的）的字样。人们奇怪地发现，其广告中常常出现茶杯和飞镖盘，像极了《佩柏军士孤寂的心俱乐部乐队》[2]的专辑封面。其中一款亚德利香水，完美地包裹着调情的味道正是“伦敦的面貌”（商标用语），就是“啊！伦敦”。这是一种淡淡的甘菊香，为年轻和自由而绽放。由于售价仅为3美元,美国的女孩一时间迫不及待地来到英国，只为了在一睹保罗・麦卡特尼（Paul McCartney）风采的时候使用这款香水，感觉

1 牛津广场：Oxford Circus，伦敦西区的高街购物区。

2 Sgt. Pepper’s Lonely Hearts Club Band，披头士乐队的著名专辑。

自己就像超模崔姬（Twiggy），在大街上一展风采。

亚德利的新策略成功了。然而，好景不长，很快，年轻的顾客们喜新厌旧，转而去追求下一个新的时尚，有的随着年龄的增长更加青睐女士香水［1969年的兰蔻绿逸香水（Ô de Lancôme）完全替代了这款香水］。后来，亚德利公司回归到最初的薰衣草产品，直到2014年，才又推出了一款新的香水：翡翠（Jade），其灵感来自60年代的香水和时尚。

清新之水 Eau Sauvage

克里斯汀·迪奥公司，1966年

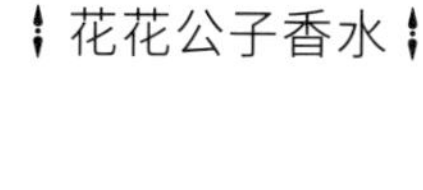

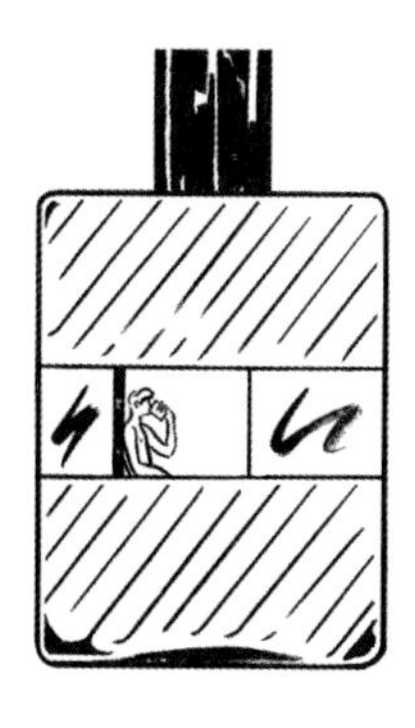

有时候，人们可能会对卡通人物产生好感。我有些不好意思，但不得不承认，自己还蛮喜欢70年代迪士尼出品的动画狐狸形象——罗宾汉（Robin Hood）。他真爱着小狐女玛丽安（Marian），也不去伤害身边的男孩［他在我心中的地位仅次于杰西卡兔（Jessica Rabbit）］。如果我们抛弃所有拟人化的动物世界，将焦点重新回到人类身上，那么，在漫长的历史长河中，有一位神秘的人物，他就是：清新之水先生。

他的神秘无法描述，如果非要将他物象化，最好的比喻就是钢笔和墨水。他是意大利艺术家雷内·格鲁劳（Rene Gruau）的作品，格鲁劳创作了20世纪最具独创性和最令人难忘的商业时尚插图，特别是在他与克里斯汀·迪奥公司的长期合作时期。在时尚界使用电扇来营造模特飘逸秀发拍摄照片之前，格鲁劳已经将生活气息注入其画作——为衣服和角色注入生命力和最重要的智慧。格鲁索画作中的许多女人都有一个欢乐的旧时光，身着昂贵的高级定制时装，高昂着头、嘴角上扬，看起来似乎她们正好碰到最喜欢的人朝她们走来。然而，格鲁劳最好的作品是为香水品牌打造的广告。销售商品与绘画不同，颇具挑战性，但至少有一个具体的项目作为创作基础。如果要描述一种气味，即使以包装为线索，还是很难实现，就像香味所暗示的概念和个性一样，必须将所有这一切拟人化、形象化。不过，格鲁劳的旷世之作——清新之水先生是如此鲜活，任何人都想要跟他约会，我想这就是重点：送这瓶香水给你的男朋友，可能会有意想不到的效果哦。

不可否认，要是遇到了一个非常糟糕的日子，你可以看一下“清新之水”广告上那个自恋的俊俏男子：身材魁梧、体毛茂盛，或身着白色睡袍和拖鞋（露出毛茸茸的腿），或赤身裸体地将浴巾随意搭在肩膀上（却看不到什么劲爆的部位，女士们。他背对着朝毛巾架走去）。广告上的漂亮图片带着些许挑逗的味道，他在浴室里裸着身体剃须，观众们能窥见一点点底部。

这是一个居家的男人形象，表现出沐浴后的放松，端一杯酒，让冰块和酒精在玻璃杯相互交融，而不是匆匆忙忙的上班族。格鲁劳笔下的都市男人形象，也许是有妇之夫，也许是单身汉，但都散发着“清新之水”的芳香。这款香水由极简主义者埃德蒙·鲁登斯卡（Edmond Roudnitska）开发，巧妙地将古龙水进行改良：从茉莉花中提取的一种分子，搭配柑橘花香，合成了绝妙的香气，创造了辉煌。“清新之水”是安全的，一步到位达到了优质的标准，无须进一步改进。奇怪的是，不同于20世纪早期的许多女性香水的迅速消亡，“清新之水”已经红了三代人，人们丝毫不觉得它过时了或者说太“老气”；在许多家庭，父亲用过后，还传给自己的子孙后代。

似乎鲁登斯卡和格鲁劳的作品不费吹灰之力让一些社会的改变成为现实。正如我们以往所见，在向男士销售香水时，我们所依赖的是努力地劝说。而格鲁劳摆脱了这种惯用的营销手段——妻子亲吻丈夫脸颊的场景，里面还有孩子做背景，以及俗气的口号——相反，他的广告里，只有男人，通常是形单影只，在自己的世界里。事实上，“清新之水”背后的故事很多。在社会历史的发展中，他是一个切中要害的人。历史学家伊丽莎白·弗拉特里戈（Elizabeth Fraterrigo）在谈论“二战”后男子气概时认为，《花花公子》杂志和《现代美国的美好生活》让休·海夫纳（Hugh Hefner）[1]的帝国，从他的杂志俱乐部到他的阁楼，都扮演着重要的角色。这是一种新的潮流，富有的青年男子开始选择另一种生活方式，向往并

1 休·海夫纳：《花花公子》创始人。

渴望自由，而不会早早走进婚姻的殿堂。他们寻欢作乐、寻花问柳，不再像过去那样努力工作偿还新买的郊区住宅的贷款，整天忍受妻子不停的唠叨。这些花花公子可以真正地表达他的品位，追求最新的潮流，拥有属于自己的豪华单身公寓，身边满是抽象的艺术品、爵士乐唱片和最新款的高保真音响设备。除了娱乐场所，浴室是最重要的，这是释放男性荷尔蒙的最佳场所。正如1957年《花花公子》杂志中提到的最佳生活方式的特质之一，就是“沐浴中的男子”，其中有几个必不可少的元素：巨大的长毛绒浴巾［让人想起克里奈科斯（Kleenex）公司出品的大盒装的红色和黑色男士面巾纸］、丝绒浴袍，以及最重要的——超大号浴缸。

那些使用清新之水的男子早已经跳脱了花花公子这一类陈词滥调。他吸引女性投怀送抱，但这并不是他喜欢香水的原因。他只为自己在褪去光鲜外表后，能够穿上钟爱的羊皮拖鞋，静静地享受属于自己的夜晚。

雅男士 Aramis

雅诗兰黛公司，1966年

¦ 文雅香水 ¦

“雅男士”是雅诗兰黛公司出品的美国味十足的香水，专为绅士高管设计，并以《三个火枪手》（*Three Musketeers*）中的一个角色命名。作为一款广受欢迎的圣诞礼物，妻子们常常买来送给丈夫，圣诞礼盒也有着高雅的名字“使节套装”和“外交官套装”，因此“雅男士”变得如此受欢迎并取得了巨大成功。很快，以此为灵感催生了一部同名的谍战连续剧，并于60年代末在深夜剧场播出。这部连续剧没有剧本，仅仅拍摄了试播部分便开始录制。下面的场景是整个剧情的基础（现在看来，应该说这部情景喜剧完全是虚构的）。

场景：曼哈顿上城区一座炫目的新摩天大楼。伴随着木管乐器的旋律，一辆黄色的出租车停下来。一个三十多岁的高个子男人没有付钱就跳了出去，径直穿过旋转门走进大厅。一只鸽子跟着他溜了进来，看门人慌忙摘下帽子驱赶鸟儿，露出了假发。特写镜头给到那个高个子男人。英俊帅气，花呢套装内是一件黑色高领毛衣。鬓角张扬又不失整齐。古铜色皮肤。臀部性感结实。

这就是迪克·毕晓普，人们也称呼他为阿拉米斯特工。

他穿过大厅，走进电梯，丢给行李员一张五美元的钞票示意让他离开。电梯轿厢门关闭。他转身面向主面板，从夹克口袋里拿出一把迷你螺丝刀，仅用了短短4秒就移除了金属面板。他的额头上露出了汗珠。面板下面是一个非常大的红色按钮。按钮是通往密室的钥匙。阿拉米斯按下按钮，电梯以某种速度上升。右边裤兜里的凸起是他那瓶古龙水，他往头发上喷了点香水，若有所思地摸着下巴。

电梯门"砰"的一声打开了。阿拉米斯看见一间豪华的行政办公室，木板装饰的墙上挂着坎丁斯基的照片。

一名年轻女士走到他面前，让他签署一份文件。她胸部挺拔丰满。这是杰姬·斯塔林，奈特特工的秘书。奈特是中央情报局秘密情报计划的负责人。

杰姬：迪克，你为什么总是要惹出这么大的麻烦？我不得不停下手中的工作，帮你支付出租车费。他要求多付5美元等候费。我真的想对你发火，可是我不能，因为你身上的香味太独特了。

阿拉米斯：让他去吧，杰姬。

阿拉米斯迅速签署了文书，递给杰姬——她还未反应过来，钢笔掉在地板上发出响声。

杰姬：看看你都做了些什么。多好的一支钢笔。

杰姬弯腰拾起钢笔，露出了丝袜的顶部。

阿拉米斯扬起一边的眉毛，用相机拍了下来，非常满意，径直走到一对沉重的双层门前，敲了敲门。

奈特［声音从门后传来］：进来。

阿拉米斯似乎要进去了，突然转过身去看着杰姬，她的衣服上满是钢笔墨水。

阿拉米斯［面向杰姬］：星期五下午6点。卡尔顿酒店。记得穿成粉红色。

在杰姬回答或生气之前，阿拉米斯已经走进房间消失了。

杰姬［叹了口气和微笑］：噢，迪克。

场景：奈特特工私人办公室，摆放着黑色皮革家具，墙上是一张西藏地毯。奈特特工是一个年长的人，聪明，眉毛浓密，灰色的头发光滑地梳在脑后，胸前别着一张手帕。他站在办公桌前，身后是这座城市的风景。他正在倒两杯苏格兰威士忌。

奈特［递过玻璃杯］：阿拉米斯，你正是我需要的人。上帝，香水味不错。

阿拉米斯：没什么，奈特。

奈特［指着皮沙发］：请坐，请坐。

阿拉米斯转过身来坐下，注意到一只乌龟在垫子上休息，啃着一块黄瓜，他的眉毛再一次扬起。

奈特：这是小蜜蜂。别管他。他一直陪着我。他身上有窃听器，他的小脑袋里有一块监视芯片。没有感觉到不适吧，我的小蜜蜂？他喜欢人类，我确定他也会喜欢你的，因为，你要带着他去瑞士。

阿拉米斯：这个计划不是充满了漏洞吗？

奈特：相当多。别开玩笑了。我送你去卢加诺。下周那里有一场国际象棋比赛。我们得知道有哪些人参加比赛。特别是这位，鲍里斯·克尔拉科夫。认识他吗？

奈特特工向阿拉米斯展示了一张黑白照片。

阿拉米斯：你是说俄罗斯的卢克？我确定我认识他。他曾经跨境把武器运送到西伯利亚，那是个大项目。他把钚元素藏在象棋棋子中。

奈特：我很高兴你清楚这些基本信息。你的任务是找出这人在干什么。我需要地点、名字、日期，或者，上帝帮助我们！我们可能会面临一场核战争。我计划让你当上象棋冠军，你就有机会跟他对阵，用仿制棋子换走他手里含有放射元素的棋子。玩过吗？

阿拉米斯：我小时候玩过“滑道与梯子”的游戏。我相信我能完成。

奈特：你只有5天时间就得成为大师级棋手。小蜜蜂的龟壳上安装着一台微型计算机，储藏着各种可能的象棋招数，可以通过一个秘密耳机给你指点。他得一直和你在一起。现在，你需要支持。

奈特在谈话期间已经喝了三杯苏格兰威士忌，又倒了一杯。他把杯子放在桌上，用一把迷你钥匙打开了一个隐藏抽屉。里面的胡桃木盒子装着一瓶雅诗兰黛的雅男士香水。奈特走到阿拉米斯身边，把香水递给他。

奈特：这给你。这款香水混合了佛手柑、肉桂、香根草、苔藓和琥珀等多种味道，能让他人放下戒备。对了，还带点檀香味。

阿拉米斯［打开瓶子，正准备按下喷嘴］：真是浪漫的味道。谢谢你，奈特。

奈特［伸手阻止］：停!你不了解手里的东西。这可不是普通的瓶子。我们对它动过手脚——里面含有某些添加剂，一旦吸入就会头昏眼花，失去意识。我需要你在对阵卢克时使用，这样他根本意识不到发生了什么。否则他一定会认出你来，将你置于死地。随之而来，我们都会受到核武器的威胁。当然，我会给你一些解药，保证你的安全。无论发生什么，在你与他交手前，千万不要喷洒这款香水。否则，灾难可能会接踵而来。把它收起来，好孩子。

阿拉米斯：我会小心的。

奈特：星期三你再来一次，我们要做最后的准备工作。如果你能完成这次任务活着回来，对杰姬好一点。她非常喜欢你，我们非常需要她。

阿拉米斯：没问题。

阿拉米斯一口干掉手中的苏格兰威士忌，轻轻拍了拍小蜜蜂的龟壳，走出房间。他径直走向电梯，但是，突然挑了挑眉毛，拿出刚收到的香水喷洒在头上，然后走到杰姬面前，杰姬不明所以地看着他。

阿拉米斯：星期三，上午11点。我会回来带走小蜜蜂和一些象棋子。然后带你去吃饭。

杰姬：好的，阿拉米斯特工。我得先把裙子上的墨水渍弄干净。这可是件棘手的事儿，我得请我的母亲帮忙。［杰姬突然感到头晕］你真是一张王牌。［眼花缭乱］我得把这写进奈特先生的日报里。［有点语无伦次］还有，我必须承认……［断续着说话］……你可是我的梦中情人。［身体开始下坠］你简直就是行走的荷尔蒙。［眼神开始迷离］我崇拜你，迪克。请记住这一点。

杰姬优雅地瘫倒在接待台上。迪克摸了摸她的脉搏，她还活着，他抬抬眉毛，抖抖夹克，离开办公室朝电梯走去。木管乐响起。

空手道 Hai Karate

辉瑞公司，1967年

¦ 自我防卫香水 ¦

“空手道”香水的诞生标志着闹剧时代的开始。1967年，这款廉价古龙水出自一位营销天才之手，当时还有一个广为流传的口号：“请小心使用它。”伴随着武术家李小龙主演的功夫电影热潮，这款以猞猁为原型的须后水，向年轻的男子们承诺：虽然他们满脸痘痘，又有自尊问题，但刺痛他们脸的薄荷味润肤液会让女孩子们发疯。

空手道香水的企划甚至借用喜剧暴力来戏剧化地展示其令人

无法抗拒的品质，并巧妙地将幽默感带入其中。每一瓶“空手道香水”都配有图解说明手册，当被好色的女性搭讪时，能为男士们指点迷津：“深吸一口气，用力将双臂向上伸展，双膝弹起‘打破她的控制’，牢牢地擒住她，让她面对现实并警告她：‘小心点，姐们儿！’”

现在看来，同样桥段的电视广告永远不会出现。他们借用了克拉克·肯特（Clark Kent）的一个幻想故事：一名戴着眼镜的书呆子在路上遭到了护士、图书管理员的围堵骚扰，她们穿着妖艳、表情淫荡，最后他硬是凭借一身空手道功夫杀出重围。可即使是挨了揍，她们仍然追着他不放手，令人想起班尼·希尔（Benny Hill）的喜剧表演。凭借其天马行空创意的成功，空手道香水团队激动不已，随之发行了一张名为《自我防御》的宣传唱片。

那么，谁是这款香水的幕后主使？ 答案是：辉瑞公司（Pfizer）——三十年后该公司发明了伟哥。可以说，这是一个巨大的成功。现在看来，这款须后水本身是个笑话，人们一提起它时总是怨声载道。不过，大多数都是在讲，“我疯了，我以前用过‘空手道香水!’”因为，尽管现在看来非常尴尬，男士们也绝不会拒绝一群被他们的香味吸引，围着他们转的职场女性。

广藿香精油　Patchouli Oil

品牌不详，20世纪60年代

¦ 流浪汉香水 ¦

噢，广藿香精油具有古怪的香味。这款精油家喻户晓，我们都体验过它的芳香（如果你未曾触碰过它，请你去任何一家塔罗牌店，在那里你可以购买一些石英）。不同年龄和经历的人对它的味道有不同的解读：可能是一种潮湿的公寓里，装在老旧塑料袋里发霉潮湿的阿富汗大衣的味道；也可能散发出与自由、游牧冒险以及性感时代有关的气味；甚至可能是这些味道的综合体。

我们很难从60年代盛行的香水中找到任何一款——包括广藿

香、麝香和其他芳香精油——作为嬉皮士传统的典型代表。这些香味的真正魅力并不是因为它们的名气，相反地，它们是从尼泊尔或者克什米尔地区进口的，简单地装在小的棕色玻璃瓶中，标签歪歪斜斜地贴在上面，随意摆放在柜台上。

虽然只是昙花一现，广藿香精油在香味历史上扮演着举足轻重的角色。它象征着生活在60年代的年轻人的巨大变化：他们“喋喋不休地想要反抗20世纪中叶的衰败”［引自作家珍妮·迪斯基（Jenny Diski）的描述］，希望彻底打破父辈的生活方式，其中包括精美别致的香水以及资产阶级惯有的因循守旧。如果你希望变得与众不同，那么一定不要用罗莎女士或者巴黎之夜香水，也要避开的小裙子套装、珍珠饰品和珊瑚色口红。

广藿香精油并不希望人们把它当作香水，与迪奥、娇兰等品牌香水使用一长串配方不同，这是一种天然的产品，并未被人们过分加工，是真正的原生态产品。广藿香是藿香的近亲，散发着天然的酒糟香气，让人联想到干燥的土壤中盘踞的植物根茎和周围蠕动的蚯蚓。不可否认的是，与毒品和性别革命相比，香味在反传统文化运动中只起着次要的作用。但对于那些反对核心家庭的理想化状态——拥有郊区住宅、完美厨房和方便食品——的群体来说，广藿香所引领的风尚恰恰代表了“真实香味”的重要性。正如作家安妮·戈特利布（Annie Gottlieb）在对20世纪60年代的回忆录《你相信魔力吗？》（*Do You Believe in Magic?*）中提到的：“我们仿佛是来苏消毒水、李施德林漱口水和神奇面包的孩子，迫切需要质地、品位和芬芳。”

她希望通过回忆录告诉世人，美国和西欧国家千篇一律都是消毒水的味道，是经过精心设计和清洁的。这是一个充满地毯清洁剂、洗涤剂和除臭剂的世界，也是一个充斥着街道清洁工和垃圾车的世界。体味和汗味都已经不复存在了？环境的舒适着实屏蔽了生活的真实？

流浪以及精神药物的使用，激发了人们重新发现感官刺激的冲动。到了60年代末，受披头士乐队“印度之行”的启发，成千上万的青少年们拿上护照，挎上帆布背包，里面装着阿道司·赫胥黎的平装书，跳上了开往德里或加德满都的神奇巴士。如今，这条“嬉皮士路线”已经成为一种经典的旅行套餐，除了寻找大麻和每天挣50美分的经历（在回家向父亲伸手要钱以前得靠自己的双手生活）你一定会经历一段与淤泥纠缠不清的故事。戈特利布还提道：“我们想要沉浸在尘土里的洗礼，用身体去感受。在我们看来，甚至连泥土都是香料。这是个充满香气的世界，也正是我们缺乏和需要冥想的。”

旅行者们生活在混杂着人类排泄物、熏香、茉莉花、散沫花、异域食物和腐坏物等各种味道的环境中，其中最独特的是广藿香。风干的广藿香叶早已出口到西方，人们将它裹在羊绒围巾里防止蛀虫，但到了现在，广藿香的用途比维多利亚时代更为广泛，成为自由恋爱的象征。传说中广藿香精油的真正作用是掩盖（或增强）大麻的气味，但不止于此。在CK唯一香水发布之前的近30年里，广藿香广为流行且男女通用，将满身是汗的体味发挥得淋漓尽致。虽然我们还未能广泛理解信息素以及嗅觉细胞对人类吸引力的影响，却公认广藿香的味道是对人体气味的补充，它能刺激欲望。甚至还给它命名为“爱情精油”和“吸引力精油”。

从精油衍生出的“爱情香皂”“爱情喷雾”“情人熏香”等产品，很快占领了各大草药和迷幻用品商店，在那里你还能买到大麻烟斗和罗伯特·克伦博（Robert Crumb）的漫画书。这类商店通常出现在大学城，而一些更大的市场则出现在大城市里，比如坐落在伦敦臭名昭著、现在已不复存在的肯辛顿市场，或曼哈顿的东村，它们直到1969年都是大型的商业中心，网罗了一大批诸如印度宗教商店、埃塞克斯街市场和伦顿（Rendon）西印度群岛植物园等商家。这些商家出售龙涎香、人参（性能力秘宝），更有甚者贩卖海龟的器官等芳香类产品。一家名为“皮特家的香料”的商店为迷幻体验提供了小袋的肉豆蔻粉。其中，坐落在第三大街上的科颜氏（Kiehl’s）药店是最享有盛誉的。这间药店自1851年开始营业，到了60年代发展迅速，因其有种类繁多的干草药产品，且可按重量购买，极大推动了天然食品的大规模发展。科颜氏因其芳香精油闻名，当然也包括广藿香和天然麝香。这家公司声称其天然麝香是20年代由俄罗斯一名王子制作的，后来在公司地下室的一个大桶里再次发现。现在看来，有一点很清楚，香水行业确实对俄罗斯王子颇有崇尚。

“广藿香热”的一个积极方面是它使男性重拾了对香味的兴

趣，因为长期以来，男性对香水的需求总是很低。有一个不太好的结果是，有人认为这群家伙身上的香水味是对公众的亵渎和侵犯。《新科学家》（*New Scientist*）杂志甚至还报道了一种被称为“闻香识男人”的现象，特别举了一个例子：一位剧场设计师向当地居民咨询局投诉，因为自己使用了印度广藿香味的须后水，咖啡厅拒绝为他提供服务。据业主透露，由于“顾客们怨声载道”，他们“不得不到处喷洒空气清新剂”。

到了70年代中期，以“爱情精油”为代表的香水家族开始走向低迷。嬉皮士时代的文化精英们突然都成熟了，他们剪了头发转而选择更复杂的香味，形成了新兴的消费者市场。然而在后来，麝香香水却被大公司相中并发展。这是一名企业家偶然走进科颜氏药妆店发生的故事，在下一个十年中再为您揭晓。

Calandre 卡兰德雷

帕高公司，1969年

╏未来派香水╏

作为20世纪60年代最重要的香水之一，最好用法语念出它的名字，而不是使用其英译。“Calandre”，发音为callon－dra，是一个听上去迷人的词，但在英语中它的意思是“散热器格栅”。至少这里的“散热器”不是建筑物内部的物件，而是豪车头部性感的金属格栅：速度的象征和现代化的进行曲。

“卡兰德雷”香水是西班牙设计师帕高·拉贝安（Paco Rabanne）的处女作，它的一切都是崭新的。关于卡兰德雷的事必须是新的。拉贝安曾用金属打造首饰，并与模特公司合作过三年，在T台上展示他的作品，他已经是当时最具争议的时尚弄潮儿。在他那场名为“二十三件当代材料制作的服装”的首秀中，他实际上已经成功地将金属铝与塑料完美结合，制作出的成衣既优雅又线条感十足，且一点儿不伤皮肤。

那些看似被禁锢在金属框里的模特，营造了一种视觉上的疯狂。是拉贝安获得了1968年为芭芭拉公司（Barbarella）设计服装的机会，于是才有了简·方达（Jane Fonda）穿着金属胸衣走秀时的快乐。在大多数平面镜头中，简·方达都喜欢侧躺着，高高抬起一条腿，其实从那时候起，她就已经在做腿、臀部和下肢的练习，规划未来的职业生涯。

“卡兰德雷”这个名字在当时看来新鲜感十足，而石头制作的香水瓶又充满了原始的味道，像极了斯坦利·库布里克1968年执导的电影《2001太空漫游》（*2001： A Space Odyssey*）中的神秘图腾。事实上，这款香水的制作工艺也很冒险和大胆，使用一些新型合成材料，包括一种甲基酯（味道类似天然橡苔）以及氧化玫瑰，旨在打造来自未来的气息；他们成功地创造出了一种充满金属光泽的花香，与伊夫·圣·洛朗（Yves Saint Laurent）[1]即将于1971年出品的“左岸香水”（Rive Gauche）如出一辙。

然而，卡兰德雷背后的故事同样不同寻常。1966年，行业资

1 Yves Saint Laurent：无官方中文译名，在本书中采用同名设计师的译名翻译。

深人士迈克尔·爱德华兹（Michael Edwards）出版了《香水传奇》（*Perfume Legends*）一书，其中引用了他与拉贝安的合作者马赛尔·卡尔斯（Marcel Carles）的谈话。帕高·拉贝安通过一个故事作为引子来介绍自己的创意团队："有一天，一个富有的年轻人驾驶着捷豹E型去接他的女朋友。想象一下飞驰的速度、空气和真皮座椅的味道……他带着女孩沿着海边兜风……在一片森林里停下来……他在汽车的引擎盖上向她求爱。"真是天才，香水师的头脑里一定充满了令人兴奋的灵感，他怎么就能想到把汽车引擎盖变为香水。

在60年代，如此以故事为创作灵感的行为在香水制造行业是非比寻常的，然而拉贝安就是喜欢不走寻常路。这似乎与先锋派概念的音乐专辑1969年开始进入流行音乐大潮有着异曲同工之妙。"谁人"乐队的皮特·汤曾德（Pete Townshend）的摇滚歌剧，是关于聋哑盲人汤米的故事，这是一部经典之作，每首歌都有自己的优点。听众对主题一无所知也没关系，但他们都想知道在厄尼叔叔阴险的假日营地里到底上演着什么。作为一款概念香水，卡兰德雷也尝试过一系列的改进，但都是围绕着"创造"这一不断升华的主题，人们会说，"这真的很不寻常。我要一瓶。"幸运的是，享受香水是自由的、随性的。尽情享受它吧，没必要盲目地为了追随它而成为劳斯莱斯散热器格栅设计美学的粉丝。

星光点点的70年代

1970年
至
1979年

The
Spangly
Seventies

1970
—
1979

1975年夏天，人们不再沉迷于海上运动，而是将恐怖的目光投向地平线上的深海鱼鳍。当时，史蒂文·斯皮尔伯格执导的影片《大白鲨》，以及《星球大战》《超人》《洛奇》等惊悚影片轮番上映导致了这一潮流的产生，并为卖座影片赋予了一组新的特质：逃避现实的快感、不可思议的炒作费用、地毯式发行、高票房收入。

为什么要在一本香水主题的书籍里提到《大白鲨》这部影片呢？当然不是——谢天谢地——因为一支鲨鱼调香水即将推出（说不定这世间还真有这样一瓶），而是人们已经进入到一个爆款香水充盈的时代。人们的生活在劲爆迪斯科舞厅和沉寂日常中交替，这是闪闪发光的易燃聚酯连身裤的时代，是大卫·鲍伊[1]的外星人时代，“勇往直前还是临阵脱逃”成为时代颂歌。世界贸易逐渐实现全球化，进一步加大了投资风险，失败的概率也就更大。但如果上百万的人都来购买你的香水，那么随之而来的收益将会无比丰厚。

在20世纪60年代，香水产业经历了一场润物细无声的重组变革。随着越来越多的企业成功地将战后资产兑换成现金，它们亦开始收购规模较小的香水品牌和公司。1961年，蜜丝佛陀买下科蒂。1963年，卡朗被改制成为上市公司，亚德利为英美烟草集团所收购。倘若接手者对品牌倾注心血汲汲经营，这会是一次成功的收购案。不过，另一种可能是，公司对香水及其他奢侈商品种类进行缩减，（通过调整配方或简化包装）以达到节约成本的目的，定价更

1　大卫·鲍伊（David Bowie）在1972年发行了专辑《Ziggy Stardust》，成功塑造了专辑同名外星人角色，并将自己化身为此角色。

亲民，能为庞大的大众消费市场接受。据数据显示，截至1969年，十五家大型法国香水公司中，法国人持有的仅占四家。针对这一趋势，业界人士采取了反抗措施，以至于1971年，美国企业赫莲娜被迫中止收购罗莎（1944年罗莎女士香水的制造商）。

然而，香水品牌一旦成为跨国巨鳄企业的一部分，自然就享有了更加广泛的发行渠道：新的输出国、经销渠道及消费群体。随着香水公司不断扩大经营规模，零售商收获的利润自然颇丰。英国极负盛名的美容及护肤品牌——博姿（Boots）在每3英镑支出中就能获取1英镑作为利润。起源于60年代的免税店也渐渐成为香水营销和拓展其国际知名度的一个主要平台。但是，其中不乏反对的声音。1971年，一家总部设在纽约哥伦比亚大学的女子解放运动组织声称，该集团在参考亨利的《20世纪产品制作方法、流程及商业秘密》（*20th Century Book of Formulas, Processes and Trade Secrets*）一书后，成功地用3美元配制出原本需要63美元才能买到一盎司的喜悦香水。此消息一出，便在业界引起了不小的轰动。他们的意图并不在于抱怨香水对女性“压榨”，而是指出企业从每一瓶售出的香水中牟取暴利，这种“肆无忌惮的投机行为”应该给予揭发。香水品牌企业投入巨额资金开展大规模的广告宣传——这一行为贯穿了整个70年代——（这里不得不说句公道话，喜悦的广告投入相对少得多），难怪人们会对瓶子中液体的真正价值产生置疑。

在当时，一款新香水问世总是伴随着无数场发布会、营销活动、高预算电视广告以及大量的广告牌展示。50年代时，香水公司并没有真正涉足电视业，但二十年后，它们使出浑身解数，力求为消费者们提供载歌载舞的视听盛宴。当然，论华丽度和艺术性，这样的歌舞表演远逊色于现在，它更像是一场在德国小城魏玛上演的卡巴莱周一午夜秀。风之诗香水篇章中提到的马查贝利王子香水公司，在推广艾维安斯女香（Aviance）时，就采用了一个家庭主妇只穿长围裙跳着曼妙脱衣舞，舞动茶巾的策略。

最让人困惑不解的一支广告来自1975年推出的一款名为爱之宝贝（Love's Baby Soft）的香水。为了传递这款香水的独特信息，该公司选择在播放晚安曲的同时，由一名成熟女子具有性暗示地舔着棒棒糖，试图营造置身托儿所的场景。画外音吗？可以说那带着娇嗔的无辜音色，令人无力抗拒。更让人沮丧的是，这样的广告竟然出自曾推出禁忌的香水大拿——丹娜之手。更可惜的是，这家始建于1932年的香氛公司，在盛极一时后最终走向末路。

除了大量非常规营销噱头之外，这个年代推出的香水还旨在凸显女性社会角色的转变。若论其由内自外释放出女权或解放运动的讯息则未免有些过誉，但它的确又完美融合了时下诸多元素，成功地在20世纪初期的经典香和强烈刺鼻的广藿香中立足。玛莉莲信息素（Marilyn Miglin，请忽略这个糟糕的名字）、路易雪莱（Jean-Louis Scherrer）标志香、香奈儿19号香水属于绿叶花香型，香味美妙清香而又迷人。70年代末期问世的伊夫·圣·罗朗鸦片（Opium）、雅诗兰黛朱砂（Cinnabar）、兰蔻黑色梦幻香水（Magie Noire）呈辛辣东方调。期间亦不乏如迪奥蕾拉

（Diorellà）、香奈儿水晶恋（Cristalle）般璀璨耀眼、具有提振特质的西普调香水。

70年代的香水大多使用了一种名为希蒂莺（Hedione）的人工化合物。60年代，调香师首次将化合物希蒂莺应用到香水——清新之水中。这种人工化合物本身的味道并不十分突出，它的作用与自行车打气筒类似，主要是将空气灌入香水中，从而为香水添加一丝活力和空间感。这些下一代香水及其广告暗示着消费者身份发生了转变。前去购买的不再是游走在各大鸡尾酒晚宴和午餐派对的富家女，而是从容应对职场、爱情、家庭的现代女性。伊夫·圣·洛朗的左岸香水甚至标榜向女性独立致敬。

通过支持女权主义，采用"你可以拥有一切"的陈词滥调，这样的香水营销虽然会显得有些生硬粗劣，但总体而言，也是基于一个好的出发点。香水以与时俱进之势重返市场。相较过去，它的售价更加低廉，也更能为出入音乐场馆的平民大众所接受。毕竟这些70年代的香水——随处可闻、使用范围达全球之广，如摇滚歌曲一样极富感染力。

Rive Gauche　　左岸

伊夫·圣·洛朗公司，1971年

多功能香水

70年代末，香水品牌里茨查尔兹（Charles of the Ritz）推出一款名为伊卓俪（Enjoli）的香水，以“属于女性一天24小时中的8小时”定位著称。香水通过充满乐感的歌谣——由佩吉·李（Peggy Lee）演唱《我是女人》激发消费者的购买欲。歌曲中，佩吉·李饰演一名在职场、家庭生活中游刃有余的魅力多面新女性。然而，伊卓俪广告镜头下，主角挥舞培根煎锅的画面极大地破坏了香水塑造起来的美感。庆幸的是，随着这款香水的问世，那些试图吸引忙着赚钱养家、抚养子女，还要装出社交样子的女性的系列香水逐渐退出了历史舞台。伊卓俪曾是她们每天24小时轮轴转最好的陪伴，能够让她们在围裙和丝质睡衣中转换自如。

若要为善于同时处理多项任务的女性选择一款原香，须追溯至1971年，圣·洛朗左岸香水面世。作为性感前卫的先锋之作，左岸“不同于以往任何一款香水”，专为步行时速达90英里的妙龄女郎设计。它向大众勾勒出了一种将现实无限放大、美化的生活蓝本。在1968年上映的电影《龙凤斗智》（*The Thomas Crown Affair*）中，女主角维姬·安德森（Vicki Anderson）对左岸女性做出了最佳演绎。她是一位性感撩人的保险公司调查员，与一起银行劫案的主要嫌疑人在斗智之余产生了感情。数年后，女主角的扮演者唐纳薇（Dunaway）在《电视台风云》（*Network*）影片中扮演一位富有野心的女制片人。这个工作狂拥有一个大得惊人的衣柜（里面堆放着数不清数量的绸缎睡袍），经常厉声向下属下命令，嚷着“我想要了解你们的想法”。

左岸香水与黛安·冯芙丝汀宝（简称DVF）的招牌裹身裙一样，带来了许多女人梦寐以求的性感：时髦、实用，又十分诱人。传统梳妆台香水大多呈琥珀色，并用考究精美的玻璃瓶进行包装。左岸香水大胆对包装进行创新，选用铝制小罐——与车钥匙和钱包一起随意扔进手提包，不用担心瓶身被刮花。其瓶身采用蓝、银、黑三色相间的条纹设计，可以令女性不费力就能在包里找到，而罐式瓶装方便女性大量取用，甚至对着全身喷洒。放在职场环境中，这个动作可让人觉得奇怪，更不要说那浓郁得让人咳嗽不止的醛香了。

左岸香水是时装大师伊夫·圣·洛朗推出的一款重量级产品。伴随着大预算、香车美女的广告投入，这款香水声势渐起。左岸的广告语是“忘掉婚姻枷锁，纵情享受欢乐，独自一人开车驶向远方”。

现在，这种兜售货摊式宣传已经过时，左岸以其特有气质成为一款世人青睐的经典香。在左岸积攒了大量忠实粉丝的基础上，圣·洛朗最终将目光锁定创造独树一帜的香水产品，如慵懒香水而非兰博基尼，还有下文将提到的鸦片香水。

芳香精粹 Aromatics Elixir

倩碧公司，1971年

¦ 意图香水 ¦

“芳香精粹”是倩碧支持60年代香水业界“禁用香水广藿香运动”而推出的一款主流香水。广藿香作为一种中药材，与倩碧苦心营造的高精尖实验室形象极其不符。1971年，芳香精粹首次发行便在全国各大商场里一售而空。然而十年后，倩碧再造声势，采取了一种反心理营销策略，对外宣称“芳香精粹从不刻意迎合，也无须过多鼓吹。它只是一款成功自主营销的香水而已”。

倩碧或许没有过多宣传这款产品，但它却知道如何给产品找准定位。芳香精粹以广藿香为主基调，融合了玫瑰、甘菊、鼠尾草（仿佛要把人带到歌曲“你要去斯卡波罗集市吗”里）等元素。如同女神按下变美按钮，芳香精粹横空出世，并惊艳了所有人。虽然有人抱怨香味微酸带着涩腥气，但是支持者却独爱那出类拔萃、无与伦比的独特味道。倩碧发布的官方使用方法是，将香水喷洒于空气之中，然后再走进空气中。只需喷五次，便能让人忘却俗世烦扰。调整好舒适姿态，尽情享受这一刻，直到香味散去。

倩碧更巧妙地描述芳香精粹“不只是一款香水”，声称其富含的植物成分可以对心智和皮肤产生格外疗效。在这款“意图香水”发行首日，《Vogue》杂志进行了专门报道：

“倩碧使用具有舒缓作用的橙花，融合檀香木和洋甘菊营造清爽舒洁之感，同时麝猫香、茉莉又增添了迷魅诱人的基底在里面。更不用提香水还使用了使皮肤细腻柔软的依兰依兰、橡木苔，以及清新纯粹的玫瑰花。芳香精粹是如此与众不同，就连倩碧也无法单纯地使用香水一词对其定义。”

文章用词略显含糊，说明在当时，芳香疗法还处于萌芽期。70年代初期，在珍·瓦耐（Jean Valnet）和玛格丽特·莫瑞（Marguerite Maury）的推动下，芳香疗法犹如一道曙光照亮了整个英语国家。珍·瓦耐和玛格丽特·莫瑞是20世纪影响芳香疗法发展的两个重要人物，芳香疗法一词就是由瓦耐所命名的，而奥地利治疗师莫瑞女士发明了一套精油按摩手法，将植物精油用于美容疗法上。芳香疗法撩动了大众神经，但要获得主流认可，尚需时日考量。这与同时期的新型草药艺术和长寿有机饮食的发展轨迹如出一辙。随着自然主义运动的崛起，人们对美容产品的成分来源日益关注，“人如其食”理念迅速渗透到化妆业、个人护理业中。芳香精粹问世后的第四个年头，英国首家植物护肤品牌美体小铺诞生，美国本土品牌赫斯特·雷切尔贝克（Horst Rechelbacher）创造了护肤的人皆知的纯植物护发品牌艾凡达（Aveda）。

芳香精粹别具一格，并随着时间推移，汇聚成了一个复杂多面的人物形象。她成熟自信，思想自由独立，不轻易盲从，也不依赖世人眼光而活。如果这都不算超凡香，那还能是什么！

No 19　19号

香奈儿公司，1971年

妙不可言

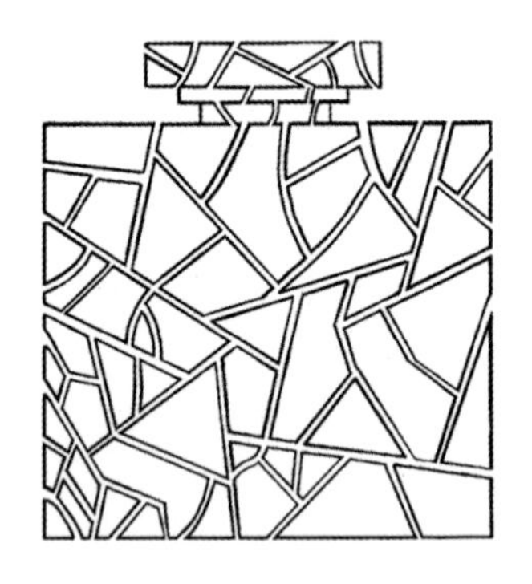

关于香奈儿“19号”香水，我父母家发生过一件趣事。在70年代，19号曾是母亲的最爱，她随时随地都喷这款香水。直到1980年某一天，夫妻二人去找房子。显然，房东想用煮咖啡吸引客户前来购买房子的打算没能奏效。因为我的父母一踏进这栋房子，就被一种煮卷心菜的臭味击中。厨房炉灶子上摆着满满一大锅煮烂的卷心菜。参观途中，这个味道越发浓烈。到最后，他们不得不中止参观，出去呼吸新鲜空气。两天后，当母亲抓起香奈儿19号香水时，他们两个不约而同地耸耸肩，惊叫出声：“天，就是那个烂白菜味道。”

自那时起，母亲再没用过香奈儿19号香水。

必须得指出的是，香奈儿19号并不是那个味道。那只是各种灾难性味道的混合，导致最终呈现出噩梦般硫酸气味。在香奈儿19号的配方中，有白松香，这是一种清冽草香中带着垃圾酸涩味的松脂，还有鸢尾草，属于鸢尾属植物根茎，带着清新粉感，甚至还有点胡萝卜味道。这两种香料或许能够对上面的气味做出解释。

香奈儿19号香水于1971年发行，就在加布里埃·香奈儿去世后不久。这款香水也是香奈儿16年后再次推出的新作品。在这之前，香奈儿绅士香水（Pour Monsieur）于1955年面世。整个40年代，香奈儿也没有发行太多产品，大概还处在其营造的华丽奢靡爵士时代风格中。19号香水作为加布里埃·香奈儿最常用的香水，以她的生日——8月19日命名。香奈儿沉迷数字命理学，她认为数字19的象征意义是：拆开来看1代表新的开始，9代表结束，而19这个数字将这两个不同蕴意都包含在里面了。

香奈儿19号香水属于香奈儿香氛产品中的年轻线系列（还有1974年发行的香奈儿水晶恋香水），专为那些机智风趣、思想前卫、行动力强、处事态度独立的女子设计。香奈儿试图赋予它一种既独特又无法取代的女性气质，而非普通款女香鼓吹的性感尤物气质，或是带有罗曼蒂克色彩。然而，香奈儿19号从来就不是一款热卖产品，旨在俘获了小众粉丝们的欢心。香奈儿19号拒绝被贴上标签，要定义它一直是一件很难的事情。一开始，草木清冽气息扑面而来（淡香水版本更为突出），有评论称那是一种让牙齿打战的凛冽之气，孤高清冷或严寒肃杀。著名香水评论家卢卡·图林（Luca Turin）和塔妮娅·桑切茨（Tania Sanchez）曾在《香水指南》（*Perfumes: The A-Z Guide*）一书中，将香奈儿19号香水与婴儿依恋理论中“铁丝妈妈”等同起来，与毛茸茸、更有安全感的“布料妈妈”形成对比。但这样的解读又和粉丝们的反馈有出入，他们认为这款香水的前、中、后调都散发出友好味道。

正因为这种争议，才使得这款香水如此迷人。一些香水走在时代前面。而即使在发行半个世纪后的现在，香奈儿19号香水仍然让人不由得发出能否接纳它的疑惑。那香味足够熟悉，还是太奇怪了？香奈儿19号仿佛让人置身花园，目光所及之处与心之所想并不一致：就像冬日暖阳下的一簇夏季繁花。

麝　香　Musk Oil

祖梵公司，1972年

性爱香水

对于这款风靡一时的祖梵（Jōvan）“麝香”香水，要从何说起呢？它由时任露华浓销售经理的巴里·希普（Barry Shipp）发明。一天，希普偶然经过格林尼治村，看到嬉皮士青年从街边小贩手里买高浓度的麝香油。他也买了一瓶，并小心翼翼地用棕色纸袋包着带回家。不久后，希普自制研发出一种特殊的麝香混合液，就此申请了专利。希普找到从事灯具制造工作的伯纳德·米切尔（Bernard Mitchell）作为商业伙伴，并于1972年在芝加哥创建了香水公司。

芝加哥是一座香水文化薄弱的城市，但这并不影响他们，甚至还为公司发展创造了有利契机。二人将大众喜爱的催情香作为公司的定位，认为品牌名字还需要加一个长音符号（“Jōvan”中的“ō”），从而显得更加欧范儿。

其宣传策略直接、大胆，一抹祖梵麝香就能实现在山洞里裹着动物皮亲热的幻想，洞口处还有一只守卫猎豹。祖梵大获成功，创始人希普和米切尔也大赚一笔。七年后，公司以8 500万美元的惊人高价被比切姆（Beecham）公司收购。这不是史上第一款以性元素为主要宣传策略的香水，但这个释放天性的时代拒绝掩饰，使它得以展露在霓虹灯之下。与嬉皮士麝香油不同，祖梵香水与《爱经》（*The Joy of Sex*）同步发行，并很快发展成为一款畅销全球的高级主流性感香。瓶子顶端的滚珠设计建议，使用者随着巴里·怀特（Barry White）哼唱的爱情小调，轻轻将精油按摩进肌肤纹理，并以此作为性爱前戏的第一个阶段。

祖梵投入大笔资金制作电视宣传片，画面中无数个裸露肉体在盛满麝香油的泳池里交叠、纠缠着。人们心中不免疑惑，那到底有什么意义？是否有人对希普和米切尔制作的香水精油的成分或其独有性感魅力产生了质疑？这一点，人们至今乃至以后都无从知晓。然而，与当代费洛蒙香水相比较，祖梵麝香香水的广告语可以称作优雅机智和妙趣横生。一本杂志中，一群裸露上身的男子在衣帽间里攀谈。这时，一位叫“B.范·斯科”的先生说：“祖梵香水可能不会让我遇到更多的女性。但它绝对能让我的女人们富有生气。” 长得像电影明星查尔斯·布朗森（Charles Bronson）的律师J.哈特先生接着说道，“以前，秘书叫我哈特先生。现在，她直接唤我名字了。”他们中间还有个叫J.芬克的，专门“乱搞男女关系”。

祖梵麝香正如香水中的戴米斯·鲁索斯（Demis Roussos）[1]。虽然它以毫不掩饰的性意味作为宣传策略，但味道中夹杂着淡淡花香，似性爱后倚在床榻上的轻柔爱抚，缠绵缱绻如时下流行歌手大卫·埃塞克斯（David Essex）、巴瑞·曼尼洛（Barry Manilow）在耳畔喃喃低吟，却又更像鲁索斯般情深意切，让人欲罢不能。设想一下，这名希腊歌手，身着土耳其长袍，随着麝香愈发浓烈，慢慢出现在涂抹凡士林的摄像镜头前、柔光画面中（他的头发迎风飘扬），用他那凄切动人的嗓音，一遍又一遍地演唱着：“直至永远、直至永远”。还有影片《阿比盖尔的派对》（*Abigail's Party*）中，女主角贝弗莉在和丈夫托恩共度良宵前，都会将祖梵麝香抹在身上。

好消息：时至今日，祖梵麝香依然可以购买到。读者可以自行决定，用来尽情享受个中滋味，还是搭配一块巧克力、一本书，度过舒适惬意的夜晚。

1　戴米斯·鲁索斯：“爱神之子”乐队主音，出生于希腊。

Diorella 蕾拉

克里斯汀·迪奥公司，1972年

生活之乐

蕾拉是个很好听的女孩名字，奇想乐队也许还会想为这样的女孩写歌。一直以来，迪奥试图通过调整香味呈现出迪奥小姐的多面形象。在相继创作出茉莉花、西洋镜（Diorama）、精华之韵（Dioressence）后，1972年问世的“蕾拉”香水成为这个时代的迪奥小姐。迪奥蕾拉是一款清新桃香西普调香水，由调香大师爱德蒙·朗德尼斯卡亲手调制。罗莎女士香水和迪奥清新之水香水也出自爱德蒙·朗德尼斯卡之手。与50年代柔美优雅的迪奥茉莉花和

1949年的慵懒的精华之韵不同，蕾拉香水属于为数不多的让你能迫切迎接新一天的香水：清晨,当你从美梦中自然醒来，“唰”的拉开窗帘，淋浴龙头开着，然后打开窗户，清新空气扑面而来。它并不傲慢，而是活力和愉悦的气味。大师朗德尼斯卡非常擅长调制水果调。世间再没有人能够像他那样调制出层次丰富、甜香四溢却不俗腻的香水。蕾拉的桃子香味中，偶尔还夹杂着一股青涩芒果的金属质感，又或是水嫩多汁的香瓜气息。多种元素糅杂在一起，形成一股独特又纯粹的气味。

蕾拉刚上架时，也只被人们认为是用来搭配新潮穿衣风尚的香水。同一时期，英国著名设计师芭芭拉·胡兰尼姬（Bárbara Hulanicki）创立的高级女装品牌BIBA推出棕色口红和同色系眼影，为不再满足于珊瑚或粉色系装扮的女性提供了不同选择。随着骨瘦如柴的短发模特，以及迷你裙逐渐淡出时尚模特圈，以比安卡·贾格尔（Bianca Jagger）、杰奎琳·史密斯（ Jaclyn Smith）、艾尔丽·麦古奥（Ali MacGraw）、凯特·杰克逊（Kate Jackson）等为代表的长发黑肤美人引领了一股男装女穿风潮。

《Vogue》杂志形容蕾拉“宛如一阵煦风亲吻肌肤，充满着优雅和惬意。小女人般甜美亲切，却又保守克制”。这证明到了70年代，香水业不再只是生产传统意义上的古龙水，而是采取富有创新的想法，通过合成香料成功步入休闲穿着领域。它的姐妹款香水是兰蔻在1969年发行的绿逸和香奈儿1974年的水晶恋香水。三者轻透又都充满活力，添加柠檬和金银花的元素使香味更加醇厚馥郁。出自顶尖法国香水公司旗下，这三款香水并未受到沉迷广藿香的主流影响，也远比后来的露华浓查理香水（Charlie）高级。它们的确是向渴望拥有一款名香的年轻女性发出了“是时候该换个心情”的讯息。兰蔻绿逸香水从名字和香味本身就能让人心生愉悦之感，而香奈儿水晶恋的首支广告用一个巨大的惊叹号，从上至下念：“I-O”或“io”，在拉丁文中寓意着“欢乐”。

这三款香水至今仍是许多女性不二的选择。虽然在一些新近香氛屋里找不到蕾拉样品，但40多年过去了，蕾拉香味、时髦度不减，比当今大牌也丝毫不逊色。

查 理 Charlie

露华浓公司，1973年

迪斯科香水

露华浓的创始人查尔斯·郎佛迅（Charles Revson）爱惹怒众人。这位不好相处的老板曾经如此评价他从事的事业，“你得一直夹紧臀部。一旦放松，就是急速下滑的时刻。”他甚至会去追究把曲别针丢进垃圾桶里的人的过错。在他长达五十年的职业生涯中，这个人成功地惹怒了美容行业的所有贵妇，其中以伊丽莎白·雅顿女士最甚。伊丽莎白·雅顿女士用“那个男人”称呼郎佛迅。好吧，绝不放过任何一个好点子。所以，郎佛迅把他的第一款须后水命名为“那个男人”（That man）。

一个有着强烈控制欲的人创建的公司也就格外擅长制造夺人眼目的产品。再次重温他那些广告画册，就连敲打下画册上的词语都让我不自觉地抽搐。露华浓堪称逆反心理学大师。经典口红冰与火发售时，曾以调查问卷的形式挑战时尚杂志读者是否足够狂野，可以涂抹这款性感的颜色。15个问题中（如黑貂即使穿在别人身上，也会让你兴奋不已等），回答8个“是”以上的人才被认为真正能够驾驭这款颠覆性的唇膏。

1973年，“查理”香水问世。这一年，郎佛迅的生命也即将走向尽头。可即便如此，他仍然勇敢应对竞争公司的挑衅。一般情况下，他都用自己的名字来为香水命名。从设计颜色一致的口红、指甲油到试图还原19世纪末紫罗兰香粉饼，郎佛迅总能准确洞悉女性消费心理。在调制这款代表之作时，郎佛迅和团队心里想着的是那些渴望香水却又支付不起的新时代年轻女性。查理香水呈醛香花香调，香味与香奈儿5号类似，被誉为香奈儿5号的平价版本。售价不超过一条迪斯科风情亮片喇叭裤的价格，查理香水散发着《周末狂热夜》舞曲的雀跃欢快气息，耀眼璀璨如乐坛传奇比吉斯乐队，这款香水成为当之无愧的流行圣品。

露华浓在查理香水广告中，向广大消费者一再着重强调这款香水价格亲民，第二人称旁白的叙述方式让人置身秘密地。也许这其中融合了某些文化元素，但那旁白的声音就好像“查理的天使”[1]在喃喃细语。首先，这则广告以点明心声（“你想要更好的生活，更好的爱情，以及更好的自己。”）为铺垫，然后再向新的“查理的女孩”娓娓道出并保证，查理香水以其“性感年轻的迷人香味”帮助消费者美梦成真。现在看来，摆出一副好闺蜜的样子进行说教有些自恃高人一等。

露华浓还邀请知名影星莎莉·哈克（Shelly Hack）出演香水广告。大师级的剪辑中，哈克穿着一身绸缎连体衣轻盈出镜。她在脖子周围喷喷查理香水（香雾腾升绕上脸颊、缭至眼角），走出粉色汽车，半阔步、半旋转地进入一间鸡尾酒吧。在那里，她旋转不停，头摇晃不止，查理的清冷幽香不断从身上散发出来（这一系列动作曾火极一时，甚至当时的“唐尼&玛丽秀”还恶搞了一出卡在车里的倒霉查理被迫撕破裤子，又绊倒在桌子上的剧情）。广告歌曲由卡巴莱歌手鲍比·肖特（Bobby Short）演唱，曲调和影片《华生一家》、电视剧《草原小屋》的主题曲一样朗朗上口。它始终萦绕在脑海里，暗示下次再去药店买紧身袜和染发剂等时，势必得揣上一瓶查理香水。与同时期的玛德露粉红葡萄酒——旨在使红酒产品大众化，如今却被视为罪恶享受——查理香水至今仍然是许多女士的心头好，期望打开瓶盖后体验那种旋转带来的晕眩感。

---

1 查理的天使：美国电视剧，以三个在私人侦探所工作的女性为主角，其老板被称为查理。

Babe 稚 子

法贝热公司，1976年

╏夜晚舞会香水╏

有一对热恋的年轻情侣。他们大概20多岁，系着黑色领结，可能刚参加完高中毕业舞会，带着返校国王和王后桂冠回家，是校园版的电影《油脂》（*Grease*）的丹尼和桑迪。他们举起香槟杯，轻轻碰了碰；可能喝的是一种叫杯杯香的轻型起泡梨酒。且不论他们喝的什么酒，液体倾洒得到处皆是。他们二人挤在一个巨大的黑色橡皮圈里，玩着一种黑暗主题游戏，顺着急湍河流一路朝下漂流，以惊人速度冲向瀑布。他们的臀部被打湿，可脸上一点湿意都没有。

激流会让橡皮圈在经过一座破桥时直立起来，他们之间的爱情即将面临一场不小的考验。

以上是1977年，法贝热“稚子”香水的宣传广告，这是一款由“118种精华香料”调制而成的覆盆子果香古龙水（法贝热有一款风评极差的香氛产品——香槟）。当时，法贝热以前所未有的百万合同签下欧内斯特·海明威的孙女玛葛（Margaux）为其代言。玛葛会参与到美国香水史上一项最为盛大的香水发行中，其中包括了一系列烦琐行程（包括那些水上活动）。玛葛以法国玛高酒庄命名，是一个非常迷人的女子，一部分归功于家庭遗传，一部分在于她黄金女郎的打扮，还有那六英尺高、如运动员般高挑健美的身材。魅惑女郎玛葛最终沉迷于54号俱乐部这类地方。作为稚子香水的代言人，玛葛代表了一种令年轻消费者艳羡不已的加利福尼亚式健康生活。

如果说查理香水专属勤奋工作、热爱派对但生活拮据的女子，那么稚子（很显然是查理的直接竞争者）更适合她的姐姐，已经度过朱迪·布鲁姆（Judy Blume）所著《永远》（*Forever*）中性爱痴迷的新手阶段。《时尚》（*Cosmopolitan*）杂志在时任主编、《性与单身女孩》作者海伦·格莉·布朗的指导下，对稚子香水进行了大篇幅报道。海伦非常擅长制作漂亮的封面人物。这里且从1977年《时尚》杂志三月刊报道中摘录两句：“为什么好好先生总是排名最后——因为女性需要的是一个能掌控、保护、偶尔欺负一下她的男人”，以及“怎样讲一通色情电话（千万别挂断！）”。稚子以将视《时尚》杂志为《圣经》的冲动型消费读者作为目标群体，他们对杂志刊登的内容欲罢不能。稚子远胜如今任何一款青少年果汁。毕竟，人有时就想换个口味，戴一些塑料首饰。

虽然这款香水名取得略显轻率，但是那甜丽浓郁的味道弥补了这点不足，而且名字与即将上映《名扬四海》（*Fame*）电影名称采用了同一种字体的呈现方式。玛葛体验橡皮圈漂流——希望以此激励她的粉丝们参与到这样的探险活动中——喷着稚子古龙香水，和着广告旋律“你是我想要携手共度一生的人”，寓意人生有起有落、有起有伏。要知道，在当时，人们对婚姻的渴望比现在大得多。40年前，美国女性平均结婚年龄为22岁（而到2010年，这一数据为27岁）。

换掉一瓶香水——稚子或其他——远比结婚当日发现犯下可怕错误后，要甩掉那个一无是处的人容易。

鸦　片　　Opium

伊夫·圣·洛朗公司，1978年

╏“自我”香水╏

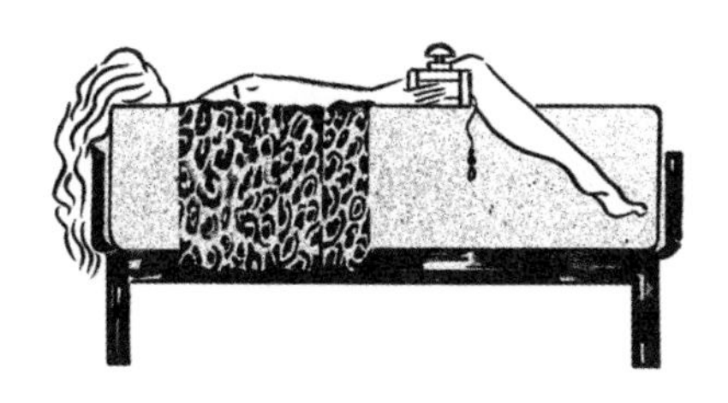

很难想象一款香水如伊夫·圣·洛朗的“鸦片”一样，可以持续引发玛丽·怀特豪斯（Mary Whitehouse）[1]的愤怒。就在2000年，圣·洛朗拍摄超模苏菲·达尔（Sophie Dohl）全裸出镜广告，曾收到了700余封投诉信。70年代末期，深受“这很别致”启发的鸦片香水能取得成功，极大程度上与它背后的寓意和其独特配方分不

1　玛丽·怀特豪斯：英国“净化电视运动”和“英国全国听众和观众协会”发起人和领军人物。

开。闻一闻，一股辛辣、神秘的芬芳香味扑鼻而来，与二三十年代过分强调性感的香水相比，鸦片全然没有一丝堕落气息。

鸦片作为邪魅之水的形象来源于一张精心贴在戒毒互助会外面的宣传图片。因事外出的艺术大师安迪·沃霍尔（Andy Warhol）对没能参加鸦片发布会感到格外遗憾。是夜，纽约市“北京号”展示船被盛装装扮起来，这艘临时的圣·洛朗游艇挤满了800名嘉宾（正常承载量的两倍之多）。其中，作家杜鲁门·卡波特（Truman Capote）担任船长一职，娱乐界大亨大卫·格芬（David Geffen）、卷发女星雪儿（Cher）、时尚杂志主编戴安娜·弗里兰（Diana Vreeland）也都在受邀出席之列。余兴派对在著名的54号俱乐部举办，是一场由鸦片香水广告模特杰莉·霍尔（Jerry Hall）和大师伊夫·圣·洛朗开场的华服秀。

正是杰莉·霍尔为鸦片拍摄的广告向大众揭露了这款香水与那个时代之间的关联。在该年代其他香水广告里，模特几乎总是直视镜头，仿佛想要抵达男人眼眸，又或者是看着花束。而杰莉·霍尔身着一袭金色绸裙，极度慵懒和性感地仰躺在长沙发上，整个场景充满东方风情，让人不由联想起了30年代的上海。在一些照片中，沉浸在香味中的她闭着双眼；在另一些照片里，她懒懒地望着天花板一处。看照片的人，以偷窥者的角度瞬间便被俘获。

正如诞生于美好年代的东方香水勾起无限遐想，鸦片香水在“诠释”原始性吸引的同时，也传递一种新观念：自我欣赏，购买和使用纯粹是为了让自己身心愉悦。如此说来，杰莉·霍尔那种慵懒、性感到极致的美与他人无关。鸦片是一款强调自我的香水，巧妙地复刻了那个个人主义至上的时代。1976年，著名记者汤姆·沃尔夫（Tom Wolfe）曾在《纽约》杂志封面报道中写道，“这是一个‘我’时代。”60年代末期，迷幻品的泛滥助长了个人自我意识的觉醒，自助运动成为大势。经济拮据？那不要紧。颓废主义变成了一种大众化现象，平民百姓甚至精英阶层纷纷认领这种特质。这在人类史上属于第一次。在住在郊区的人看来，个人主义意味着自给自足，这包括了迷幻作用下的艺术创作，或者独自一人去看病。而对于美国勇者而言，个人发展还包括到女情色画家贝蒂·道森（Betty Dodson）的身体情欲工作坊做一次体验。

鸦片的药物标签只是一个幌子。圣·洛朗想要真正营销的是：鸦片香水凸显了“我”时代——你可以懒懒的，一切都不用放在心上。

Magie Noire　黑色梦幻

兰蔻公司，1978年

巫士香水

“黑色梦幻”香水选择的发布时机十分完美，彻底激发了人们在70年代酝酿的对巫士、异教、“符咒”的情愫和兴趣。

这种60年代诞生的逆反文化，在70年代逐渐兴起：每逢周末，卡姆登水闸市集便摆满了塔罗牌摊位（我的父亲承认曾是其中一员，根据“白羊宫”拼词化名为泰瑞艾斯）；佛利伍麦克乐队的灵魂人物史蒂薇·妮克丝（Stevie Nicks）直至今日还被“她是不是白色女巫”等问题所困扰着；1973年的电影《异教徒》（*The Wicker*

Man）中的关于村庄生活的暗黑传说和异教篝火仪式让观众作呕又入迷。

接下来的一切变得愚不可及。斯蒂芬·金（Stephen King）的短篇小说《玉米田的小孩》（*Children of the Corn*）出版。到70年代末，整个美国被迷你电视短剧风暴席卷，引发了一股出生率和新异教迷信热。其中，最为荒诞的要属《将黑暗的秘密收回家》（*The Dark Secret of Harvest Home*）。这部电视剧讲述了一户心灰意冷的人家搬到新英国村后，折服在贝蒂·戴维斯（Bette Davis）扮演的富有寡妇（以及她特质蜂蜜酒）的魔力之下。

香水、魔法、药物、咒语之间的联系引人遐想，市场运作条件也日趋成熟。黑色梦幻香水是一款至今并未停产的产品。可放在当时，它的出现对于百货商场或药妆店等商业场所，无异于一记重拳。这款黑暗香水名副其实，呈烟熏西普调，充满了熏香、秋季护根的气息。如果香水可饮用，那么这款就是一瓶富含单宁酸的葡萄酒。黑色梦幻成人色彩浓郁（却并不老态龙钟），与鸦片并称该年代暗黑精神的代表之作。黑色梦幻的香气并不是呈线性漂移，而是呈“8”字形漫散，余香与最初喷洒的气味相同。

兰蔻生产出一款香水，取好了名，设计好了瓶子，就只差一两场发布仪式了。三年后，为庆祝黑色梦幻进入美国市场，兰蔻举行了盛大的上市发布会。这也是香水史上最隆重华丽的盛会之一，其声势之浩大，与圣·洛朗不相上下。鉴于这款香水时尚前卫的形象，兰蔻公关团队选在纽约市东村举办。发布会将电子舞曲《圣人》（*The Saint*）改编成500名嘉宾身穿黑领结礼服参加的晚宴曲。对于这样的场景，当地人表示闻所未闻。一个无家可归的人在看到会所外路边停放的一长串黑色豪华轿车后，忍不住疑惑："谁死了？"

300美元一张入场券的发布会必须得令观众尽兴而归。结果如何？幸运的是，《纽约》杂志派出了一名记者对当夜的盛会进行报道。文章如下：

> "你怎么能用价格去衡量服务员端着超大花盘，上面摆放着十只天妇罗大虾带来的惊喜呢？镀金的加莱克斯叶上，黑纹海贝裹着一层厚厚的金色鱼子酱，一口咬下去，天堂般的幸福感直冲心底。"

为营造一种欢愉迷人的气氛，公司代表对香水几乎只字不提，而是竭力通过其他途径唤醒嘉宾对它的感知。从算命的吉卜赛人到桌饰甚至香烟，整座大厦里的一切呈黑、金色。高潮部分来临之际，一名美艳女子（一袭黑、金色长裙）从天而降："穹顶上显现出无数张黑色梦幻香水的照片，在头顶上空急速旋转——就像《包法利夫人》中著名的旋转华尔兹舞蹈。"

这场发布会让所有人，包括记者、买主、食客深深为之着迷。黑色梦幻取得了巨大成功。这款香水还越过边界线，成为莫斯科黑市上最受欢迎的香水之一。随着烟雾消散，一室镜子里出现的是黑色梦幻的制胜调香配方，在为兰蔻带来数百万收益的同时，还为和平做出了贡献（谁又说不是呢？）。可以肯定，那里面绝对有魔法！

安　妮　　Anaïs Anaïs

卡夏尔公司，1978年

¦ 渴望之香 ¦

还记得20世纪初期的霍比格恩特的浪漫花香吗？回忆理想香水，以及与之有着深切关联，由吉布森女孩完美演绎的“它”概念。“安妮”香水也一样，宛如一名伪装在70年代里的漂亮迷人女子——杂糅了圣母百合、洋水仙、康乃馨等花朵气息，会是许多女孩珍藏的第一款花香型香水，尤其是在她们的男朋友没能订到鲜花快递服务之后。

安妮香水从何处来，香语是什么？或许它与女性主义作家阿娜伊斯·宁（Anais Nin）或一位波斯女神有关。但对于热爱它的人来说，找寻意义并不是最重要的。安妮香水只关乎发音。无论发音为“安雅”还是“安妮（正确发音）”，最关键的是这是一个应该低语细喃的名字。安妮的前调惊艳有力，有点冲，被吐槽是紫粉色垃圾袋的味儿。几小时后，甜美花香被引出来，轻盈剔透，肌肤气味被无限放大，散发出一种好闻的盐鲜质感。

安妮算不上一款最具原创性的香水，但是它适时向公众表现出其独创特质。卡夏尔（Cacharel）巧妙地绕过所谓的时代精神，并以此获得了众多女性消费者的青睐。她们会用安妮香水搭配伦敦利伯提商店的印花衬衫。70年代末期，圣·洛朗的鸦片、雅诗兰黛的朱砂等强调成熟魅力的东方调香和大众少女香水同时充盈市场。对于那些不再满足于稚子、曼达水的女性而言，安妮香水为她们勾勒出了一个爱德华七世时代复古感性气息浓郁的世界。浓墨重彩渐渐消散，取而代之的是一幅用古式剪纸相框装裱，略微褪色的素描画卷。这支香水的主角并非男性，而是头戴花冠的森林仙子。安妮香水是一款非常成功的香氛产品。毕竟哪个少女不曾幻想拥有一套银制圆镜和发梳，穿着雪白长睡袍坐在梳妆台前，目光通过推拉窗户望向远方呢?

安妮香水的魅力在于，它让我重温15岁的自己对这款香水的那份冲动与渴望。庆幸的是，年幼的我虽无力购买，可它现在就摆放在家中楼上的房间里。不过这一次，我仍然没有一个像样的梳妆台可以衬托这支珍品。

自我膨胀的80年代

1980年
至
1989年

The
Egotistical
Eighties

1980
—
1989

在古希腊，对于年长者来说，在健身房欣赏年轻运动员健美的肌肉是难得一饱眼福的机会。相关艺术品的画面中还会出现阿利巴利（Aryballoi）——挂在腰带上的小瓶装芳香橄榄油，可以用来缓解肌肉疼痛和保护皮肤不受污垢的污染——为这个场景平添了一丝丝情色的气息。

色诺芬（Xenophon）的《会饮篇》（*Symposium*）描述了在一个酩酊大醉的夜晚，哲学家苏格拉底（Socrates）作为尊贵的客人，参加了一场关于香水的讨论会。苏格拉底做出了如下评论："对女人来说，比任何香水更甜蜜的是优质橄榄油：拥有即幸福，错过便渴望。"在苏格拉底看来，女性香水太过直白无聊，而运动精油以其微妙的芳香，胜过所有鲜花和树脂的精华，原因就在于，它的气味与运动后大汗淋漓的体香如出一辙。苏格拉底也许有些怀旧的情绪：运动精油作为情色场景的重要部分，单单想一想就足以重燃欲望。

随着20世纪的发展，人们身边的香水就像一场场激光秀，变幻莫测。在20世纪初，衣橱和灯罩是香味的集散地，人们通过携带香水手帕修饰自己。后来，香水渐渐迁移到皮肤上，并建立了新的性感地带，从脖子到手腕、乳沟和膝盖窝。它扶摇直上，占领了各类衣物，甚至连皮毛大衣都拜倒在它的芳香之下。香水的出现可以补充身体的能量，让人们在网球场或高尔夫球场上精力充沛。到了60和70年代，人们发现裸体与半人马座的古龙水交相辉映。

而现在，进入80年代，我们发现当代人对苏格拉底口中的健美和芳香四溢的橄榄油的眷恋不再那么微妙。在这十年里，圣·洛朗出品的“科诺诗香水”（Kouros）以及大卫杜夫（Davidoff）的“冷水”（Cool Water）都是典型的代表。然后，健美的男性身体越来越频繁地出现在我们面前，赤身裸体，轮廓鲜明。诚然，不是所有须后水品牌都能与裸着上身的男子联系起来，但也足以组成一支脱衣舞男俱乐部团队了。80年代人们对肌肉的过度曝光并不惊讶。很多人通过电视或现场观看世界摔跤联合会摔跤比赛，看到了身体上隆起的青筋。《海滩救护队》（*Baywatch*）中赤膊上阵的救生员、阿莱亚品牌（Azzedine Alaïa）时装秀上的模特新秀，刺激我们发誓停止吃迷你巧克力棒。曾经一度影响着我们思想的香水，开始被定位为身体力量的代言人。与此同时，健身运动结束后人们都喜欢擦上一点须后水，认为这是一种代替疗法。这些须后水往往具有提神醒脑的芳香特性，尤其是“冷水”，不再仅仅是用于早晨剃须后的镇静，越来越多地作为运动后的内啡肽物质带来神清气爽。销售香水最常使用的形象仍然是身着套装的男士，只是渐渐地他们开始脱掉上衣，光着膀子，仅仅打上领带吸引顾客。

就像喷了大量摩丝的爆炸式发型一样，香水的影响范围也在增强，蔓延到全身上下。一些臭名昭著的香味——比如“毒药”（Poison）、“巴黎”（Paris）和“乔治亚贝弗利山”（Giorgio Beverly Hill）——香味都非常浓烈，以至于出现“未见其人、先闻其味”的生动画面，就像《捉鬼敢死队》（*Ghostbusters*）里的绿色黏液，无不散发着一种有毒的瘴气。在20世纪初，当深红三叶草上市时，人们只是议论纷纷，但这一次人们认为香水作为产品问题重重，是对环境的污染。不可否认，“毒药”香水是受欢迎的，但就像80年代的垫肩是40年代的改进版一样，这种香味也与喧哗香水以及其他40年代的概念有着千丝万缕的联系。难道是因为人们的过度使用才将自己包围在香水的浮云里？又或是我们对自己的个人空间变得更加敏感了吗？通勤车越来越拥挤，办公室越来越开放，多亏有了80年代的各种发明（比如随身听），我们才能在压力和厌倦中找到适合自己的独处空间。

当然，流行心理学鼓励我们去倾听并调节身体的想法，并意识到我们对旁人的影响。在这十年里，肢体语言流行起来，这让我们沉迷于自身的想象，试着控制那些微不足道的细节，因为它们可能会泄露我们的真实状态，在面试和约会的时候要特别注意。德斯蒙德·莫里斯（Desmond Morris）的《人类行为观察》（*Manwatching*）是一本广受赞誉的书，帮助人们解读“心理敏感”的情绪：如果一个女孩经常触摸她的头发，她可能就对眼前的人或事不太感兴趣。1981年，《新科学家》杂志刊登了一篇《肢体语言的真相与谎言》的专题报道，提纲挈领地鼓励读者通过观察日常生活来纠正错误：

> 观察男人和女人搭讪。他们盯着看女孩的脸，试图确定她们的瞳孔是否扩张。观察他们是否出于心理原因交叉手臂或者跷起二郎腿，如果有，是以什么方式。观察他们是否试图模仿女人的肢体语言，因为他们希望表现出融洽和和睦，会尽量与

对方保持一样的姿势。观察女人们逃离。

掌握肢体语言为我们提供了一种更好的方法来加深第一印象。人们在初次见面的前几秒，突出的视觉冲击往往非常重要，随着“选定你的颜色”运动席卷全球，大家进一步了解了第一印象的重要性。我们需要了解春、夏、秋、冬四个季节的服装都各有最适合自己的色彩，这可以追溯到20年代包豪斯（Bauhaus）做过的一种实验（与当时的发色香水结合起来）。现在卡罗尔·杰克逊（Carole Jackson）在《美丽本色》（*Color Me Beautiful*）中重组了这个概念。杰克逊说，选择正确的颜色“会让你变得可信，人们乐于倾听你，赞美你，雇用你，甚至与你调情”。

还有一个时髦的人叫大卫·基贝（David Kibbe），他是纽约“变形沙龙”的主人，女性们可以在那里了解她们的体型——无论是戏剧型、古典型，还是假小子型等——根据自己的情况选购最适合自己的衣服，来表达自己的独特魅力。好莱坞《人物》杂志于1987年专门派出一名记者，对其进行了全面报道：

> “你的手套尺寸是多少？”32岁的基贝询问一名身材高大的黑发女子，她靠墙站着，看上去无精打采，又有些许紧张。“你的鞋码呢？现在请把头发往后梳，我需要看到你的脸。”他凝视着面前的女子，皱着眉头说出自己的评价。“想象自己，”他喃喃地说，“你的身体就像克莱斯勒大厦那样挺拔。”

克莱斯勒大厦是要比圣保罗大教堂更好。

通过上面这个场景，我们可以窥探20世纪80年代个人形象产业的概况。香味、颜色、形态和姿态，都是我们身体的一部分，它们是无声的语言，是内在意图的表现形式。从某种程度上说，它们解释了为什么人们如此关注香水，因为表达需要被倾听。自此，香水公司开始强调香水扮演的角色。花呢香水就宣称："你身上的所有装饰品都在向外界表达你是什么样的女人。这就是你选择花呢香水的原因。"在这十年里，科蒂旗下的"惊叹号"香水（Ex'clama'tion，1988年出品）是其中最有趣、最刺激的罂粟花香水之一，它告诉女人们要"不用只言片语来表达自己的态度"。这款水果香水，就像杏子低脂酸奶，是一种喧闹的声音，预示着香水业的新动静。在调香师索菲娅·格罗斯曼（Sophia Grojsman）的大力支持下，20世纪八九十年代出现了一大批深受欢迎的香水，包括伊夫·圣·洛朗的"巴黎"，兰蔻的"璀璨"（Trésor），卡尔·拉格斐（Karl Lagerfeld）的"日月星"（Sun Moon Stars），伊丽莎白·泰勒（Elizabeth Taylor）的"白色钻石"(White Diamonds)以及和卡尔文·克莱因（Calvin Klein）的"永恒"（Eternity），当然还有温德比（Vanderbilt）。索菲娅以其香水中朦胧的玫瑰味道闻名，出自她手的许多80年代的香水都带给我们雾角一样的感觉。人们描述它们就像是一种特别的垫子，柔软而湿润。这些香水似乎有种魔力，从体表散发出去，又飘散回来拥抱我们，近乎真实的触觉真是神奇。

科诺诗 Kouros

伊夫·圣·洛朗公司，1981年

动作英雄香水

世界上有许多味道强烈的香水，但“科诺诗”不在其中，科诺诗始终另有自己的特殊类别。科诺诗的香味非常浓郁，仿佛拥有脉搏般阵阵悸动。相对于毒药香水展现出的女性阴柔之美，科诺诗的阳刚气息让它成为80年代的标志之一，它甚至比传奇摇滚乐团“刺脊乐队”（Spinal Tap）更加浮夸高调。

科诺诗崇尚简洁，名字源于古希腊的雕塑，那是用洁白如乳的大理石雕刻而成的一群俊美的年轻男子。这些男孩壮硕如牛，胸肌发达，六块腹肌线条明晰，表情漫不经心，等待着接受他人羡慕眼光的膜拜。伊夫·圣·洛朗试图借鉴这一艺术传统，所以特别制作的瓶子光滑细腻，像鹅卵石一般，据说其香气来自一名鲜活的半神。我们来具体了解一下。

那些足够勇敢的人在尝试科诺诗香水时，会立刻感受到浓烈香味喷涌而来，仿佛像是一队手持长矛的古代军队向你冲来，战马紧随其后。你会举棋不定，是为了活命而转头逃跑，还是咆哮着向前冲？

就香味而言，科诺诗融合了薰衣草和香料，或者还有一些蕨类植物，还混合了一些来自理发店的元素，共同构成了其独特的药草与皮革结合的味道。当你结束工作、去健身房、洗完澡、喝茶、睡觉、再醒来时，它的味道又变成了更加怡人的蜂蜜香味。它的确是天才的作品。人们说，只有蟑螂能在核爆炸中幸存下来，科诺诗也是如此。

你绝对可以看到这款香水的致命吸引力。科诺诗进入商品市场时，美国正在进行健身革命。70年代盛行的精瘦而灵活的武术高手逐渐过时，现在的电影银幕上满是肌肉发达的硬汉，整个身体都充满斗志。1981年，阿诺德·施瓦辛格（Arnold Schwarzenegger）正忙着拍摄电影《蛮王科南》（*Conan the Barbarian*），而西尔维斯特·史泰龙（Sylvester Stallone）也在为电影处女作《第一滴血》（*Rambo*）做准备。强身健体这一概念正在席卷全球：奥莉薇奥·纽顿-约翰（Olivia Newton-John）的《健身》节目在电台上播出，简·方达不断推出新的有氧健美操录像带，氨纶也成为一种时尚的面料。一部分民众开始通过运动消灭腹部多余脂肪，选择加速代谢的减肥食品。这种计划可行吗？只要功夫深，铁杵磨成针。

人们对健康身体的追求催生了对相应香水的需求，科诺诗正好应运而生。它将肌肉的概念转化为芳香，令人难以置信地与感官共生。所以，这是一种自恋的香味，除非你准备好了，否则不要轻易使用它。

Giorgio Beverly Hills 乔治比弗利山

乔治·比弗利山公司，1981年

违禁香水

20世纪80年代的各种著名的、声名狼藉的、骄傲的香水无一例外都与垫肩有着不解之缘。随着时间的推移，垫肩这种本来就被人诟病的服装结构变得更加怪异，变得像宴会餐盘那样巨大，当人们穿着这样的衣服走在人群中，垫肩仿佛联合收割机一样能割开旁人的下巴。还有那能起镇纸作用，盛放翡翠绿眼影、腮红和金色唇膏的化妆盒。这段时期极尽侵略性的美学已经成为职业抱负的代名词，在残酷冷漠的人际网络中为了“出人头地”想尽花招，这也就不足为奇了。

像“巴黎”的“毒药”，还有“乔治比弗利山”这样的香水不得不想方设法占尽先机，垄断市场。80年代的消费者市场像极了一个人满为患的升降电梯，里面摩肩接踵，唯一能引起注意的方法就是做到像阿巴合唱团（Abba）的曲调那么让人难忘。与今天的情况相比，我们觉得过去的香水数量相对贫乏，可能是因为这些大胆的香水让所有人感到窒息，它们飘散在空气中，无处不在。只要喷上这样的香水，就会立即被贴上“典型消费者”的标签——就像带着一个有超大标志的背包。虽然很多人仍然偏好拥有那些罕见而又模糊的物品，但在当下，还是免不了被一些著名而流行的物件所吸引，宁可与数以百万的人“同流合污”——向时代精神致敬。

乔治比弗利山香水，就像一个混合晚香玉和柑橘花的炸弹（倒不至于和它1985年的继任者迪奥“毒药”香水隔十万八千里），因其坚韧性而声名狼藉。由于味道过于浓烈，在某些场合是禁止使用的。你们相信吗？即使《笨拙》（*Punch*，非常不错的漫画新闻杂志）这样鲜于涉猎香水世界的英文周刊，竟然在1989年也对这一现象发表评论。人们可能会认为这样的做法有些性别歧视的味道，但周刊的确提及了禁止这种香水的原因：

> 纽约的很多餐馆都将“禁止吸烟或禁止乔治香水”的牌子挂在明显的位子。我不得不承认这是一种奇怪的、吸引眼球的方式，就像那些想要留在达拉斯的金发碧眼美女一样，一方面人们把她们遗弃在贫民窟，另一方面，人们又想要与她们“交流”。

这款征服世界的香水来自何处?

它来自征服了（购物）世界的罗迪欧大道。

罗迪欧大道是弗雷德·海曼（Fred Hayman）一手打造的。海曼曾是瑞士酒店的管理层，后来转做零售，于60年代开始在比弗利山的罗迪欧大道上和妻子盖尔一起经营着一家名为“乔治·比弗利山”的精品店。这家店以弗雷德的早期联合投资者乔治·格兰特（George Grant）的名字命名。海曼夫妇专为加利福尼亚州的上流阶层提供昂贵的欧洲时装，深谙浮华的意义。他们记得每一位顾客的姓名，对他们恭敬有加，因此销售业绩非常可观。一开始，这条普通的大街上只有海曼一家精品店，短短几年内，海曼便看到有更多的奢侈品零售商陆续在罗迪欧大道上开设了商店。很快，罗迪欧大道和其贝弗利山式的生活闻名全球，一扫《比弗利山乡巴佬》（*The Beverly Hillbillies*）中的老土形象，后来还成为1990年浪漫喜剧《风月俏佳人》（*Pretty Woman*）中的重要场景，担任基尔（Richard Gere）和罗伯茨（Julia Roberts）的邂逅地点。

经过几年的仔细开发、研究和测试，海曼精品店推出了同名香水，它几乎成为一场名为“参观罗迪欧大道”旅游推介活动。事实正是如此，如果你想得到香水，就必须亲自拜访。或者，你可以通过《Vogue》杂志上的香水试纸，决定购买的香水品种后给店家邮寄一张支票和填好香水型号的表格。

乔治香水的盒子是黄白相间的条纹，代表着商店的遮阳篷，为顾客营造出一幅悠闲场景：想象你正待在摩纳哥的一家咖啡馆，坐在躺椅上晒太阳，一边喝着圣佩莱格里诺酒，一边吃着金枪鱼（但金枪鱼不能吃太多，有毒）。起初，乔治贝弗利山香水只在《橙色海岸》杂志上独家推广，这本杂志被富裕的奥兰治县居民奉为《圣经》一样的存在。有报道说，“人们把乔治香水和富人名人联系在一起——因为只有他们才有能力购买并使用这款香水”。短短一个星期间，它在百货商店的销售额达到了1.5万美元，随着其越来越流行，它很快就带来了1亿美元的年收入。

随着乔治香水熔岩般的快速蔓延，其创始人弗雷德和盖尔夫妇开始互相嘲讽，陷入激烈的争论。在分居好几年后，他们的婚姻终于走到了尽头。虽然最初他们一起创业，但现在却争执不休。要么一个人想要卖掉公司，而另一个人想要保留它，要么反过来。

最终，雅芳公司于1987年收购了“乔治·比弗利山”品牌，海曼夫妇一手创立的生意拱手让人。后来，弗雷德和盖尔分别在香水业打拼，但幸运之神不再眷顾他们。乔治回购了以他的名字命名的精品店，研制了一款名为273的香水（“浓郁·优雅·致命吸引力”）；盖尔建立了一个名为盖尔·海曼·比弗利山（Gale Hayman Beverly Hills）的全新香水品牌。但为时已晚。即使最初的乔治香水也渐渐让公众感到审美疲劳，就好像一群不停在吃全脂奶油的人突然意识到，现在他们应该选择天然低脂酸奶，这更适合加利福尼亚人。

White Musk　白麝香

美体小铺公司，1981年

清洁香水

生活总是充满了简单的乐趣，闻一闻刚刚烘干衣物的清新味道便是其中之一。自从1969年舒适品牌（Comfort）首次入驻英国超市后，衣物柔顺剂的味道便成为家庭井然有序的代名词。每个家庭都有一些清洁重灾区——粘在水槽上的污垢、炉盘上滴着油污的漆黑的平底锅、昨夜随意扔在仓鼠笼上的衣物——但是，如果你家的床单是刚刚烘干的，还带有蒸汽的清新味道，这足以掩盖种种脏乱。

洁净或敬虔确实要求一尘不染、没有任何味道，然而，清教徒式的家务活动总是单调乏味，因此，我们需要一种香味来奖励自己，无论是清洗短裤还是清洗腋窝。无臭袜子是不现实的，谁能保证我们每次都记得把它放进洗衣机里。但是，一旦厨房里带有一点史密斯奶奶的苹果的味道或柠檬软糖味，这就好比是一个胜利的战场，这些芳香的气味帮助我们战胜了细菌和大肠杆菌。此外，干净衣服的香气还能引发人们对纺织品本身的联想——凭着香气，闭上眼睛，似乎可以触摸到羊毛的柔软和温暖。

这就轮到麝香出场了。

进一步说，因为我们最容易隐藏在动物的分泌物和排泄物的气味背后，70年代起，我们也在不断尝试推出了一些较为粗糙的麝香品牌，如祖梵的麝香精油。在20世纪80年代，在处理原材料的过程中，最肮脏的步骤是清洗和整理。或者更确切地说，现在有各式各类的合成麝香分子可供使用，因此，公众对其香气族谱的理解也一直在延伸，充分涵盖了或低劣或高档的等各种原料。

美体小铺推出的“白麝香”的粉丝群体绝大部分是在校女学生。这家公司的老板安妮塔·罗迪克（Anita Roddick）是个古灵精怪的叛逆人士，在她的领导下，公司使用了特别的推广策略，将重点放在动物权益方面——特别适用于素食主义者。她们使用一些奇特的产品来清洁头发和身体，有些闻上去像香蕉。她们还是第一批自己制作唇膏的人，原料来自美味的猕猴桃和草莓制成的泥状物。公司在商店里放置一些用透明薄膜精美包装的篮子，里面陈列着许多小糖果，这样的布置让人无法抗拒。顾客可以从中挑选一两样购买，用拉菲干草填满盒子，一同打包作为送给同学的礼物，即使只买三颗泡澡珍珠、一块企鹅形状的小肥皂和一小瓶的蜜柑泡沫。

在任何一家美体小铺的实体店里，最最吸引眼球的黄金位置就是圆形的、开放的展示桌，女孩们可以聚集于此品味不同的香水，那场景好似一群女巫围坐在熬制药水的大锅旁。遗憾的是，其中很多香水都缺少详细的说明；包括汗味显著的露梅（Dewberry）（跟20世纪90年代激情的氧气香水共生）、充满异国情调的安娜雅（Ananya）以及秀色可餐的香草（Vallina）。这些气味教会了一代人花露水或者芳香精油到底是什么。白麝香，作为一种由多种人工原料合成的香水，摒弃了前人残忍摄取麝香的方法，成为最畅销的系列产品，也吸引了贵族高雅阶层的目光。它如此巧妙地平衡并融合原本相去甚远的感觉：安全舒适、又带有些许性感的挑逗，油粉混合，安静美丽但又浩瀚无边。白麝香正是那种理想状态下皮肤应该散发出的味道，我们发现它与衣物洗涤存在一种有趣的联系。

20世纪中叶，随着英国国内洗涤产品市场的蓬勃发展，人们发现某些麝香分子在织物护理方面表现出色，即使是在清洗晾干后，香气仍然能持久留存在衣物上。

更重要的是，这些材料——其中有一些以《星际迷航》（*Star Trek*）命名法命名的维维那（Velvione）、斯特拉利德（Galaxolide）和托尼德（Tonalid）——的成本越来越低，仅1988年一年就生产了7 000吨麝香。随着它们在家庭产品中所占的比例越来越大，人们就越多地把它们的香味与清洁的功能性联系起来，与淡紫色、浅青绿色和淡粉色等柔和的颜色联系起来。需要特别提到的是，有一半的人类无法通过嗅觉（不能闻到）来区别某些麝香分子，因此它们经常出现在混合物中，让我们难以分辨。

洁净清新的衣物令人满意，穿上它们就像是崭新的开始。美体小铺白麝香香水的香味比织物柔顺剂更加微妙，它那令人安心的气味也蔓延到新的领域：笔记本和整齐的床铺。每一位读到这里的女性都会感到惊讶，往日的记忆立刻浮现在脑海中：校服、百褶裙、家庭作业、文具盒，和同伴乘坐公共汽车回家，日复一日汇成记忆的总和。这些在当时看来似乎枯燥乏味，但现在回想起来，那些简单、自由的平凡事物……似乎是最有吸引力的。

Drakkar Noir 黑色达卡

姬龙雪公司，1982年

¦ 雅皮士香水 ¦

在听说这本书的时候，一瓶原版的“黑色达卡”香水——产自80年代草本和皮革材料的忠实跟随者——深受触动。起初，他不愿公开分享自己的故事——因为作为一款须后水，他一直在走下坡路，这种经历在某种程度上是悲剧，但最终他还是被说服了。以下是对他的话的完整复述：

这一切都始于80年代初。当我来到这个世界的时候，收音机里正在播放《饥饿如狼》这首歌，你知道，一切看上去都很好。我的名字很惊艳，叫黑色达卡——这与维京船有关。人们评价我“纯净无暇”，后来我进入了高档百货公司的香水专柜——在那些地方，穿着体面高贵的人特意来挑选自己喜欢的香水。这让我感觉很棒，很有面子。

他们带我参观了曼哈顿，让我感觉自己是最幸运的人。我还参加了几次交易活动，在纽约拉奎特体育馆打了几场壁球比赛，在几处私人的夜总会派对上闲逛。丹斯特里亚夜店的派对挺不错的，门童能证实我曾经跟莎黛贴身而坐，她很漂亮。我还见了很多人，去过很多餐馆。我们甚至还去了火爆的法国餐馆卢特西用餐，虽然我更喜欢日本料理。晚上晚些时候还发生了一些事情，好吧，我们姑且说女士们都疯了吧，虽然我的男主人占尽了风头，但她们想要的其实是我。

后来，我的名气越来越大，曝光率甚至有点过度。随着价格的下调，我感到危机四伏。我习惯了和那些佩戴白金手表的上流人士混在一起，现在的陪伴却变成了年轻的人群。他们粗鲁地对待我，过度挥霍我，在短短几周内就把我用光了。我极不情愿参加他们的约会。他们的牙齿正畸治疗。他们的合成纤维织物。他们徒劳地与体毛作斗争。他们没有钱，这些年轻人享用不了桑塞尔白葡萄酒，只买得起百威淡啤。我想知道，我到底做了什么该死的事情？我开始讨厌自己的气味了。

后来，我被转手卖给了一个并不了解我的机构。渐渐地，你会慢慢习惯被扔到一边，被忽视，一直待在仓库里的感受。再后来，你会发现自己进入了一家药店，和其他过气商品一样被放到折扣区。过往的路人露出嘲笑和蔑视的表情。有些时候，也会有人拿起你，看一看，然后说：“天哪，布莱恩，你还记得你在约会之夜喷过这个香水吗？而当时我喷的是伊丽莎白·雅顿？”你就这样在人们手里待了几秒钟。你斜着眼看着布莱恩的啤酒肚。你多么希望他们能把你买回家，这样你就可以和牙膏管一起玩耍了。然而，最后你还是被扔回打折区，或者更糟，直接被扔到货架的底层，那里满是蜘蛛结的网。

我常常回忆自己曾经的体面生活，那是我生命中最辉煌的时刻。而其他香水呢？他们大多被清理下架，装进集装箱，再也没有回来。如果有一天，如果我能挺过这个难关，我会将这一切都告诉我的子子孙孙，他们一定只会摇头，说：“我们从来不知道，爸爸，我们从来都不知道。”

温德比 Vanderbilt

歌莉娅·温德比公司，1982年

¦ 名人香水 ¦

在香水世界里，BC和AC是两个最具特色的类别：说得更具体一点，就是成名前和成名后。在20世纪最初的几十年里，香水借由舞池女郎接二连三为我们呈现出一场场盛事。之后，这样的形式愈渐稀少，变得像珍禽异兽般罕见，取而代之的，香水公司会选择少数几位非常优秀的女伶，并用她们的芳名来命名自家的香水，吸引大众的目光。最早的作品之一是70年代碧姬·芭铎（Brigitte Bardot）代言的香水马德拉格（La Madrague）。在80年代，索菲娅·罗兰（Sophia Loren）和雪儿代言的索菲娅香水 （《芝加哥太阳报》评论道“雪儿寻找到了香水的股票”）。就连虚构人物也被用来担任代言人。里茨查尔兹发布了永远的氪星（Forever Krystle）和卡灵顿（Carrington）两款香水，命名来自当时著名的肥皂剧《豪门恩怨》（*Dynasty*）里面的角色。最耀眼的莫过于1991年伊丽莎白·泰勒的白钻香水（White Diamonds），其灵感来自它与生俱来的珠光宝气、星光熠熠，其销售额超过10亿美元。然而，我们应该把目光从里茨查尔兹公司光芒四射的香水产品中转移出来，把注意力集中在80年代早期的名人香水上，它才是真正意义上的超级巨星：“温德比”香水。

歌莉娅·温德比生于1924年，来自美国历史上最著名的家族之一，她是一个懂得充分利用社会名流身份赚钱盈利的女人。对金钱的渴望就像蜜蜂蜇人的痒，让她沉迷。（据记载）歌莉娅一直很坚强，她的继承人生活多姿多彩，她一直生活在名人的光环下，这是与生俱来的。孩提时代，她就成为焦点，陷入了一场“可怜的富家千金”监护权审判案件，后来，母亲被迫将她交给了姑妈格特鲁德（温德比继承了500万美元的遗产，这在当时是一个天文数字）。几年后，她又卷入了另一桩臭名昭著的官司，当时她起诉其生意伙伴诈骗，这位生意伙伴曾经是她的心理治疗师。这桩官司持续了很长时间，长到她的律师都驾鹤西去了。

歌莉娅曾经做过很多职业，当过艺术家、记者和作家，然而，她的名字一直是她最大的资产，她的主要精力还是花在了打造自己的同名品牌上。从鱼缸到割草机，歌莉娅·温德比旗下的商品应有尽有，包括设计师限量款围巾、冰冻豆腐甜点、酒、床单、珠宝，当然还有著名的超紧身牛仔裤。除此之外，她还进军香水行业，从1982年的最初版本到2004年的小歌莉娅（Little Gloria），总共推出了8款香水［尽管这一记录后来被其他几位名人打破，席琳·迪翁（Celine Dion）曾推出了16款香水］。

歌莉娅的标志是天鹅，用于旗下所有产品。这也成为其品牌香水的主题，名字就叫"温德比"。由索菲娅·格罗斯曼创作，作为80年代最著名的香水品牌之一，温德比就像是一个柔和的梦，散发着一股甜甜的塑料香味，像极了芭比娃娃头上的芬芳，它属于"法式蛋糕"和"浪漫"香水类型，采用40年代轻歌香水的制作工艺。这款香水将气泡和重量奇妙地混合在一起，就像芭蕾舞演员身着的由金属支架撑起的芭蕾舞裙。温德比为此专门设计了这样一个故事情节：波光粼粼的湖边，女子凝视并爱抚着她的爱人，转瞬间，二人化身白天鹅，细长的脖子依偎在一起，形成了一颗心的形状。

温德比的天才之处在于，她为那些可能买不起百货商店里昂贵香水的狂热爱好者们提供日常的浪漫，而她的产品又比现有的青年香水更加稳重。这是我最喜欢的香水之一，即便在旁人眼中天天喷洒温德比香水可能有些夸张，但就价格而言，它是性价比最高的一款。

Salvador Dali for Women

萨尔瓦多·达利女士香水

萨尔瓦多·达利，1983年

╏艺术香水╏

就像公共汽车一样，还有另一种名人香水。你相信萨尔瓦多·达利——在生前和死后——用自己的名字命名了五十种香水，并且这种情况每年仍在持续吗？可谓产量惊人了。除了魅惑之吻（Dalissime）、达利之夜（Dalilight）和野生达利（Dali Wild），还有一款迷情之吻（Dalimania），它恰当地描述了萨尔瓦多·达利的香水族谱。人们对他的第一印象，是一位艺术家，也可以说是博学家，创造了这个世纪最具活力、最为持久的香水品牌之一，现在回想起来，意义仍然深远。当香水被尊崇为一扇通往模糊记忆的大门和潜意识的钥匙时，谁又能从现实角度出发进入爱德华·利尔（Edward Lear）[1]式香水工业世界？

我们知道达利对香水非常着迷，事实上他对很多东西都很着迷。在30年代，他与名声显赫的时装设计师艾尔莎·夏帕瑞丽合作，创作了异想天开的香水概念、设计了新颖的香水瓶，1947年出品的太阳王女士香水（Le Roy Soleil）就是其中之一，整个香水瓶形似波提切利（Botticelli）绘制的维纳斯女神，在金色贝壳中亭亭玉立。

"哦，但愿我能把每天早晨从窗边路过的公羊气味喷洒于身！"达利这样回忆道，他1942年开始起草自己的回忆录《萨尔瓦多·达利的秘密生活》（*The Secret Life of Salvador Dalí*），描述自己早年的艺术家生活。那时，他住在海滨别墅，对附近"随处能闻到的动物生殖器分泌出的味道"兴奋不已。在与夏帕瑞丽合作之前，达利已经开始了对自己的第一款香水的实验。他想创造一种能喷洒于泳衣的香水，为此竟然把腋毛染成了蓝色。这款香水的主要成分是能溶于沸水中的鱼胶，达利又加了山羊粪肥，将其搅拌成糊状。待液体凝固后，加入一瓶薰衣草精油。他把这些混合物涂遍全身，然后从窗口探出头来找寻加拉。加拉是有夫之妇，达利一直对她存有幻想。他立刻意识到自己看上去是那样的"野蛮粗俗"，决定赶紧清

1　爱德华·利尔：英国著名风景画家。

洗掉身上的羊骚味。后来，他还是迎娶了加拉——当然不是因为这个味道。

后来，在第二次世界大战期间，也就是他的回忆录出版的同年，又出现了另一件关于香水的趣事，达利还邀请了一名摄影师全程参与。这出闹剧也向人们展示出“他的艺术来源于潜意识的秘密”。达利躺在沙发上，拿着铅笔和画笔，吩咐助手将喷有香水的布料敷在自己的眼皮上。达利在这样的状态下睡着了，在香味的影响下，他的想象力开始发挥作用。当他再次醒来时，一把扯下敷在眼皮上的布料，在床边的画布上疯狂地创作。在场的记者面对眼前这幅看起来像圣诞树的东西，不禁这样记录道：“这些是稻草人吗？不。它们是敷在达利眼皮上的特殊香味发挥作用后创作的图画。你也许以为是广藿香，又或是娇兰的什么东西？”事实上，达利使用的究竟是哪款香水无人知晓，但它从一定程度上展示了夏帕瑞丽睡眠香水的效果（旨在激发有趣的梦），或者我们至少可以这样说，达利当时也进入了相同的想象空间。

至于达利是否曾为他的未来香水计划采用过同样的方法，只有让读者来衡量了。1946年，巨头舒尔顿——一家在老牌香水业享有声望的超大型公司——找到达利，邀请他参与旗下的新品女性香水“沙漠之花”（Desert Flower）的推广。我们都知道达利对沙漠景观的构想颇有建树，这都是来源于他自己的潜意识，那么这款香水的设计逻辑就变得清晰起来了——沙漠之花并不是漫天黄沙的气味。舒尔顿要求达利在三种香水的启发下分别绘制三幅全新的图画，它们便是被称为“沙漠三部曲”的海市蜃楼（Mirage）、绿洲（Oasis）和看不见的情人（The Invisible Lovers）。在达利看来，沙漠之花的确能在他的脑海里产生奇妙的化学反应，激发灵感。

直到1983年——达利6年后就去世了——他才在真正意义上将自己的名字授权给了隐秘奢华公司（Cofiluxe）用来冠名香水。这款香水瓶形如他的画作《维纳斯的幻影》（*Apparition of Face Aphrodite of Knidos*）中的嘴唇。值得庆幸的是，它不是达利用鱼胶制作而成的，而是由专业香水大师阿尔贝托·莫里利亚斯（Alberto Morillas）研制。达利同名女士香水成为80年代这十年间的主要成就之一。它与同时代的其他“黑色和金色”香水相辅相成——帕洛玛·毕加索（Paloma Picasso），以及雅诗兰黛的玫瑰西普调香水“尽在不言中”（Knowing）——它们代表了奢华的鸡尾酒派对，派对上满是穿着黑色天鹅绒礼服的高贵女性，搭配合适的精美发型。虽然带有东方色彩，这款女伶香水的魅力仿佛能带领我们跟着它去体验香水从醛分子到绿色植物再到香料的演变过程。摒弃了过分浓郁的香气，“萨尔瓦多·达利女士”香水散发着成熟的魅力，当然与现在出品的香水相比还远远不够。最妙的是，这款香水蕴含着丰富的层次，你似乎能穿过甜蜜到令人陶醉的茉莉花香，感受到泥土里腐坏的植物根系，感受到古老的粪肥气息。

Poison　　毒　药

克里斯汀·迪奥公司，1985年

污物香水

20世纪80年代中期，好莱坞主流媒体钟爱拍摄以工作场所为背景的题材，尤其喜欢讲改头换面后的纽约童话故事，比如一个地位卑微的秘书克服重重困难，成功结识公司副总裁的励志故事。故事的女主人公总是穿着白色的运动鞋从地铁站里跑出来，然后飞快换上高跟鞋在街上踉跄而行，走进写字楼的旋转门。

然而，在几乎每一部草根女性职场逆袭剧中，都会将特写镜头聚焦到另外一个桥段，即“成功后的快乐”时刻——女性职业生涯到达巅峰后的，通常这些光鲜亮丽的女老板都会变得无情、刻薄，有的甚至出卖灵魂，利欲熏心。比如1987年的《婴儿潮》（*Baby Boom*），它讲述了黛安·基顿（Diane Keaton）饰演的一位风险投资家的故事。离开公司董事会后，她来到了佛蒙特（Vermont）重新创业，在制作婴儿食品的过程中重新发现认识了自己，还与一名善良的兽医陷入爱河。1988年的《大公司》（*Big*）中，苏珊是一家玩具公司的执行主席，20多岁就筋疲力尽了，她迫切需要一个像汤姆·汉克斯（Tom Hanks）那样的男人，带她重温孩提时代在蹦床上嬉戏玩耍的乐趣和快乐。

为了完美演绎角色的无情与刻薄，80年代的女星们运用了一些易于理解的速记手势，其中一个就是拿着香水瓶放肆地喷洒——如果带有气囊喷头，效果将会更加传神。在《夺宝奇兵》（*Indiana Jones*）和《末日之宫》（*the Temple of Doom*）两部剧集中，在上海俱乐部里养尊处优的歌手威利需要通过一系列的考验，比如在昆虫肆虐的场所中隐蔽自己，或骑着一头臭气熏天的大象在丛林中行进。她非常渴望回到化妆室，穿上自己心爱的丝绸长袍。为了让这种情况更容易忍受，她竟然倒了半瓶香水在大象头上（“昂贵的东西”）。《船舱奇缘》（*Overboard*）中，阴险狡猾的女继承人乔安娜［由戈尔迪·霍恩（Goldie Hawn）饰演］将游艇停靠在希克斯维尔的海港小镇埃尔克·斯努特（Elk Snout）。她雇用了一名木匠为自己制作一个豪华的鞋柜，为了避免闻到脏兮兮木匠身上的臭味，她竟然在木匠周围都撒上了香水。1988年的《上班女郎》

（*Working Girl*）中，西格妮·韦弗（Sigourney Weaver）饰演了一名盛气凌人的电影导演凯瑟琳·帕克，当她计划与哈里森·福特（Harrison Ford）的好伙伴杰克·特雷纳（Jack Trainer）（他其实另有企图）一起回家时，竟然把自己浸泡在一千零一夜香水中。在这些场景中，香水一直与长而尖锐、涂着红甲油的指甲为伴——向外界宣示着财大气粗和咄咄逼人。

有趣的是，如某些餐厅禁止使用乔治贝弗利山香水一样，在80年代，公开使用味道浓烈的香水被认为是有害无益的，并把这种现象描述为香水使用者试图在他人身上施加自己的力量——统治他们，甚至——通过气味来延长他们的影响力。

一种使用香水的新的礼仪随之出现了。同样的，人们认为在公共交通工具上浓妆艳抹也不合适，在公共场合大量喷洒香水更是庸俗不堪。甚至是《新科学家》杂志也加入口笔诛伐中来，他们批评香水为“气味混沌”，并因为香水气味蔓延到办公环境中感到愤愤不平。他们提出了怎样的建议？借鉴“禁烟运动的一个方法——从美学和健康的角度，设立大量的无烟区”，因为“这样才能互不干扰，相安无事”。

在这场所谓的香水之战中，“毒药”是最著名的侵略者之一。它标志着克里斯汀·迪奥旗下香水发展的全新方向，将完全不同于埃德蒙·朗德尼斯卡时代走简约优雅风的茉莉花和蕾拉等香水，也是对其竞争对手伊夫·圣·洛朗的鸦片香水和香奈儿的可可（Coco）香水的挑衅做出的回应。毒药是调香师爱德华·弗雷尔

（Edouard Fléchier）的作品，由晚香玉、熟李子和熏香混合而成，仿佛来自祭祀仪式，让人在鲜花与热烈中意乱情迷。它的香气让人容光焕发，就像钢琴家利伯雷契（Liberace）身着镶有亮片的手术服，在最近一次整容手术麻醉苏醒后，随时准备演奏他的白色钢琴。不过，虽然毒药的香气并非清淡，但是它的成功却不是因为它那带有攻击性的味道，而是它的名气。迪奥花了4 000万美元在全球推广毒药，并在如病毒爆发式的传播过程中获得了巨大的利润，成为香水历史上“过度销售”的典型案例。然而，人们一度怀疑，这只是迪奥公司的一种公关活动。毕竟，现在市面上有四个版本的毒药香水，涵盖了温柔奇葩（Tendre Poison）（又叫绿毒）到蛊媚奇葩（Hypnotic Poison，又叫红毒，目前的畅销款）。选择毒药香水时，请一定看仔细！

Obsession 激 情

卡尔文·克莱恩公司，1985年

性欲香水

“这究竟意味着什么？”这是1985年卡尔文·克莱恩（CK）旗下“激情”香水面世后遇到的第一个问题。这是一个公开的问题，也是我们希望通过这本书回答的问题。在当代，这是第一次香水的推出与情色画面真实地交织在一起，让人心生困惑。由于没有先例，我们无法像现在这样找到大量的有关激情香水和同品牌的另一个款“逃避”香水（Escape）的记录。如同进入新世界的两个陌生人，它们站在风口浪尖，手挽着手，在香水业发展进程中掀起轰动。尽管受制于《水晶迷宫》（*The Crystal Maze*）场景无法充分展示，仍然做到了极致。

激情香水与性爱的关系显而易见，它的原动力以及品牌背后的人卡尔文·克莱恩本来名声就不好。他曾被《时代》杂志誉为“美国无可争议的色情广告、性爱产品的领跑者”，广告中最引人注目的是，15岁的波姬·小丝（Brooke Shields）穿着一条白色长裤，一边说道：“你想知道我和我CK内衣之间的亲密关系吗？什么都没有。”

与祖梵麝香精油隐晦描述“地毯上性爱”的低吟不同——这一瓶完美的香水——激情香水赤裸裸地再现了性爱前戏中血脉偾张的脉搏跳动：充满欲望，未及高潮。一旦你被成功说服去购买，收银台便会欢呼雀跃。在80年代，情人节之夜的标配是牡蛎、新买的红色内衣、激情香水，以及欢愉之后享用的牛奶巧克力。由理查德·埃夫登（Richard Avedon）拍摄的平面广告中，有三个裸男和一个将手指放进口中做吮吸状的裸女。这幅广告海报的设计初衷是为了撩拨人的兴趣。众所周知，如果你想在那些各种内容铺天盖地的杂志上吸引住读者的眼球，就必须采取极端的策略。有人暗示，激情并不是一款礼貌的香水，而是一种原始动物的“气味”（实际上有两种气味，分别有“雄性”和“雌性”两种版本，就跟礼服也分男式、女式一个道理）。实际上，调香师让·吉沙尔（Jean Guichard）［后来创作了露露香水（LouLou）］沿袭传统制香法则调制出了一种东方香气，这一传统可以追溯到一千零一夜香水时期，用琥珀和薰衣草引诱人们去接近它。这是制香业在向标准致敬，如果追溯到20年代，这就是当年人们心目中诱惑的味道。

然而，埃夫登的电视广告却要隐晦得多。画面中同一位美女分饰四角，身边有不同的爱慕者追求她。这时，画外音响起："在我的床边低语，她的手臂，她的嘴，她的琥珀色的秀发，哦，还有它的味道。"接着出现了萨尔瓦多·达利笔下的梦境，巨大的棋盘，有人把花瓣从一朵花上摘下来，还有彭罗斯的楼梯，所有的人都在旋转跳跃，这让观众对眼前的一切毫无头绪。这个看似古怪的艺术创作无疑是为了彰显出激情香水对潜意识的影响，它在不知不觉中唤醒了人们的情感，而并非通过理性来引导。这就是它的原理。记者们仔细研究了这则广告，试图解开叙事线索中的逻辑，然而，他们自己也陷入了其中。

> 可以称它为"调情的困境"。如果你拒绝所有人，仍然有人想要追求你，你就无法通过孤立自己获得独立。这则广告宣扬的不是独立，而是独立所带来的安全感缺失和孤独。这是一种全新的说法：获得真正独立的唯一途径是通过他人的绝对认可；想要获得自主权的关键就是碾压其他人的意见。

听了这些，有人觉得头痛吗？这位来自《波士顿凤凰报》（*Boston Phoenix*）的记者似乎得出一个讽刺的结论，女性赋权教会女性使用香水——得到了大部分50岁左右家庭主妇的支持——来得到她想要的东西。那么香水是反对女权主义的吗？因为尽管勇敢的女性站出来，不再愿意成为逆来顺受的家庭主妇，但真正改变的只是她们的外在，这条信息的重点不就是通过香水味来吸引异性吗?

当然，女权主义者也会喜欢香水——宜人的香气人人都爱。然而，这里有一个合理的论点：香水的销售并不完全符合性革命的要求，去适应更微妙的动机——使用香水究竟是为了性，还是为了“独立”？

在当时看来，激情香水是新颖的，因为它显现出一种经典的骄傲和自负（只要使用了它，男人都会想和你同床共枕），并且它让人迫切地想要脱掉衣服——裸露身体。它的造型也一目了然：相互纠缠的、满身是汗的裸体。后来，人们纷纷效仿这一创意，也模仿1985年出品的克莱恩的胆色香水（Klein’s daring），很多人觉得已经有青出于蓝的作品了。

我们是否应该大声疾呼，要求改变香水的销售方式？这也许毫无意义，几乎没有品牌愿意改变。我们可以谈性，但应该以我们自己的方式。不管怎么说，我们还是会买香水，对吧？为了一瞬间的欢愉，为何不用美妙的味道来缓解你我之间的约束呢?

Lou Lou 露 露

卡夏尔公司，1987年

反思香水

“露露”是一款曾经拥有女王般权力的香水。她曾统治香水界长达10年之久，现在却被驱逐出主要货架，被后起之秀取代，她的影响力愈发薄弱。在她的光辉岁月里，她让无数追随者忠于自己并激发她们内心的欲望，召唤着一批又一批邻国的女孩聚集在美丽光鲜的大厅里朝拜她，凝视着她那令人惊叹的形体。她们暗暗发誓——只要没有人注意，就赶紧拿起试用装朝着身上喷洒10次——有一天，如果周六在温比的工作结束得早，她们会把一些散钱交给销售助理，然后心满意足地带着露露香水回家。

露露是聪明的。作为80年代最具代表性的廉价吉祥物，露露盛放在一个造型奇特的塑料瓶子里，瓶身涂上这十年间流行眼影的蓝色，红色瓶盖与其形成鲜明对比。想一下《霹雳猫》（*Thunder Cats*）或者《希曼》（*He-Man*）两部动画片中的角色麦格芬，差不多就那个样子。早期在麦当娜的视频里也能看到：米妮头上的蝴蝶结，撕破的蕾丝花边上衣和无指手套。

再说说香味，如果它的热量能达到2 000卡路里，在嗅觉上它几乎与美妙的甜点一样了，而这些甜点只有超大型的冷冻食品制造公司才有制作秘方。我们正在谈论的是沃尔（Wall）公司的维也纳冰激凌，混合了黑森林蛋糕，还有一大勺贝斯伯里（Pillsbury）的生巧克力曲奇饼干。这种独特的香味确实让食客们立刻有了把所有食材混合在一起的冲动。无论这种暗示让你接受还是反感，但它实实在在地阐述了人们对香味最直观的感受。

不过，露露香水本身比它第一次出场的时候更加奇怪。卡夏尔香水公司已经设计出了适合青少年顾客的完美配方：安妮香水。因此将原本设计成代表优雅水彩世界的露露香水变得阴暗和恐惧，充满吸血鬼的气息，并且用著名的早期电影女演员路易斯·“露露”·布鲁克斯（Louise ‘Lulu’ Brooks）的名字命名。在她去世两年之后，卡夏尔为她举办了一场无声的悼念会，会上一位年轻的模特，梳着波波头、涂着深色的口红，重现了她的风采。在露露香水的电视广告中，路易斯的模仿者身着风衣、头戴贝雷帽的飒爽英姿，出现在光线昏暗的街景中，这让人想起了早期的德国表现主义电影。背景音乐是加布里埃尔·福莱（Gabriel Fauré）的《孔雀圆舞曲》（*Pavane*）。“冒牌路易斯”走出摄影棚，经过电视监视器，快步进入她的专属化妆室。她脱下外套，彻底放松下来，这时有人敲门。“这就是我。”她一边说，一边通过梳妆台的镜子直直地看着我们，周围都是路易斯·布鲁克斯的黑白照片。

这个看似简单的口号——“这就是我”——是最精明的销售工具之一。这是一瓶香水，却像一个老朋友。广告中的女演员告诉我们她就是布鲁克斯，或者说她在诱导我们相信她的精彩表演带给我们的错觉。这也是我们——露露香水的粉丝们，不断重复着这款香水灌输给我们的这句话，是对我们真实身份的完美表达，或许我们希望通过这种香味成为另一种身份。第一次接触露露香水，让人感觉有些傲慢，到了后来你会发现它深藏着的底蕴。如果说白麝香是约翰·休斯电影中最甜美的香水，那么露露显得更加内省，我们似乎可以认为，它会更受1986年《迷宫》（*Labyrith*）电影粉丝们的追捧。剧情中，年轻的女主角萨拉，思维天马行空却又封闭自己，她进入了吉姆·亨森的奇幻木偶世界，无意中遇见了身着闪亮紧身裤的大卫·鲍伊。

所以，如果我们回过头来重新审视露露，会发现它的香水瓶重现了20世纪早期经典红酒瓶的美学设计。我们可能会从中找出一些蛛丝马迹，让我们联想到法国传统的粉状香水，比如娇兰的“蓝调时光”（味道稍微淡雅一点，但价格是它的六分之一）。事实上，露露是第一款主流香水，它的出现暂停了制香业对创新的盲目追求，开始重视反思过去。1987年，整个制香业都在回顾传统，而露露的发明者，找到了这些灵魂，包括路易斯的，并把他们带回了一个新的躯体。它的买家们非常激动——新一代的年轻女性歇斯底里地爱上了这款香水，深深崇拜着露露那充满矛盾的传奇故事：看似玩世不恭的外表下隐藏着一颗怀旧而多愁善感的心。

Cool Water 冷　水

大卫杜夫公司，1988年

裸露上身香水

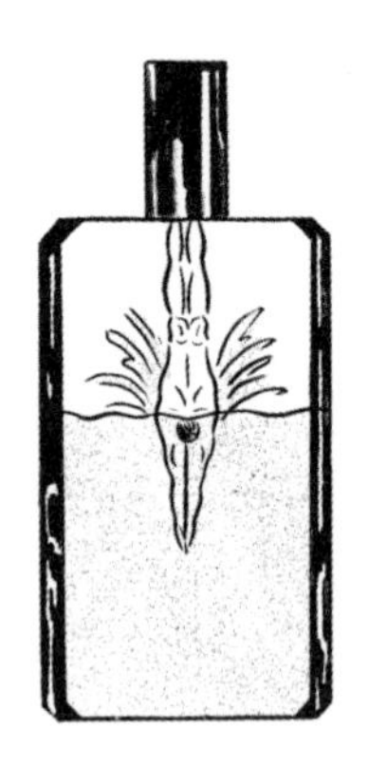

如果说特洛伊城中的海伦是号令了一千艘船只的人，那么亚当·佩里（Adam Perry）就是那个能卖出五百万海报的人。你可能不知道他的名字。大帅哥都不需要名字。他就是那个登上1987年“婴儿”海报的模特，裸露着上身，小心翼翼地怀抱着一个可爱的新生婴儿。这幅海报让雅典娜印刷店在80年代过了好些年的好光景。

雅典娜的“男人”结合了两种让人无法抗拒的品质。情感细腻，身材健美。敏感又坚强，是一个身着蓝色牛仔裤的詹姆斯·迪恩（James Dean）[1]式的年轻男子，属于现代的男性典范。人们不禁会问，他是一个悲情的鳏夫吗？他的妻子是不是死于分娩？一个单亲父亲能用他知道的唯一方式抚养一个孩子吗？如果说他是个男性助产士，难道他喜欢赤裸着上身工作？关于这张海报的联想真是千人千面。

雅典娜的男人有个兄弟叫冷水先生，是深情的冲浪高手。从1988年起，每隔几年他都会以一名不知名的演员的身份出现在大众视野。冷水先生只有一项工作：跃入海中尽情蝶泳畅游。正如吉百利公司的“雪花女郎”必须向顾客展示出巧克力是多么的松软一样，他的任务也是一成不变的，致力于宣传大卫杜夫旗下香水的宝贵之处。也就是说，他得让人感受到喷洒这款须后水能带来最具想象力、最丰富的体验，因为它是来自海洋的精华。无论发生什么，都不可能有胜过“冷水”香水的仿冒品牌出现，因此它的瓶子选用了最纯净的蓝色，这是一种相当神奇的蓝色，甚至可以召唤海神波塞冬撒播甘霖、抵抗干旱。它的香气，是落入盛满冰桶中的植物散发出的味道，将令人齿寒的清凉薄荷和挥发性的臭氧气体合为一体，以期传达海浪波涛澎湃的刺激。在纵身跃入大海之前，模特必须让自己汗流浃背，这样便能强烈地体会到冰冷海水的拥抱。正是归功于这些独特的特质，冷水香水一路披荆斩棘，毫无对手，成功超越了更大型更知名的公司——它们也一直致力于开发让人们获得刺激的香水。

1　美国男演员，代表作《伊甸园之东》《巨人传》等。

冷水所要传达的一则最重要的信息：辛勤工作一定会得到回报。冷水先生所表现的并不是那种懒洋洋躺在沙滩椅上喝着啤酒、玩玩充气香蕉船的状态。他积极健身，胸肌发达、轮廓明显。对于坏男孩来说，要达到这样的效果必须受到纪律的约束，而冷水先生的健美体态则得益于工作，来自为冲浪板上蜡或在海岸上跑上跑下执行救生任务时的奖赏。这款香水的定位相当新颖，购买者只要喷洒了它，便会直接体验到纵身跳入大海的愉悦，不需要去真正经历艰难的过程。或者，他们可以在当地的健身中心来二十圈三心二意的小跑，随后在更衣室里享受这种刺激的愉悦。

由于其独特的水元素，冷水香水为80年代的男士提供了一种慰藉：在不被视为过于热情和柔弱的情况下，人们可以使用和谈论须后水。可以用一个简单的、有效的、描述性的词来概括冷水——清爽提神——它令人身心愉悦，是对清洁、实用和快乐的完美总结。

顽皮淘气的90年代

1990年

至

1999年

The Naughty Nineties

1990

—

1999

这是20世纪最后的十年，一个几乎不需要特别介绍的十年。我们从20世纪初开始描述一些几乎不为人所知的记忆，更不用说今天还能买到的20世纪末香水了。作为全书结尾的十种香水，没有例外的话，人们现在仍然可以闻到、购买和享受它。这些香水是读者可能很熟悉、有话要说的，必须与90年代流行歌曲的歌词一起介绍，这样每个人都会不由自主地跟随着音乐摇晃自己的身体，伸手去够明星们，把手举到空中挥舞，然后坐下来。

这十年，至少在某种程度上说，主题是青春的痛苦。在整个20世纪里，香水通过与年轻人的联系不断高呼它的新鲜感，但到了90年代，青少年们开始背叛。首先出现的是，他们开始购买一些新推出的成人香水，这些香水本是专为成年女性准备的，而你很可能会在一个16岁的孩子身上闻到。其中包括伊丽莎白・雅顿的“太阳花”（Sunflowers）；克里斯汀・迪奥的“沙丘”（Dune），闻起来像被女人遗弃后抛向海里的花束；还有著名的罗莎旗下的“拜占庭”（Byzance），因《四个婚礼和一个葬礼》中的克里斯汀・斯科特・托马斯（Kristin Scott Thomas）使用过而声名鹊起。CK决定在“激情”带来的令人血脉偾张的幽会后，推出专属于约会和鱼水之欢的香水——“逃避”，它与花之气（Midori）和柠檬汽水有着不可思议的雷同的香气。为迎合上班族每周一上午回到工作岗位的需求，香奈儿推出了“魅力”（Allure），雅诗兰黛则推出了“欢沁”（Pleasures），它们都是经典的花香调，优雅又不失情调，对于不希望引起麻烦的上班族来说，这些都是完美的选择。

之后，年轻人群体越来越受到香水行业的青睐，他们对安全感的缺失以及急于想要证明自己，使得香水界普遍认为，应该为他们量身打造运动香水。在越来越多针对十几岁少年的媒介里，如“年轻人”小说、电影和电视节目，也多多少少出现了香水的影子。

范思哲（Versace）牛仔裤可能是从当地市场上淘来的水货，但同名香水则是真的，因为在经济上是能够承受的。年轻人特别喜欢在餐会上使用香水，把它们装在一个锡质可乐瓶里［这种包装曾经在90年代的一款大热香水组合中使用过：让·保罗·高缇耶（Jean Paul Gaultier）出品的“裸女经典”（Classique）和“裸男”（Le Male）］。快乐在于选择哪一种颜色：也许是红牛仔（Red Jeans），或是浅蓝牛仔（Baby Blue），或者是黄牛仔（Yellow Jeans），或者各种颜色都来一瓶，这非常适合收集爱好者。后来，我们发现预科生会选择——汤米（Tommy）女士香水和男士香水。六年级学生则选择CK唯一香水，而年龄更小一点的学生则开始使用氧气（O_2）和凌仕，这让他们的弟弟妹妹们感到很痛苦，因为他们想要呼吸新鲜空气。

青少年是很容易被拉拢的顾客（他们的关注点很明显），然而他们的忠诚度非常差，一旦听到关于某种产品即将过时的消息，一定会第一时间抛弃现在的喜好，与最新的时尚潮流保持一致。所以香水业必须用尽浑身解数才能紧跟潮流。使用气相色谱仪让制香业保持与时俱进，也在一定程度上消除了行业不断扩张带来的风险。

这是一种在60年代开始使用的机器，能分析香水，解读其分子组成，这也为竞争对手复制知名香水品牌提供了机会。一度，汤米女士香水在年轻女孩群体中的销量超过了所有其他产品，另一个品牌会要求旗下工厂："我们期望的产品闻起来跟它的味道类似，但又不能完全一样。"可能几周后，另一款汤米女士味道的香水便能进入市场。气相色谱仪对于90年代的人们来说并不陌生，但人们对它们的依赖与日俱增，给人的印象是新的香水克隆产品正如娱乐圈的造星运动般飞快地涌现出来。

对于那些觉得自己年纪太大，不适合观看青少年电视剧《我的青春期》（*My So-Called Life*）的人群来说，还有其他的途径获取有关香味的资讯。以英国为例，90年代标志着中产阶级食品革命的开始，这场革命专注于意大利特有的食材：香醋、单果橄榄油、西红柿干、刺山柑，当然还有玉米粥。慢慢地，这场革命也开始影响香水行业，使它回归过去的制作理念，即使用从自然香味中提炼的特殊成分，而不使用听上去很复杂的配方并冠以情绪化的名字。其中最著名的是伦敦鲜花商和美容师祖·玛珑（Jo Malone）于1999年推出的"青柠罗勒与柑橘"（Lime Basil and Mandarin）。它的香气让人心情愉悦，使你希望用熨斗将香气保留在白色衬衫上。借助标签上的文字，你又能通过鼻子辨别每一个组成部分，来解读它，而不被它的复杂性所迷惑。娇兰于1999年推出的"花草水语-薄荷青草"（Aqua Allegoia Herba Fresca）从根本上改变了惯用的风格，也得到了同样的效果，还有数量众多的绿茶香水，包括1992年宝格丽（Bulgari）推出的“绿茶”（Eau Parfumée au Thé Vert）。

上述这些香水都有一个共同点：简洁。特别值得一提的是初版的三宅一生（Issey Miyake）、无性别的CK唯一香水及其衍生系列的巨大成功。［谁还记得盖璞（Gap）公司的天堂（Heaven）？］它们的出现为90年代打上了“干净”十年的烙印，一时间仿佛所有人都在寻求干净和清爽，摒弃80年代的复杂与厚重。当然，也存在一些更加微妙的地方，其中一个问题就是，仅凭一种香水风格来定义整个十年似乎忽略了某些与时代格格不入的代表性产物。事实上，当我们试图了解这个时代的其他香水时，就会发现很多“重口味”香水依然存在，比如蛊媚奇葩、红衣女郎（Tocade）、莎莜旅（Safari）、法布街24号（24 Faubburg）以及高田贤三（Kenzo）出品的丛林大象（Jungle L'Elephant）。

我们这样说——把90年代标签为清洁干净、无性别，80年代为混合浓烈是无法完全反映这个时代的——其实只是因为我们渴望通过香气来了解我们的青春，并能用合适的语言来描述它，这样我们就可以理直气壮地把汤米女士香水抛诸脑后，继续享受下一种香味带给我们的喜悦。

Joop! Homme　　乔普！同名男士香水

乔普公司，1989年

男孩乐队香水

刚刚意识到“乔普！”实际上的发音应该是“yope”（音优普），似乎又不能这样说。

“乔普！”也许没有迪奥旗下的清新之水或者桀骜男士（Dior Homme）那样有名，但它确是这段历史中最为关键的一款香水。乔普是一家德国时尚品牌，它在我们刚迈入新十年的时候发布了这款香水，创作灵感来自柏林墙倒塌后人们的欢呼雀跃。这是一款首次面向全球发布的香水之一，旨在打破世人对男性只能使用混合了柑橘、蕨类和海洋几种香气的“充满男性荷尔蒙”须后水的认识，取而代之的是香草和蜂蜜的香气，“乔普！”开创了男性香水的新时代。如果做一次盲试，可能许多人都会认为这是一款为年轻女性设计的香水，因为它的味道会让人联想到“糖果”（Candy）以及“巴黎山谷之香”（Slush Puppy）。

这款曾经深受20岁青少年喜爱的香水，就像市中心俱乐部的地板一样黏糊糊的。进入90年代，它很快就成为主流的“夜店少年”香水，就像在凌晨3点听到“来吧，艾琳！”的声音一样无法避免，之后，夜店经理打开所有的灯，少年们面面相觑，都意识到他们看起来就像来自地狱一样的艰难和阴郁。“乔普！”将自己拟人化为一个17岁的小伙子，头发上涂满发胶，把假身份证塞进了他的弗莱德·佩里牌的马球T恤口袋里，期待着能找到一些新奇的东西，比如欧洲高科技舞曲的原声大碟。

“乔普！”的洋红色香水瓶——继夏帕瑞丽“震惊”香水推出以来最为粉红的代表——就像彩虹色的波普甜酒，完美混合了百加得冰锐酒和礁石酒，这种酒过去在酒吧的售价是“5英镑5小杯”。在某些特别的夜晚，使用“乔普！”香水的人甚至会把酒升级为烈酒。

这听起来可能有点讽刺，很多年以后，人们重新评价这款风靡一时的香味，对它的感情奇迹般地一边倒，满满的都是喜爱。“乔普！”的经历与90年代初的“男孩乐队”非常相似。品牌海报上的模特和这些青少年一样，都有着油亮的胸肌，它们的定位也不尽相同：既有对异性的强烈性暗示，又隐含着强烈的同性恋潜台词和同志俱乐部的场景。于是“乔普！”香水（当然，少不了1995年让·保罗·高缇耶推出的“裸男”香水）非常受欢迎。后来，当“街头顽童”“东17”，以及“接招”等乐队进入主流音乐，瞬间以类似军事政变的方式占领了各大音乐排行榜，并且长期留在榜上。比如，“接招”乐队的《只需要一分钟》（*It Only Takes a Minute*）雄踞榜单长达一年之久，而“东17”的《再留一天》（*Stay Another Day*）更是俘获了不少听众的心，不禁哀求道：“好吧，再过一天，但你会停止唱歌吗？”那么，谁会想到，虽然有些人已经发誓不再留恋这些歌手了，但是当《永远不要忘记》（*Never Forget*）这首歌面世时，尽管歌迷的数量骤减，在全国各地还是引起了不小的轰动，又一次成为风暴中心。“乔普！”香水也一样，虽然它的魅力不如从前，但它仍然能成为男性的选择，尤其是与男性朋友在一起时，不要尴尬，大胆投入“粉红”味道的怀抱。

天 使　　Angel

蒂埃里·穆勒公司，1992年

红毯香水

不要忘记招待陌生人，因为
他们当中可能有天使的化身。

——《希伯来书13：2》

周六的夜……吹风机正在加足马力运转，闪着光泽的珍珠散落在床上，又到了蒂埃里·穆勒的“天使”香水隆重登场的时候，又叫90年代的“做好准备”香水。在寒冷的冬夜里，身着镶满亮片的露背长裙的妙龄女郎，把天使香水视为外套裹住身体，这标志着普通女孩向时尚宠儿的迈进。

天使香水于1992年面世，一直不温不火，直到90年代末期才达到巅峰。这般慢热在如今的大众市场上鲜少出现，就目前而言，一款香水只有几周的时间来证明自己。如果达不到预期，马上就会被卡着脖子叫停。

天使的崛起反映了经济的复苏。随着经济衰退被“稳步发展”的千禧年繁荣取代，X一代[1]开始将他们日益增长的收入用在廉价商品上。一些主要街道的零售商利用低廉的进口成本和远东地区廉价的劳动力，仅在一个季度内就售卖多个时装系列，催生了“一次性时尚”的概念：周末购买一件外套，穿几次后扔掉，再重新购买一件新的。

随着多莉·帕顿（Dolly Parton）的音乐剧《朝九晚五》（9 to 5）的深入人心，越来越多人开始接受长时间的工作时间和不稳定的午餐休息时间，于是，“享受周末”的格言应运而生，被人们奉若《圣经》（特别是在每年夏天阳光最为明媚的两周）。星期五和星期六的晚上，无论是新人还是有经验的老手，都要抓住一切机会，将其充分利用。一些大型俱乐部还会举办统一舞会，比如维克菲尔德（*Whigfield*）的《星期六之夜》（*Saturday Night*）以及河边人二重唱（Los del Rio）的西班牙歌曲《玛卡瑞纳》（*Macarena*），都

1　X一代：指出生于20世纪60年代中期至70年代末的一代人。

是舞会上耳熟能详的曲子。它们激发了人们大脑中最原始的部分，创作了队列舞：缓慢地旋转臀部，反身跳跃和拍打臀部。当然，还有另一种社交融合剂——酒精。如同宿醉有很多同义词一样，对司木露伏特加的解读也是五彩斑斓：虚脱的、蹒跚的、醉醺醺的、飘飘然的、烂醉如泥的、倒地不起的。

短短几个小时，睫毛膏把妆容毁得一塌糊涂，俱乐部里的洗手间一片狼藉［呕吐物的味道与天使香水、让·保罗·高缇耶或范思哲金色女郎（Blonde）的香水味混杂在一起］。但是，在过去，甚至现在，周六的夜晚实际上应该是向世人展示自己最迷人的一面的绝佳机会。当然，成为万人迷的标准很高，我们不得不告诫自己，但一直以来绝世美女永远都是心中所向往的理想。到了90年代，超模三巨头——克里斯蒂·特林顿（Christy Turlington），琳达·埃万杰利斯塔（Linda Evangelista）和娜奥米·坎贝尔（Naomi Campbell），将超级模特的概念普及到大众。到了90年代末，越来越多的模特也加入超模的行列，其中包括海蒂·克拉姆（Heidi Klum），她是维多利亚的秘密早期的天使之一，穿着内衣、戴着天使的翅膀在T台上走秀。

与时尚界一样，好莱坞也在不断提升其形象。也正是从90年代起，出现了专业的红毯造型师，他们的任务是挑选合适的服装、珠宝和化妆师团队，期望为参加颁奖典礼的明星们打造颇具品位的形象。1992年，格雷顿·卡特（Graydon Carter）被任命为《名利场》（*Vanity Fair*）的主编，在刊登了黛米·摩尔（Demi

Moore）的怀孕裸体写真封面后，她开启了由安妮·莱博维茨（Annie Leibovirz）担任首席摄影师为杂志拍摄超炫封面的时代。在那个时期，《名利场》发布了很多明星身着杜嘉班纳（Dolce & Gabbana）黑色宽松连衣裙的照片，即使这些照片有瑕疵，那也没关系，因为当时已经出现了图像处理软件，这种微处理的方式能轻而易举地遮盖明星脸上的斑点，或者让她的大腿显得更加细长。在现实世界里，任何女性都能通过佩戴“神奇文胸”（Wonderbra）来实现自己的“罩杯升级”。这款文胸的推广多亏了那则令人血脉偾张、常常引发交通事故的广告，这就是伊娃·赫兹戈娃（Eva Herzigova）出演的颇具争议的“你好男孩”广告。

作为香水界真正的女主角（她似乎是只喜欢蓝色M&M巧克力豆的那类人），天使似乎一直追求着超越真实的美感。由此而生的香味确实是一种超凡脱俗的体验。即使你天生厌恶它，也应该去感受一下。这绝对会让人疯狂。糖果吸引了嗅探者的尝试，他们高兴地咀嚼，突然意识到，这块巧克力里似乎有异物，将它吐了出来，但还是想再吃一口。这是著名的“先给糖，再给一巴掌”效果——通过在混合有着棉花糖香味的乙基麦芽醇和泥土味的醋栗叶找到一种平衡。这个想法在当时完全就是原创的。天使不是人间的美，而是一种令人不安的、超凡脱俗的存在。“要特别小心天使。它们有好坏之分”，这是穆勒最初的宣传文案，事实上，我们真的不知道这款香水，这款有毒的可可粉，是我们的守护天使还是恶魔。穆勒后来的产品，尤其是“异形”（Alien），充分展示了其继续致力于打造奇特的、反乌托邦的美，以及他们弗里茨·朗（Fritz Lang）式的审美艺术。

天使的第一位代言人是模特杰莉·霍尔（她懒洋洋地躺在如银河般浩瀚的沙丘上，而不是以她那鸦片香水式的外表躺在沙发上），最近换成了她的女儿——模特乔治亚·梅·贾格尔（Georgia May Jagger）担任新任“大使”。美丽之光代代相传，永不衰老，永不消逝。天使是不朽的，正如穆勒的第一种香味，香水都是不朽的。

L'Eau d'Issey and L'Eau d'Issey Pour Homme

一生之水和一生之水男香

三宅一生公司，1992年和1994年

大扫除香水

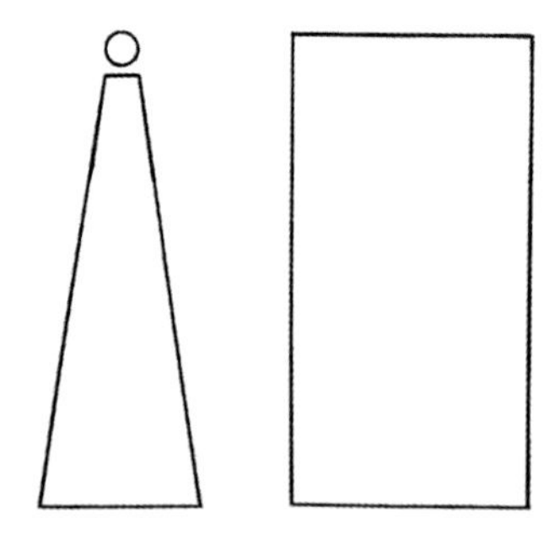

时代风云变幻。早在20年代，在香槟中沐浴是颓废主义没落前的最后一个疯狂的举动。到了80年代后期，有传言说迈克尔·杰克逊用依云矿泉水（Evian）沐浴。明星的发型师们告诉杂志，最后一次冲洗头发一定要用矿泉水，才能给予头发最好的光泽。从1990年到2005年，瓶装水的销量翻了两番，我们一直在往货车车厢里装货，层层叠叠，后来才惊奇地发现，依云的字母顺序正好跟英文单词“幼稚”（Naive）相反。

1991年前后，是什么让装在迷你绿瓶中的毕雷矿泉水取代伏特加成为餐前冷饮的最后代言词？“排毒”这个概念模糊不清的词已经开始普及，也许这与它有关。

“一生之水”推出了男香和女香两种版本，常常被称为排毒香水，被视为是针对80年代浓烈香气现象的一剂解药（它们仍然活跃在香水舞台上，嗯——比如天使）。设计师三宅一生对香水非常厌恶，他讨厌机舱中的香水味，想要设计出一款香味，就像纯净水冲洗清洁肌肤时散发出的味道一样。值得庆幸的是，三宅团队并没有直接把毕雷矿泉水倒入香水瓶，来自瑞士芬美意（Firmenich）公司的制香师雅克·卡瓦利耶（Jacques Cavallier）也加入了这个团队。这款香水意在为大众营造一个美丽的场景：瀑布飞流直下喷溅到花朵、肆意横生的树枝和岩石上。这款香水似乎与苹果公司完美契合——事实上，史蒂夫·乔布斯（Steve Jobs）在一张照片中身着三宅一生的高领毛衣，也许我们可以想象到他身上留有“一生之水男香”的香味。或者，画面可以是在一对年轻职业夫妇的非常整洁的公寓里，声波牙刷旁边放着一生之水男香和女香。

盛行于90年代的“禅宗极简主义”还影响了其他各种配饰——吸引人们一时冲动大量购买，最后都被打包存放在阁楼或eBay上成为二手商品：普拉达的尼龙包、蒲团，以及有关把客厅变成风水天堂的书籍。但三宅一生的香水一直是热销品，而且前景一片大好。那是因为它们太优秀了。如果你厌倦了香水，我敢打包票，三宅的香水很有可能让你重拾对香水的热爱。

和CK唯一、寄情水男士（Acqua di Gio）和冷水同处一室时，三宅一生仿佛是一种充满智慧的味道，虽然它清淡得就像泡沫般转瞬即逝。它就像一种能解渴的多汁水果（女香是甜瓜味、男香是柚子味），再配上干燥的木香。特别值得一提的是，它大胆地使用了西瓜酮分子——自己研发的（并且反复强调：无法在香水中检测到）——让人联想到一盘刚打捞上来，还在呼吸的贝壳。

在含氧水的概念中，有一种很吸引人的东西，那就是想象出来的纯净气味。三宅一生的香气，与祖·玛珑的青柠罗勒与柑橘有些许相似，对于那些从未想过会有适合自己的香水的人，以及被浓郁乔普香气闷到窒息的人来说，是一种彻底的安慰。它在气候潮湿地区赢得了很多粉丝，因为他们仅仅需要这个小小的气味调节器，就能放松心情，仿佛身处清爽的水池旁。

太阳花　Sunflowers

伊丽莎白·雅顿公司，1993年

¦ 家庭香水 ¦

“太阳花”是一款淡黄、质地黏稠的香水。它现在境遇不佳，差不多是母亲节的专属了，时尚气息荡然无存，使用的场合也比较少。有时候，它的香气会让你觉得自己好像被一束小苍兰痛扁了一顿。然而，不得不说，它是90年代“知足”香水的典范之一。

太阳花并不是这十年中最华丽的作品——它不是天使——却也与众不同：巧妙地将老式柠檬水的味道与甜瓜和桃子混合而成的水生柑橘香味。

正如倩碧的快乐，雅诗兰黛的欢愉以及CK的永恒，太阳花规避了通常香水的性和权力的领域，专注于带给人们美好的感受，是香水中的阿普唑仑[1]。太阳花释放出了一种信息——它是为“身处最好年华的女性朋友”量身定做的。换句话说，她有三个十几岁的孩子，都懒懒散散的，不顾一切想要回忆起最后一次伴着莱昂内尔·里奇（Lionel Richie）的歌曲跳舞的场景，那时候她喝了点红酒，相当惬意。当然，跟这一时期发行的其他香水一样，太阳花的受众远远超过了设定的目标市场，很受少女们的欢迎。

虽然太阳花关注的领域是新奇的（对于香水行业来说），但它确实书写了一个完全不同的香水发展故事。很多香水都为家庭生活披上了浪漫主义的外衣，太阳花描绘的世界更多的是带着你的孩子，穿上亲子装，在沙滩上嬉水；或者，喷洒上CK的永恒香水，与帅气的丈夫躺在沙滩上，孩子们则跑去探索岩石堆砌而成的游泳池。而不是整天围着一直哭闹的蹒跚学步的孩子，他稍有不注意就把乐高积木塞进鼻孔。

1　阿普唑仑：催眠镇静药和抗焦虑药。

英派斯氧气香水 Impulse O_2

联合利华公司，1993年

风靡校园的香水

读者们现在已经发现，我们这个世纪的气味不仅呈现了最宜人的香水，还有些香水在艺术意图上更为谦卑，对于某一代人或某个群体来说，它们就像是重要的情绪音乐，是伴随着他们成长的背景音乐。不可否认的是，“英派斯氧气”香水是一种让人好奇的混合物，它是一种强调资格的身体喷雾剂。很多人都不知道它，但它是我个人的最爱，我敢打赌，任何出生于1979—1987年的英国女性听到下面的故事，都会忍不住惊叹。

作为一款入门级香水，氧气就像是一件产自香水界的露脐上衣，它突然出现，在短期内如原子弹爆炸般掀起狂热的追逐热潮。任何想要解构以校园为原点的、令人困惑的、似病毒般疯狂传播的时尚流行趋势，都应该看看路易莎·梅·奥尔科特（Louisa May Alcott）的小说《小妇人》（*Little Women*），小说中关于小女儿艾米对腌渍柠檬的痴迷：

> 为什么，你看，女孩们总是在购买它们，除非你不怕别人说你吝啬，你也必须这样做。它们只是柠檬而已，每个学生在教室里吸吮着它们。课间休息时，同学们用它们来交换铅笔、珠子戒指、纸娃娃或其他东西。如果女孩喜欢另一个女孩，她就会赠送柠檬给她。如果生她的气，她就会当着人家的面吃掉柠檬。她们轮流招待过我，可我还没有回报她们，我应该感谢她们，你知道的。

尽管这本小说首次出版于1868年，但年轻女性读者对这段话的反应却几乎没有什么变化。首先，她们希望知道到底是什么腌渍柠檬，是和腌制的柠檬类似的东西吗？是一种冰冻果子露吗？又或是一种委婉语？直到现在，仍然没人知道答案，她们会经历绝望，歇斯底里的欲望，想要去尝试。

校园女生的热情总是难以捉摸。在这当中，有来自同伴的压力，是的，这种压力相当巨大，但是英派斯家有那么多香水，为什么单单氧气受到她们的青睐，从众多身体喷雾中脱颖而出？一条线索是颜色。确实，货架上整齐排列着各种颜色的透明试管：粉色、紫色、黄色、绿色，还有另一种紫色，在购买香水的早期经历中，视觉和味觉间的跨感官感受是重要的决定因素。我们了解到，粉色的香味很温和，有点像婴儿的味道，而蓝色不太吸引人，带着令人讨厌的胡椒味，典型的运动芳香。

氧气最初存放于诱人的酸橙色玻璃试管中，散发出果冻王国（Jelly Bellies）梨子果冻的香味。它那甜蜜多汁的、令人兴奋的香味很快推动它进入了体育课更衣室，每当篮球比赛或体操课结束后，它常常扮演一个完美处理紧急需求的角色：在没有淋浴间，或是只有公用淋浴间（考虑到隐私，最好避免使用）的情况下，喷氧气香水是隐藏汗臭和保持清新体味的唯一方法。随着它的普及，很快消除了处于青春期的女生们因为自己身体的变化而产生的恐惧感："我的胸部是AA罩杯，真的太小了吗？其他人会嘲笑我吗？""有人能听见我在厕所里撕开卫生巾吗？"最让人担心的是"如果我在作业中意外将地'public'（公共的）这个单词写成了'pubic'（阴部的），那该怎么办？"一旦脑子里出现这些偏执的想法，而且越积越多在头脑中循环，她们对氧气香水的依赖就越大，大量地喷洒香水就像在身边刮起了一阵香水龙卷风。90年代，英国水库也做过类似的举动，根据要求，水库必须带有类似于人造果园的香味。

对于最初的使用者，遇见一个拥有同样香水瓶的人几乎是一种非常有共鸣的体验。正因为如此，最初使用氧气香水的人们成为一生的朋友，或者至少在他们的青春岁月里有很多的共同点可以分享，比如类似脂肪（塑料）珠宝一样的香味。伴随着氧气香水的出现，孩子们的购物清单也发生了变化，囊括了席卷全球的超色彩T恤衫、方便穿戴的手镯、阿迪达斯长裤、魔法精灵以及仿冒珠宝（全然不顾窒息的危险），当然还有《永远的朋友》（*Forever Friends*）纪念品。如果这些都不是你所熟悉的，你也得去那里看看。（或者，更准确地说，这是你的幸运的逃生机会，因为没有人会穿着莱卡面料的自行车短裤来配紧身连衣裤。）

CK唯一 CK One

卡尔文·克莱恩公司，1994年

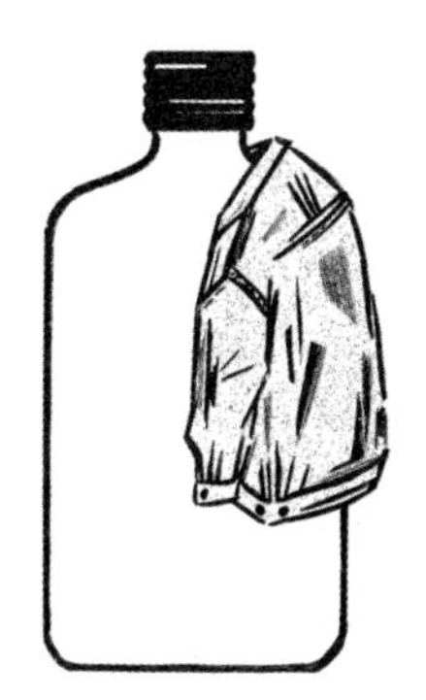

╏颓废香水╏

这里有几个问题：在20世纪90年代，谁拥有一条CK平角裤（或者说谁偷偷穿过男朋友的平角裤）？它们还在抽屉里吗？是早晨天空的铅灰色吗，等着登上洗衣粉广告吗？千万不要感到惭愧，因为在这十年间，CK品牌对民众的影响力依然强大——新上市的“CK唯一”香水成功取代了激情，成为CK家族最新的品牌。这款中性香水，带有一丝禁欲的色彩，具备典型的香水业设计手法，将喜欢这种味道的人自然地聚集起来——在这个群体里，一帮性别模糊、年龄在二十岁上下的年轻人穿着黑色、白色和灰色的衣服，站在那儿，双手交叉在胸前，盯着对方，或比画着在为某事争论——比如为什么他们非得穿上那些可怕的、露出双臂的细吊带背心。看上去，这就像是一个蹩脚版的经典美剧《老友记》（*Friends*）的剧照。CK唯一这个看似不经意的宣传，选用了凯特·摩斯（Kate Moss）以及90年代初的一些身材纤细的模特，让我们相信物以类聚的力量。无所事事从来也不是什么性命攸关的事情。从本质上看，她们的姿势与那些在公交车候车亭里闲逛的青少年学生非常相似，可信度很高。就像《比弗利山，90210》（*Beverly Hills*，*90210*）电影里的演员，在他们年近30岁的时候还在扮演青少年。

虽然香水瓶本身从来都不是香水广告的重点，但我们还是能看到模特们在分享装着CK唯一香水的长颈细口瓶，这些举动像极了分享绝对原味伏特加酒（两种瓶子外观非常相似），也可以说她们是在群体内部交换搭档，就像口香糖广告里的那对夫妻在灰狗巴士上将一块箭牌薄荷糖一分为二，分享这种充满活力的肉蔻味香水也是很酷的举动，可以通过早期的香水实验来拥抱人们内心深处模糊的性别秘密。对女孩来说，她们不太喜欢瓶子上的喷嘴，反而更习惯旋钮式的盖子，这样她们能像男人一样将香水轻拍在身上。

毕竟，CK唯一是处于青春期中后期的少年们喜欢的入门香水，用来隐藏情绪波动，因为他们并不想人们发现他们在收看《克拉丽莎的十万个为什么》（*Clarissa Explains it All*）或者其他介于成人和少年之间级别的电视节目。你可以将它放在卧室的架子上当作炫耀的艺术品，同时也向人们宣示——你有着比关注香水更广泛的兴趣。与20世纪早期时髦香水品牌的老顾客形成鲜明对比的是，很大一批使用CK唯一香水的人不一定消费得起CK品牌的服装，他们会选择去盖璞店，买上一件印有品牌标志的连帽衫，搭配自己剪裁的牛仔迷你裙。他们的偶像是电视剧《我的青春期》中的杰瑞德·莱托（Jared Leto），他当然也有一瓶CK唯一香水——他的发型、短夹克衫以及其他颓废风格的衣服似乎可以与克莱尔·丹尼斯（Claire Danes）扮演的安吉拉相互交换，就像他们可能会互换香水味，如果他们能快点在一起的话。

应付那些淡淡的嘲笑，CK唯一有着明智而聪明的办法，和一生之水一起，它将柑橘香重新带回巅峰，并赋予了香水一些轻松活泼的新元素。由于当时的人们早以习惯香水有“男香”和“女香”两种类别，“两性通用”香水的概念显得前卫、大胆、现代感十足——就像四年前，90年代的另一位设计大咖菲利普·斯塔克（Philippe Starck）的柠檬榨汁器，让所有人倍感兴奋，迫切想知道它究竟在处理橘类水果上有什么功能，因为在这之前，厨房里根本没有这样的工具。

CK唯一，曾经是一个害羞的局外人，现在却成了经典。许多第一批使用它的人至今仍把它保存在家中的抽屉里，可能会在炎热的日子里外出时使用它，但是他们会觉得自己的年龄太大了，不再适合使用这款香水，在他们眼中，CK唯一永远是个酷酷的小孩子，依然臣服于它与生俱来的自信和时尚。

Lynx Africa

凌仕非洲

凌仕公司，1995年

╏青春期男孩香水╏

“凌仕非洲”香水（在一些国家被称为Axe Africa）现在仍然是数以百万计的青春期男孩最喜欢的香水。自90年代以来，凌仕已经成为世界上规模最大的男士化妆品品牌，它将此前空手道香水提出的厚颜无耻的建议重新进行了组织：只要腋下喷点它家的香水，女孩们就会靠上来。但它也做着鬼脸告诉你“也不一定哦”。空手道香水可能只是低端的香体产品，但凌仕香水是家喻户晓的大品牌，由一群业内最有经验的制香师创建，他们对自己的产品非常重视。任何一个产品的名字都是凌仕公司的图腾，每一个喷洒香水的动作都是史诗般的动作：风暴（Tempest），亚特兰蒂斯（Atlantis），阿波罗（Apollo），当然还有非洲也是如此。让我们一起去旅行，去认识一个典型的凌仕香水使用者：

我们正待在北半球的一个小房间里。

时间已接近正午时分，房间里拉上了厚厚的窗帘，阳光无法照射进来。在夜视镜的帮助下，我们仔细又耐心地观察着我们眼中难以捉摸的物体。

在那儿，在羽绒被下，突然一阵骚动。

突然，一条腿伸出来，我们看到了一个年龄在二十岁上下的年轻男子。经过漫长的等待，几个小时过去了，他出现了，延时相机记录下整个过程。将自己从柔软的床上叫醒是一个漫长的过程，而且充满风险。

最后，他站起来，伸伸懒腰，准备好迎接即将到来的短暂的一天。也许，他应该先洗个澡。但他没有这样做。他迟疑了一下，然后匆匆跑进浴室，拿出一罐喷雾。

凌仕非洲香水。

每周，这名年轻的男子都会用掉一罐凌仕。一遍又一遍地喷洒他的腋下，直到香气弥漫整个身体。人体可能会摄入一些，但凌仕对身体没有害处，反而是他事业成功的唯一法宝。

这是他的求偶之声。

很快，整个房间充满了凌仕的香气。当他打开门时，附近传来一声恸哭，是他的妹妹无意中闻到了一些气味。男子现在离开了家。

他今天的目的是保护一名女性的利益，为了这一点，他必须赶到最近的定居点。通过最新的摄影技术，我们能观察到从他身体中蒸腾而出的凌仕气流，裸眼无法看到——就像孔雀在展示美丽的羽毛。他登上公共汽车，乘客们面露难色，他们的嗅觉系统完全无法适应强烈的香气，因为这种香味根本不是为他们设计的。最后，他到达了目的地，一个人声鼎沸的保龄球场。人们都无法忍受凌仕非洲的味道，纷纷让道，他轻松地来到同伴身边。

到了关键时刻，很快我们就会清楚地看到他的努力是否得到了回报。

他运气不佳。女生们闻到他身上的味道，扮着鬼脸走开。他独自站在那里，叹了口气，走向保龄球鞋柜取鞋，一边思考这是不是一个谎言。

但是，等等。

在那边，十英尺远的地方，站着另一个女生。

他并没有注意到她，但她正朝向他走来。她开口说话。他转过身，开始手舞足蹈。他们交谈了一会儿——这是一个重要的开始，可能预示着更多的后续故事。

柳暗花明又一村。今天是一个胜利的开始。希望……其实一直都在。

汤米女孩 Tommy Girl

汤米·希尔费格公司，1996年

¦ 学院风香水 ¦

20世纪90年代，有一则专业护发广告连续数月在电视上不间断播送。该广告意在推广沙龙精选的新产品——弹力定型发胶，有一句传世广告语“就像刚刚走出沙龙”，并将甩头变成一项奥林匹克竞技。与80年代“吹干定型”完全不同的是，90年代的美发产品强调即洗即走，呈现集水润光泽、柔亮层次、立体垂感于一体的完美造型。完美发型小姐［如1995年电影《独领风骚》（*Clueless*）中的女主角雪儿］，仅是用指尖轻拢秀发，便尽显魅惑之风情。切勿用不完美、干枯头发尝试这一动作，因为你的手很容易便被绕进发结里，这样就不好看了。一款极致挑逗、飘逸的发型——对于势必夺得最佳发型头衔的人来说，意味“像瑞秋一样”，即詹妮弗·安妮斯顿（Jennifer Aniston）在《老友记》中的经典发式——看似不费功夫，却也需要数小时的精心打理才能完成。塑造90年代中性妆容得用到一个棕色系五色眼影盘，一支魅可（MAC）唇线笔，一款多重功效粉底液和一块海绵。

在这十年间，头发有垂坠感是美国东岸名校学院风的一个重要元素。这种青少年文化精致沉稳，独立于约翰·休斯（John Hughes）执导影片或者《我的青春期》所刻画的离经叛道与荒唐不羁之外。学院风打扮的青少年富有雄心与壮志，但并不是以迷人的外表来展现，而是一身美式休闲装尽显由内至外的傲气与修养。学院一族，不论男女，都穿着差不多制式的马球衫和斜纹棉裤，只不过女生多了一样选择——迷你褶裙。这些上流社会贵族青少年不会有任何污点。他们总是能接触到一流的体育场所。他们要么正苦心备考，要么已身处矗立着新古典主义风格建筑的大学校园里。在那里，他们或加入姐妹会，或成为各种校园精英组织的一分子。美国当代著名女作家唐娜·塔特（Donna Tartt）的长篇小说《校园秘史》（*The Secret History*）围绕“校园精英团体”中发生的一起命案始末展开，故事穿插了希腊式审美和希腊语研究文化。从1998年开播、共播出六年的电视剧《恋爱时代》（*Dawson's Creek*）讲述了中产阶级版本的学院一族，即一帮16岁、口齿极其伶俐的好朋友如何一步步走过青春期的故事。剧中，当道森问乔伊还能否做朋友时，乔伊如此回答："这叫社会进化，道森。这也是滋养万物繁荣，以及凝聚在科学馆各种社科陈列品中的力量。"

好吧。乔伊，是时候喝点酒，放松一下了。

在设计师拉尔夫·劳伦（Ralph Lauren）和汤米·希尔费格（Tommy Hilfiger）的引领下，90年代富家贵族学院子弟文化成为一项全球性的输出实践。这也进一步将马萨诸塞州特有的马术、棒球帽和运动夹克文化发扬光大——同时，融合了大量城市和街头元素。印有马球招牌标志的拉尔夫·劳伦马球衫（POLO衫）一经推出，便获得巨大商业成功。它点出学院风穿搭魅力的关键所在：这是一种看似和实则都不需花费太多精力，便能彰显智慧与高级的穿法。更重要的是，对于许多青少年来说，他们对统一性的共同诉求赋予了红、白、蓝配色一种独有的吸引力。毕竟，在这些贵族富家子弟们的消遣活动中，一群快乐风趣的好朋友无一例外地都套上马甲，卷起牛仔裤角，在东汉普顿海滨别墅前的草坪上纵情狂欢乃是再正常不过的了。

拉尔夫·劳伦率先跨界进军香水领域。谁能忘记马球系列香水，从1978年发行首款绿马球到红马球、蓝马球、黑马球，再到双黑马球？随后，汤米·希尔费格也逐渐向香水产业发展，并于1994年推出同名男士香水，试图呈现美国本土的各种香味，如肯塔基蓝草、三角叶扬、枫糖浆等，从而为之冠上全美品牌的标志。毫无疑问，汤米香水大受好评，许多读者也都将在专柜上看见它的身影。

然而，“汤米女孩”香水更是深受人们的欢迎和喜爱，它是美国校园少女香的最佳代表作。这款香水也许不像CK唯一那样前卫时尚，但第一眼望去，闪亮发光的银色瓶盖下的一汪透明流体，具有剔透澄净之效。那糅杂了绿茶和柠檬的香味，清新、明快，让人不好过度喷洒（但滥用也并非不可能）。这对于那些特别在意服饰、言谈举止传递何种信息的女孩来说是一种非常理想的选择。搭配汤米女孩香水，只需一件洁白的衬衫，一口洁白清爽的牙齿和一双指甲修剪整齐的手即可。

购买一瓶汤米女孩香水并不一定是为了模仿酷女孩或参加人气比赛，它带给人的远不只是满足感。这种柔和、清爽、富有朝气的香味让人眼前一亮。使用它的人可能会为保持直发造型而喷了太多定型喷雾，也可能完全意识到，橙色遮瑕膏体正吸引人们注意长在下巴上的粉刺，或许她们发现新买的球鞋看着又旧又次，而不由皱起了眉头。可尽管如此，在内心深处，她们知道道森、乔伊、佩西和珍的完美生活只不过是一种幻想，生活也不是一张彩色照片，但只要轻轻喷一喷汤米女孩香水，她们闻到后就能感觉自己是与众不同的。

“真古驰” “Genuine Gucci”

1996年

假冒香水

牛津街是伦敦市重要的购物街。到2020年前，每逢三月，大街上都会开始安装各式造型新颖的圣诞彩灯，以备12月圣诞季使用。灯光照亮了聚集在街上的克利希那派[1]教徒，他们拍着手，在大街上走来走去，让无数拎着廉价商店购物袋的采购狂们不由心生内疚。顾客们却不见得对那些手持扩音器，堵住地铁口，不让返程乘客拿

1　一个印度宗教组织。

上一份报纸的传道牧师抱有多少同情。

漫步在托特纳姆宫路尽头，映入眼帘的是一家以电视剧《欲望都市》（*Sex and the City*）人物角色命名，叫作“萨曼莎”或“凯莉”的香水作坊。装满液体的瓶子杂乱地堆放在后面的大箱子里，交易则在外面临时搭建的台子后进行。诸如此类的零售店永远处于关门停业状态，它们经常在一夜间消失无影，三天后却又再次开张，将大批假冒香水贩售出去。

与20世纪90年代中期作为假冒香水集中交易市场的牛津街比起来，这简直是小巫见大巫。回溯到20世纪20年代，假冒伪劣商品泛滥成风。有一个叫路易斯·戈德堡（Louis Goldberg）的人，因常年在剧院外闲荡，向歌舞女郎出售可疑化学物品而被逮捕。假冒伪劣商品一直对奢侈行业构成威胁，但在英国，曾有一段时间，国际大牌尤其是其专属品牌名在炫耀性消费中一度十分抢手。青少年沉迷耐克的勾、阿迪达斯三道杠标志，或印有锐步、CK字母的运动衫，导致父母不得不偿还大笔债务。针对这一问题现象，各大媒体纷纷做了专题报道。到90年代末，人们对此的态度从加拿大记者、作家娜欧米·克莱恩（Naomi Klein）所著一书《没有标志》（*No Logo*）中可窥一二。《没有标志》被深受品牌至上消费观念之苦的人们誉为《圣经》。

最初，品牌一手策划了自身病毒式扩张路线——世界奢侈品顶级品牌路易威登（Louis Vuitton）不满足于只做行李箱专家，而是向古怪新颖前沿不断进行大胆尝试。还有博柏利（Burberry）格纹系列：在那之前或之后，谁会想要一件格纹比基尼呢？官方授权产品一旦面世，过不了多久那些品牌经理们便懊悔不已，因为只要消费市场产生兴趣，假货就相应出现了。当产品价值全数系在商标上时，以假充真极其容易成功——要在太阳镜、手表、运动装和手袋上复刻平面标志，那再简单不过。只要双C看起来是真的，谁又在乎其他呢？香水主要关乎包装盒和瓶子上的印戳，这更加方便人们从中作假。尤其是现下，卡尔文·克莱恩，一个以LOGO内衣延续商标狂热的品牌，推出的香水“唯一”和“成为”（CK Be）的包装也是以大LOGO为主要图案。

小贩们开始在街道上兜售香水，他们通常在箱子旁放上一张小型搁板桌。这些小货摊的经营者像狄更斯笔下的人物：他们把十来个瓶子摊放在桌子上，逐一排序，手里还攥了好几个样品小瓶。这群不知从何处钻出来的商贩吆喝声不断，绝大多数人来自犯罪团伙，受雇前来诱骗无知游客。通常情况下，样品瓶里的香水是真品，但游客们实际带回家的一定是假货。瓶子里装的液体到底是什么？猜测层出不穷，从自来水到砒霜，有毒无毒的揣测都有。甚至有一项分析表明，其中发现了尿液。

然而，从附近巴士站处观察香水小贩们的日常，还是挺令人兴奋的：不论是其惯用销售模式——“香水从跑高速的卡车上掉下来”，这让人疑惑是否所有行驶在路上的车辆都会遗失点儿什么——还是和警察上演一场猫捉老鼠的游戏。这些人认识所有的便衣警察，一旦发现疑似身影，会立刻收拾起包袱，以惊人速度冲向大理石拱门，待半小时后重新出现，又“丁零当啷”地把瓶子码放在小桌上。大多数游客和冒险购买盗版录像带的人一样，都抱有不可能太差的侥幸心理。所以，人们总是很容易就会去买一瓶假冒香水，看看实质有多糟糕。

这些现实版的“德尔小子”[1]不会一直对古驰等大牌盈利造成太大影响，尽管它们的年度营业额的确下滑了5%。更确切地说，假冒伪劣产品堂而皇之地在塞尔福里奇百货公司数十米之外的地方扎根滋长，这实在让人难堪。而牛津街也被冠上了不好的声名。于是，人们发起了一场打假战役，就像市长们说要清除城市里的鸽子一样，通过激进的清理行动，试图扫除摊贩，打击以哈德斯菲尔德和诺丁汉半农住宅和农舍为生产基地的供应厂商。行动取得了一定效果。

牛津街的祸端或许已被解决，但仿冒产品的魔咒从现实街道延伸到了更加阴暗的领域——虚拟网络。如果想在拍卖网站上买一瓶古驰香水，一定要格外仔细了，尤其是当“真”字出现在销售说明中。

1 德尔小子：BBC喜剧《只有傻瓜和马》（*Only Fools and Horses*）的主角。

凡　尘　　Dirt

帝门特气味图书馆，1996年

╏非香水╏

肥沃、潮湿、沙砾质：“凡尘”这款香水味如其名。与帝门特（Demeter）旗下青草（Grass）、洗衣间（Laundromat）和雪（Snow）等大部分香水相似，它传递出的是一种平淡无奇，人们每天都会遇到且习以为常的气息，并将之转换为香味。

作为帝门特首发产品之一，凡尘由调香师、创始人克里斯多夫·布罗修斯（Christopher Brosius）创作，力图在90年代独立咖啡馆场景中，还原60年代崇尚广藿香热的有趣混响。60年代，城市、郊区日益整合，广藿香延展出尘土气味。90年代，凡尘则是同时期香水致力摆脱个人色彩背景下的产物。二者均不走寻常路，以那些奇思妙想重塑其特性。与奢侈品牌关注一个25岁女孩渴望散发何种气质的营销点不同，凡尘的设计概念令人耳目一新：这是一款于个人而言，具有特殊意义的香水产品，一份浓缩在瓶中的怀旧情愫。它可能是新切割的青草、锯屑或塑料金属箔——帝门特发行的其他款香水都有体现。具有讽刺意味的是，帝门特通过猎奇来做到这一点。或者，换句话说，我们认为喜欢松节油味已经足够古怪，但事实证明，成千上万的人都喜欢。

凡尘给人带来非常奇妙的使用体验。它适用于独处沉思时或日常各种场合，不过用它来搭配礼服倒也格外别致，就像将一整辆手推车的物品倾倒在华丽晚装上。一旦打破旧有理念，人们才能真正欣赏凡尘那有趣可爱的气息，而非1996年某月流行起来的“潮味”。它魅力自成，迫使我们忘掉过去几百年来关于香水应是什么味道，以及如何被感知的种种条教。为何不喷点宛若耙犁耕耘浇灌后土壤气味的香水？为何没有一款以普通名词冠名，不带感情色彩，并由使用者注解意义的香水？帝门特反向运作，对人们自以为了解的香味进行重新诠释：1997年面世的金汤力香水（Gin & Tonic）表明，金汤力这款饮品特别芳香，可代替传统香草和柑橘香味。

凡尘并未撼动正统理念，也没有颠覆人们熟知的芬芳王国。但在这个高速发展、瞬息万变的产业中，帝门特独辟蹊径，引领世人走进又一个认知新景观。

自凡尘问世以来，香水行业愈发推行对大自然及工业气息进行神还原处理。一种叫“冥想”的高科技能够识别出某特定物体散发在空气中的气味。在这一技术的加持下，调香师可以运用正确的香氛分子重现汽油味、人体气味或花香。早在1900年，由人工合成香精紫罗酮调制而成的紫罗兰香水就已经出现在货架之上，而现在，我们可以把后工业时代的城市气息打散，再重新组合并将其揉碎在香水瓶子里，以免百年后有人询问：“你年轻时候的生活是什么味道？”

新世纪

A New Century

千禧年的脚步逐渐逼近，全球陷入了“千年虫”软件侵蚀的恐慌之中。就在这个时候，20世纪最后一款香水代表作——迪奥真我香水腾空出世，人们对这款液体黄金产生了浓厚的兴趣甚至狂热。这样的香水用在隆重盛大的新年派对上再合适不过。这款糅合了李果香调的盛宴，很快便成为迪奥的标志香，其发展势头之猛健，足以与香奈儿5号分庭抗礼。真我香水广告邀请美艳女王查理兹·塞隆性感演绎。广告片中，查理兹一头精灵金色短发，迈着轻盈猫步，越过一扇大门。近20年后，真我依然傲居香水消费榜前列，被认为是女性周六晚上玩宾果游戏时不可缺少的一抹香。

尽管市面上看似充斥着各种香水（不同于往昔），让人足够在环游世界时绝不重复使用，但大部分香水缺乏80年代期间乔治香水创造的时代元素，当然新一代香水也表现不俗。比如，两年后问世的可可小姐香水（Coco Mademoiselle）以“难以接近、独立女性”特质著称，是香奈儿继1984年推出可可女士香水（Coco）后，再度以卡巴度斯苹果酒水果蛋糕为灵感，调制出的一款具有东方基调的香水产品。可可小姐成功催生了一系列水果广藿类香水，其数量比统一教[1]婚礼上的新娘人数还要多。再比如，一款纳西索·罗德里格斯（Narciso Rodriguez）贝壳粉麝香香水，如突然火起来的裸色系鞋靴潮流般具有多面性且势不可挡。当时，维果罗夫（Viktor & Rolf）推出一款鲜花炸弹香水（Flowerbomb），这款极品香水

1　统一教：由韩国人文鲜明创立的邪教组织。

的味道在手腕上喷薄而出，就像皮肤是它的高温金属散热器一样。同时期，帕高旗下百万金砖（1 Million）、百万女士香水（Lady Million）问世，瓶身形状像极了黑帮电影里的一颗颗大金牙。这些富有活力的醇酿成为女孩与男孩调情的催化剂，她们只需轻轻一指，便能收获渴望的一切：跑车、钻戒以及世人倾羡的眼光。作者在撰写此书时，集蒂埃里·穆勒的天使香水和含羞草鸡尾酒（对你我而言不过是一种充气饮料罢了）特质于一身的兰蔻的美丽人生香水（La Vie Est Belle）独占鳌头。

当代香水产品中有一个共同的成分便是糖。我们正处在对糖分过度迷恋的阶段。虽然我们被告诫糖是一种应该避免过量摄入的“致瘾药物”，但是喷一点普拉达（Prada）糖果香水（Candy）并不会造成任何损伤吧。就连香水瓶也逃不开以糖果为造型设计，其中以马克·雅各布的产品最甚。早在1910年，以独特瓶身造型、便于手握的凹线设计、夺人眼球的外盒包装见长的香水就格外受到顾客青睐。马克·雅各布旗下以雏菊（Daisy）、萝拉（Lola）为代表的香水经过工业化制作程序，采用塑料花束、人造珍珠及各种小饰件装饰，至今让全球粉丝趋之若鹜。其香水外包装大得足以容纳那大胆夸张的瓶身设计。香水广告里，模特身处一大片雏菊花地，用双手将体积如哥斯拉般的巨型香水瓶高高捧起。雅各布这样做，仿佛就能让香味弥漫至荧屏和书刊四角，从而提高香水销售额。故事往往伴随着影片的播出：时长似乎持续了半个钟头之久，一幕幕悲欢离合的爱情故事呈现在观众眼前。广告片在于呈现华丽的场面感，执意在背景乐创作上还原《指环王》（*Lord of the Rings*）打斗场景中那富有戏剧跌宕起伏的感官刺激，并在暧昧文字上下足了功夫，加上高额的制作价格，因此耗资巨大。而出现在雅各布香水广告里的动物都属大型猫科类：香水品牌更倾向于选择用美洲豹或猎豹作为片中美丽女战士的亲密伙伴。

接着，最成功的香水推销群体出现了：社会名流。众所周知，普通民众对富豪名人使用的美肤及专属香水产品有着狂热的好奇。他们会格外关注凯瑟琳·赫本或加里·格兰特（Cary Grant）的喜好，仿佛从两人的香水选择中便能推测出来。一件发生在1949年的事件证明了这一点。该起事件也使媒体与王室之间的关系发生了转变。彼时，温莎家族的时尚人物——玛格丽特公主正在意大利卡普里度假。一名记者趁玛格丽特外出游玩之时，潜入公主的酒店套房，并在报道中刻意曝光了公主拥有一瓶蓝瑟瑞克花呢香水的信息。《泰晤士报》对此事大为光火，称其为一出“偷窥秀”，但这样的报道可能在一定程度上为蓝瑟瑞克造了势。已故明星玛丽莲·梦露对香奈儿5号的喜爱至今还影响着世人对香水的选择。

新千年来，无论是经营主体，还是客户群体都与以往有所不同。2002年，詹妮弗·洛佩兹（Jennifer Lopez）的个人品牌J.Lo推出闪亮之星香水（Glow），新生代的名人香水为产业注入了新鲜血液。莎拉·杰西卡·帕克（Sarah Jessica Parker）、小甜甜布兰妮、凯特·摩斯、卡戴珊姐妹、凯莉·米洛、嘎嘎小姐（Lady Gaga）、蕾哈娜（Rihanna）、碧昂斯（Beyonce）、泰勒·斯威夫特（Taylor Swift）等大牌明星纷纷跨界操刀时尚界，就连凯莉·柯塔娜（Kerry Katona）这类明星也参与其中，让人意想不到。她们掀起的风波不亚于为新歌造势，这类香水的客户流失率也和新歌的推出频率一样。一款新推出的水果花香型香水替代旧款，通常需要半年时间。届时，娱乐明星们会通过各种采访报道向公众宣称这是她们的新宠。另外一种是品牌大使，由非一线明星担当，站在鼓风机前为推广产品而卖力吆喝。这样他们才算进入了顶级名流的名单。

在最新一轮时尚潮流中，男子乐团开始向女粉丝推介一款或十款香水产品。有时，明星们在召开发布会前，会先让大家闻到一股香味。流行歌手贾斯汀·比伯（Justin Bieber）推出的香水在产品包装上与马克·雅各布类似：它们同属鲜花炸弹一类，直击女士芳心，令其徜徉在爱情的乌托邦里。而单向乐队（One Direction）致力于用一系列代词指示，让粉丝们融入乐团，先推出了首款香水我们的时刻（Our Moment），再来是那一刻（That Moment），然后是我和你（You & I）。接下来，他们是否还会继续推出一款名为没有时刻的香水，我们也不得而知。

当一大波这样的香水产品涌来，人们很容易就会沮丧泄气，要对它们做公平的评断，需要明察秋毫。首先，这款香水的调香师可能也是其他品牌的香水产品的调香师，其中还不乏价格不菲的香水。虽然一款名人香水的制作成本相当低廉，但有些名人香水的品质却并没有那么糟糕。况且，人们也想知道，能在多短时间内从其三倍价格的香水中识别出售价为14.99美元的凯莉香水。如果你像许多人一样喜欢布兰妮的幻多奇（Fantasy），那就把它收入囊中吧。名人香水和名人撰写的回忆录一样，惯用的都是一个销售套路。这些回忆录可能不会赢得任何文学性奖项，但凭借着不俗的销售成绩，他们可获得一笔资金，继续用于实验投资。

自此，各大品牌纷纷铆足劲，为的是吸引香水爱好者的注意力，如果他们愿意的话，只需要忽略比伯粉（贾斯汀・比伯的粉丝）就好了。与流水生产线上的产品形成鲜明对比的是，千禧年后，小众甚至是艺术沙龙风格的香水产品开始崭露头角。这两种叫法虽然不大确切，但是它特指一类以少数特定人士为消费群体，且仅在数量有限的商店内销售，并因其规模小能够实施在其他地方无法实现的创造性风险销售行为的香水。这类产品声称弥补了一直以来香水产品缺乏的东西，比如一个16岁男孩推出的香水所缺乏的。

小众香水起源于20世纪70年代。当我们把目光重新拉回到那些麝香、稚子和鸦片香水的时候，一位被70年代遗忘但其影响力在接下来几十年间日益壮大的调香大拿脱颖而出。他就是化学家、调香师让・拉波特（Jean Laporte）。1976年，让・拉波特创办了一家名为阿蒂仙的香水公司，以重振经典法国香水之传统。这家公司专注于产品本身和最低额度的推广支出。与那十年间发生的其他事件相比较，阿蒂仙不过是在一座铺满70年代长绒地毯的房子里独立出来的一个地板咯吱作响的小房间。该公司早期推出的香水产品采取可以追溯到19世纪的制香策略，其灵感和香水名皆源自一种单一香料，即晚香玉或檀香木。阿蒂仙其巧妙之处就在于，善于运用力所能及得到的最好香料，对古旧的味道回炉调制，并使它们变得新奇有趣。例如，阿蒂仙香草向世人呈现了一种最容易被忽视且平淡无奇的香味，然而那气息又是如此富有层次，柔和了淡淡烟熏香。而黑莓缪思（Mûre et Musc）在渗出年代经典香——麝香基调的同时，裹挟了黑莓的多汁甜美果香。

为了向香水本源——天然含香物质致敬，阿蒂仙还研制出以琥珀为香源的木制小球和丝绸香袋，就像《书海乐无穷》（*The Box of Delights*）里提到的袖珍宝物。这一举动立即得到了巴黎顶级香氛品牌——香氛艺术（Diptyque）的支持和加入。香氛艺术是一个由一群极度沉迷英国历史的人创建的法国牌子，它的创始人比任何人都更能激发我们对售价40欧元以上的香氛蜡烛的狂热之情。这些香氛蜡烛像木偶玩具一样在壁炉上排列整齐，而且还可以使家居沙发散发出万分美妙的气息。与此同时，著名调香师安霓可·古特尔（Annick Goutal）因推出同名系列香水在20世纪80年代声名鹊起。其中，哈德良之水（Eau d'Hadrien），一款以柑橘和佛手柑为基调的香氛产品，吸引了那些自认为对香水并不热衷人群的目光。

多年来，阿蒂仙一直默默无闻，并未寻求过多公众关注。直到2000年左右，小众香水被业界认可，阿蒂仙开始崛起并与互联网的发展相呼应，受到互联网的推动。互联网为非传统对话提供了广阔平台，也能够及时对这一最专业的学科领域提出批评意见。这是有史以来第一次出现适时的对等鉴赏。对于那些渴望获得比杂志图片展示的碎冰上的绿色香水瓶信息更加丰富的人来说，互联网上有评论、目录、博客、讨论专栏、史志记载和物品交换服务。这进一步催生了一批迫切想了解香水及秘辛八卦的读者，他们或许只会对小众品牌感到满意。

小众香水的早期代表作来自香水世家斐德瑞克·马尔（Frédéric Malle）。该品牌制订了一套严格的价值观念，以便将其极为宽泛的人才和风格集结在一起——而对于大多数香水品牌来说，这些风格的系列化没有多大意义。斐德瑞克·马尔认为，所有香水都应该在外观上做到统一，在性别之分上保持克制，除去名字之外，每一款香水还应与相应的调香技师相关联，以此来纪念幕后辛勤付出的工匠们。这些调香师享有一次不受营销简报或预算限制进行试验的机会，他们可以纵情释放自己天马行空般的好奇心，竭尽发挥其才能，在香水王国中恣意畅游，让怪诞香水可以为人所用，又或是破解出一道道谜题，例如怎样调制一款冷淡的古龙水。最重要的是目标：对卓越和美丽的承诺，除此以外，再无其他［何不试试贵妇肖像（Portrait of a Lady）这一款］，这使得马尔系列产品趣味无穷，充满了多样性。

马尔系列不断推陈出新。市场瞬息万变，即使数月间变化亦万端，现在乃至即刻便会又出现下一个迎合某种利益的香水品牌。有的香水发出了不可嗅的气味，向人们打开前所未有的未知世界，令人们不由好奇，那最初的念头到底是如何萌生的：血色气息（Blood Concept）以血型为产品理念——这当然是发型香水发展的延续；

Nu_Be为宇宙大爆炸的每一种元素都调配了不同的瓶子。现如今，有的香水以现实生活中的爱情故事为灵感［如疯狂巴黎（Jul et Mad）］，也有致敬19世纪赛马会古龙香的复古香水，它让使用者仿佛置身于某种旧时代的精英俱乐部，无论是游艇型还是高尔夫类［又如希爵夫（Xerjoff JTC）］。如果人们需要用香水开启时空之门，那么市场上有足够多的选项可供选择。贼王子（The Vagabond Prince）引领我们一览斯拉夫的童话世界；帝国之香（d'Empire）带着我们领略一番旧时宫廷生活；又或者，阿琪思（Arquiste）的路易之花（Fleur de Louis）带领人仿佛穿越到某一个特殊时刻，比如1660年6月路易十四和新娘玛丽亚·特丽萨（Maria Theresa）在费伦特岛上的第一次邂逅。甚至过程也成为重点——可以说，某些香水品牌的全部投入都放在了合作上，其中，嗅觉映像室（Olfactive Studio）最为突出。该品牌通过联袂调香师与摄影师，上演视觉和嗅觉之间的邂逅，然后邀请顾客参与到解读中。

通过小众香水，动物调香水回归。在20世纪二三十年代，毛皮香水盛极一时之后，后来动物香逐渐脱离主流轨道。这也许反映了人们习惯游走在脱衣舞娘和端庄淑女之间。或者更确切地说，只要床单整洁干净，我们便不会介意香水性感与否。被迫转为地下市场后，一些香水营造出的身体的气味肆意上演出一幕幕肮脏下流的戏码来：一些香水，如弗朗西斯·库尔吉安（Maison Francis Kurkdjian）的绝对黄昏（Absolue Pour le Soir）和芦丹氏（Serge Lutens）的忽必烈麝香（Muscs Koublai Khan），因散发出胯部和腋窝的气味而臭名远播。一本正经的香水爱好者则直呼大快人心。这些香水甚至还能诱发人体分泌精液，如解放橘郡（État Libre d'orange）推出的激情喷射（Sécrétions Magnifiques），加之男性生殖器形状的吸管，少不了来一场女性聚会狂欢。这些产品不仅探索香水定义的界限，也表明这些香水最基本的功能在于：帮助与他人发生性行为。

那么，问题来了：香水的定义标准是什么？各线前沿对此均发出了不同声音，其中包括“反香水”系列。该类产品只在瓶子里添加单一分子成分，而非创造性地掺杂各种配方和混合物。在这里面，一个最突出的元素是龙涎酮，以及一系列由龙涎香醚或降龙涎香醚等分子合成的琥珀香香料。大多数人根本闻不到前者，仿佛丧失了嗅觉。然而，对于能够发现龙涎香醚气味的人来说，这又为该款香水增添了些许不一样的光环来。柏林调香师格扎·舍恩（Geza Schoen）推出的分子01香水（Molecule 01）和配枪朱丽叶（Juliette Has a Gun）旗下的非香水（Not a Perfume）都采用龙涎酮作为纯和单一的香料成分。它貌似“无味”、难以捉摸，但喷在每位使用者身上，都可以与使用者的天然信息素混合，从而散发出像盐一样咸咸的，或金属般质地的独一无二的香味。所有人都认为自己是特别的、独一无二的——这也解释了分子01香水能够成为个性化代表香的原因，它充分彰显出独我、自我，一个绝无仅有、无可比拟的我。虽然制香这份工作看起来没有那么吃力，似乎并不需要太多创造性投入，你可能还会觉得这气味如皇帝新衣般虚妄缥缈，但是一款制香配方简单到只要一个或两个分子，也能显出丰富多元的层次感，就好像它是由复杂香料组成似的，也是非常出色的。人们仅凭嗅觉，分辨不出其中的区别来。

在一款小众香水的背后，汇聚了那么多的故事奇闻，以及诱导式的促销手段。这正是小众香莫大吸引力的原因所在。香水不再局限于季节、日夜、基调之分。更有甚者，制造小众香的大师们为嗅觉提供了不同的思维角度，一种求知新途径。人们不再是被动的使用者。我们足不出户便能畅游世界各地，领略多元文化；我们可以获取相关香料等知识，沉浸在分子王国里不可自拔；我们还能同创作者进行对话，或者聆听一段与余香有关的音乐。今天，人人居住在一个大型香水游乐场里，每一段历程，不论大胆与否，都与之同行。

这些是否已经太多？我们开始腻烦如棉花糖般甜美的游乐场美味了吗？每一次对新香水的嗅探都宛如捕捉到一种全新色彩而令人满怀期待，人们越是迎合心绪购买香水，那心中便会不断滋生出新的、更微妙的情绪，这种确切感受是现有香水无法给予的。自此，购买狂欢呈不竭之势，随之攀升的购买成本则更不用说。然而狂热香水粉是如何在不破产的前提下满足内心诸多渴求呢？近年来，另一种建立在成瘾基础上的零售模式引进了“小样”21世纪版本。这就是香水分装服务。该服务从成千上万款香水产品中均提取0.25毫升，方便消费者在家使用，以每件样品可以使用数日的频率来算，消费者一次就能试用到50多种香水。之后，她可能会购买其中一两样的整瓶装，也可能任何一样都不买，如果那份喜爱稍纵即逝的话。

这种创新也是有必要存在的，因为香水价格越来越高昂。有些价格甚至会让时装设计师保罗·波烈咋舌。特别是有的香水为了吸引寡头和中东豪富们的眼球——后者有以嗅觉愉悦为追求的文化传统，因此，他们最多一个星期就可以用光一整瓶——为香水产业的持续健康发展做出了至关重要的贡献。

有些限量版单价高达5 000英镑，水晶宝石、丝绒绸缎缠裹，糅杂世上最为稀缺和昂贵的制香材料。一些香水产品旨在重现19世纪风靡一时的宫廷香——仅在极小范围内发行出售。它们让人不由回想起千禧年的用餐潮流，即餐馆想出一款最昂贵的快餐食品，比如满满一抹鹅肝酱，再厚厚撒上一层白松露的和牛汉堡。围绕高级定制的争论并没有停止。在一件手工制作的高级定制礼服背后，凝聚了设计师数百个小时日以继夜的辛苦工作。而一瓶售价5万元英镑的香水呢？也许有夜以继日，但长达数百个小时则不太可能。

这些价格高昂的香水真实反映了其香料——沉香的成本。沉香是中东地区人们常使用的一种香料。它和琼脂均原产自东南亚沉香属和拟沉香属的树木，是树木为抵御真菌入侵而分泌出的一类芳香脂体。干净天然的沉香闻起来像是斯蒂尔顿奶酪，稀释后加入香水中，那味道让人瞬间便迷失在低沉大提琴音里。其价格昂贵得令人咋舌，但人们可以通过调制合成香料仿制出沉香的香味。以沉香为基调的香水逐渐融入市场主流——或许有人对此不满，但它却成为憎恶甜香消费者的芳香慰藉。

在很长一段时间里，所有这些小众香水似乎还游离于主线以外：只为特定人群所有。随后，奢侈品牌在核心产品线中增加鉴香大家的专属香水这一新系列，在其档案中写下晦涩难懂的参考信息，并且选择在全球屈指可数的百货商店和精品店里进行销售。2015年，雅诗兰黛成功收购了斐德瑞克·马尔和另一个大热品牌——香水实验室（Le Labo），市场也由此出现了新变化。小众香水曾经占据了时尚百货商店和独立零售店的一席之地，如今却与业内巨鳄的营销运作融合在一起。这一非同凡响的举动会成为大势，从而涌向各地零售商店吗？这是否说明未来将呈零散发售的趋势：告别过去几十年间次数少、但规模盛大的推销方法，而将在发行模式上趋于更加低调及多样化，以单独出售数额少，而总体展现更实质价值的模式存在呢？香水可以分化为成千上万个微品牌，如人们日益习惯的数家手工啤酒酿酒或咖啡企业，或如葡萄酒业一样呈多元化深化发展。又或者说，这个产业本身将进行一场自我调节？但是人们总希望闻起来会很香，难道不是吗？

纵观这一整个世纪，香水像鳗鱼般游滑于指缝间。它们不了解，也不在乎自身属性是一件艺术还是一个商业产物，身后代表的意义重大与否，是富有诗意还是废弃无用之物，气息质地平实无华还是虚幻缥缈。香水是时代的化石——一个历史瞬间的快照，正因如此，轻易就会过时、被人遗忘。本书讨论的部分香水已慢慢消失在历史长河里，还有一些不太可能再被人们闻到。然而，大多数却并未消失，它们的传记和历史仍在继续。它们是活生生、有“呼吸”的实体，与时共进，与你我同行，静候下一个幸运儿的宠爱。

每一瓶香水背后都有一千则故事，且多数不为外人所知，因为它独属个人所有。

香水的另一个特别之处就在于：它不会坐着不动等摄影师拍摄，也无法被一张静态图片锁定或者捕捉到。对大多数人来说，一款意义非凡的香水不只是一瓶带有香味的液体而已，它能召唤出人们记忆深处的人或事，并且让人们再次重温当时的真实感受。回到过去：当我们使用那些有故事的香水的那一刻。

参考书目

The Bountiful Belle époque: 1900—1909

Bayer, Patricia, and Waller, Mark, *The Art of Rene Lalique*, Book Sales, 1996.

Coleman, Elizabeth Ann, *The Opulent Era: Fashions of Worth, Doucet and Pingat*, Thames & Hudson, 1989.

Hattersley, Roy, *The Edwardians: Biography of the Edwardian Age*, Abacus, 2006.

Ledger, Sally, and Luckhurst, Roger (eds.), *The Fin de Siècle: A Reader in Cultural History*, Oxford University Press, 2000.

Mesch, Rachel, *Having It All in the Belle Epoque: How French Women's Magazines Invented the Modern Woman*, Stanford University Press, 2013.

Introduction

On Gosnell's hot-air balloons, see: John Gosnell, *Through the Fragrant Years: A History of the House of Gosnell*, Gosnell (John) and Co., 1947.

On Rimmel's perfumed products, see: Eugene Rimmel, *Rimmel's Perfume Vaporizer for diffusing the Fragrance of Flowers in Apartments, Ball Rooms etc.*, [London], [1865?]; Eugene Rimmel, *Recollections of the Paris Exhibition of 1867*, Chapman and Hall, 1868.

On Piesse & Lubin's fountain finger rings, see Edward McDermott, *The International Exhibition 1862: The Illustrated Catalogue of the Industrial Department, Volume 1: British Division 1*, Cambridge University Press, 2014.

One sewing-bee clubs making scented sachets, see: 'A Christmas of Perfumes and Sachets', *Chicago Daily Tribune*, 20 December 1903.

A detailed entry on the use of ionones in perfumery can be found, at: http:// perfumeshrine.blogspot.co.uk/2011/02/perfumery-materials-violet-violetleaf.html, accessed 6 May 2015.

'hundreds of women and children, in their picturesque national costumes...': 'The Poetry of Perfume', *Vogue*, American edition, 1906.

Le parfum idéal

On Charles Dana Gibson and the Gibson Girls, see: http://www.loc.gov/exhibits/gibson-girls-america/index.html, accessed 24 April 2015.

On the 1900 Exposition Universelle, see: Alexander C.T. Geppert, *Fleeting Cities: Imperial Expositions in Fin-de-Siècle Europe*, Palgrave, 2010; L. Joly, *Guide-commode indicateur de l'Exposition universelle de 1900*, Paris, France, [1900?]; Richard D. Mandell, *Paris 1900: The World's*

Great Fair, University of Toronto Press, 1967; Melanie Paquette Widmann, *212 Days-The Paris Exposition of 1900*, CTG Publishing, 2013.

'The very thought of that golden lady on the label...': 'Beauty Business', *Vogue*, American edition, November 1934.

Le trèfle incarnat

On the difficulties dating this perfume, see: http://www.mimifroufrou.com/scentedsalamander/2010/03/the_popularity_of_clover_aroma.html, accessed 11 May 2015.

On late-Victorian etiquette and social mores, see: Gertrude Elizabeth Blood, *Etiquette of Good Society*, Cassell and Co., 1893; Lady Troubridge, *The Book of Etiquette*, The World's Work Ltd, 1913.

On the popularity of Amyl Salicylate and Le Trèfle Incarnat, see: *The Spatula Magazine*, Volume 16, 1909; *The National Druggist*, Volume 38, 1908.

'I got a burst of louder, madder music...': Berta Ruck, *Miss Million's Maid: A Romance of Love and Fortune*, Hutchinson & Co., 1915.

'Above all the frangipani and patchouli and opoponax and trèfle incarnat...': Compton Mackenzie, *Carnival,* Martin Secker, 1912.

'You don't know Trèfle Incarnat?...': Agnes Castle, *Diamonds Cut Paste*, John Murray, 1909.

Climax

For general history on the Sears, Roebuck catalogue in American culture, see: David L. Cohn, *The Good Old Days: a History of American Morals and Manners as Seen Through the Sears, Roebuck Catalogs 1905 to the Present*, Simon and Schuster, 1940.

For historic catalogues of Sears, Roebuck and Co., 1896–1900, see: http://search.ancestry.co.uk/search/db.aspx?dbid=1670, accessed 28 April

2015.

On the impact of the American railways, see: Richard Saunders, *Merging Lines: American Railroads, 1900–1970*, Northern Illinois University Press (2nd edition), 2001.

Mouchoir de monsieur

Print depicting 'An Exquisite Alias Dandy in Distress', [1819?], courtesy of the Lewis Walpole Library: http://images.library.yale.edu/walpoleweb/oneitem.asp?imageId=lwlpr12017, accessed 28 April 2015.

L'origan

On the history of department stores, see: Robert Hendrickson, *The Grand Emporiums: the Illustrated History of America's Great Department Stores*, Stein and Day, c. 1979; Jan Whitaker, *The Department Store: History, Design, Display*, Thames & Hudson, 2011; Lindy Woodhead, *Shopping, Seduction & Mr Selfridge*, Profile, 2012.

Reference to perfumed fountain, in: Émile Zola, *Au Bonheur des Dames*, Charpentier, 1883.

On the story of François Coty and his fragrance business, see: Roulhac B.Toledano and Elizabeth Z. Coty, *François Coty: Fragrance, Power, Money*, Pelican, 2009.

Early advertisement for Coty fragrances in the United States, in: *The Salt Lake Herald*, 16 March 1905.

On Coty's legacy, see: http://graindemusc.blogspot.co.uk/2008/08/cotylorigan-lheure-bleue-without-blues.html, accessed 6 May 2015.

Shem-el-nessim

On orientalism in consumer commerce, see: William Leach, *Land of Desire: Merchants, Power, and the Rise of a New American Culture*, Vintage, 1994.

'Many women love sweetness...': Virginia Lea, 'Sweet Odors', *Vogue*, American edition, June 1899.

For editions of *Physical Culture* magazine, see: http://libx.bsu.edu/cdm/search/collection/PhyCul, accessed 28 April 2015.

'crooked-backed, stooping, too fat unless too lean...': Bernarr Macfadden, *The Virile Powers of Superb Manhood: How Developed, How Lost; How Regained*, Physical Culture Publishing, 1900.

Pompeia

On continued popular interest in Pompeii, see: Judith Harris, *Pompeii Awakened: A Story of Rediscovery*, I.B. Tauris, 2007; Ingrid D. Rowland, *From Pompeii: The Aferlife of a Roman Town*, The Belknap Press of Harvard University Press, 2014.

On the discovery of L.T. Piver products on the steamer SS *Republic*, see: http://odysseysvirtualmuseum.com/categories/SS-Republic/Artifacts/Bottles/Cosmetics/?sort=featured&page=1, accessed 7 May 2015.

On hoodoo tradition, see: Katrina Hazzard-Donald, *Mojo Workin': The Old African American Hoodoo System*, University of Illinois Press, 2013.

For examples of Pompeia used in hoodoo ritual, see: Ray T. Malbrough, *Hoodoo Mysteries: Folk Magic, Mysticism & Rituals*, Llewellyn Publications, 2003; Kenaz Filan, *Vodou Money Magic: The Way to Prosperity through the Blessings of the Lwa*, Destiny Books, 2010.

American ideal

For historic catalogues of the California Perfume Company, see the Avon Historical Archive at the Hagley Library, at: http://digital.hagley.org/cdm/search/collection/p15017coll20, accessed 28 April 2015.

Peau d'espagne

On nineteenth-century Peau d'Espagne recipes, see: G.W. Septimus Piesse,

The Art of Perfumery and Methods of Obtaining the Odors of Plants, 1857.

'it is said by some, probably with a certain degree of truth...': Havelock Ellis, *Studies in the Psychology of Sex: Sexual Selection in Man*, [London], 1933.

For an analysis of Peau d'Espagne in decadent poetry, see: Catherine Maxwell, 'Scents and Sensibility: The Fragrance of Decadence', Jason David Hall and Alex Murray (eds.), *Decadent Poetics: Literature and Form at the British Fin de Siècle*, Palgrave Macmillan, 2013.

'there was no decent perfume to be got in that Gibraltar only that cheap peau dEspagne that faded and left a stink on you...': James Joyce, *Ulysses*, Sylvia Beach, 1922.

'the familiar blended odors of soaked lemon peel, flat beer, and peau d'Espagne': O. Henry, 'Past One at Rooney's', *Strictly Business: More Stories of the Four Million*, Doubleday, Page & Co., 1910.

The Theatrical Teens: 1910—1919

Adlington, Lucy, *Great War Fashion: Tales from the History Wardrobe*, The History Press, 2013.

Doyle, Peter, *First World War Britain: 1914–1919*, Shire, 2012.

Gosling, Lucinda, *Great War Britain: The First World War at Home*, The History Press, 2014.

Nicholson, Virginia, *Among the Bohemians: Experiments in Living 1900–1939*, Viking, 2002.

Nicholson, Virginia, *The Great Silence*, John Murray, 2010.

Introduction

On the intravenous use of fragrance, see: 'Perfume Now Injected', *New York Times*, 1 October 1912.

On the Ballets Russes inspiring fragrances, see: Davinia Caddy, *The*

Ballets Russes and Beyond: Music and Dance in Belle-Époque Paris, Cambridge University Press, 2012.

On fragrance in the theatre, see: 'Inspiring an Actress to Act by Giving Her a Perfume "Jag" ', *The Washington Herald*, 23 May 1915; ' "Perfume Jag" Is Aid to Acting', *Oakland Tribune*, 16 May 1915.

Narcisse noir

'elaborate intimacy with various Continental salons and watering-places...': in George Jean Nathan, *The House of Satan*, Alfred A. Knopf, 1926.

For the judgement on Caron's attempt to protect the intellectual property of Narcisse Noir, see: *Caron Corporation v. Conde, Limited,* New York Supreme Court, 213 N.Y. Supp. 785.

For sample reportage on court action involving Narcisse Noir, see: *Patent and Trademark Review*, Volume 23, 1923; *The Business Law Journal,* Volume 8, 1926; *The Trade-mark Reporter*, Volume 17, 1927.

Special no. 127

For a fragrance advertisement mentioning aristocratic patrons, see: *La Belle Assemblée*, 1 December 1812.

Poinsettia

For general history of the Gaiety Girls, see: http://www.vam.ac.uk/users/node/9009, accessed 28 April 2015.

On the New Gaiety Theatre and its shows, see: http://www.arthurlloyd.co.uk/GaietyTheatreLondon.htm, accessed 28 April 2015.

'What charms they possess...', 'A very pretty crêpe de chine mantle...' and other quotes from a review of *Peggy* at the Gaiety Theatre in 1911, *The Play Pictorial*, Volume XVIII, Number 107.

'I am surprised that a perfume of such rare charm...': Olive May quote in Poinsettia advertisement, *Illustrated Sporting and Dramatic News*,

Volume 76, 1912.

'the beating of a heart and the swish of lasso...': from Leslie Stuart, 'The Lass with the Lasso' in *Peggy*, 1911.

Nuit de chine

On Paul Poiret and his fragrances, see: Harold Koda and Andrew Bolton, *Poiret*, Yale University Press, 2007; Paul Poiret, *King of Fashion: The Autobiography of Paul Poiret,* trans. Stephen Haden Guest, V&A Publishing, 2009.

'The outline indicates a limited area...' and 'Is she fairy, goddess, or vestal?': 'An Alchemist in Perfumes', *Vogue*, American edition, 1 August 1916.

For the 1002 Nights Ball, see: Aleksandr Vasil'ev, *Beauty in Exile: The Artists, Models, and Nobility who Fled the Russian Revolution and Influenced the World of Fashion,* Harry N. Adams, 2000.

'He covered the whole garden with a silken canopy...' and subsequent account of meeting Paul Poiret, in: Robert Forrest Wilson, *Paris on Parade*, Bobbs-Merrill, 1925.

'I sleep on the grass, and I smell the verdure...': Anne Archbald, 'The Vanity Box', *Theatre Magazine*, December 1922.

Ess viotto

For accounts of women working in the First World War, see: Susan R. Grayzel, *Women's Identities at War: Gender, Motherhood, and Politics in Britain and France during the First World War,* University of North Carolina Press, 1999; Deborah Thom, *Nice Girls and Rude Girls: Women Workers in World War I*, I.B. Tauris, 1998.

'Are your hands White, Sof and Beautiful...': from Ess Viotto advertisement, *The Sketch*, Volume 90, 1915.

English lavender

'There are some typically English things...': *The Sketch*, 7 April 1915.

'In a ride by rail from West Croydon to Sutton...': 'The Lavender Country', *The Farmer's Magazine*, July 1872.

'We had considered, and we continue to consider, Eau de Cologne indispensable...': *The Sketch*, 13 December 1916.

Le bouquet préféré de l'impératrice

For an overview of Soviet perfumes, see: http://www.realussr.com/ussr/soviet-brands-the-scent-of-communism-part-1-of-2/, accessed 28 April 2015; Susan E. Reid, 'Gender and the Destalinisation of Consumer Taste in the Soviet Union Under Khrushchev' in Emma Casey and Lydia Martens (eds.), *Gender and Consumption: Domestic Cultures and the Commercialisation of Everyday Life*, Ashgate, 2007.

'what would happen if all our cakes and pastries were to take on the aroma of "Red Moscow"?': Elena Skrjabina, *After Leningrad: A Diary of Survival During World War II,* Southern Illinois University Press, 1978.

For an outline of *kulturnost* in Soviet culture, see: Oleg Kharkhordin, 'Reveal and Dissimulate: A Genealogy of Private Life in Soviet Russia' in Jeff Weintraub and Krishan Kumar (eds.), *Public and Private in Thought and Practice: Perspectives on a Grand Dichotomy*, University of Chicago Press, 1997.

'characteristically Russian, sweet and cloying...': 'Perfume Commemorates Joint Space Mission', *Lakeland Ledger*, 16 July 1975.

Le fruit défendu

For more on the early silent-film production of *Snow White*, see: Robert K. Klepper, *Silent Films, 1877–1996: A Critical Guide to 646 Movies*, McFarland, 1999.

Chypre

On François Coty and his fragrance business, see: Roulhac B. Toledano and Elizabeth Z. Coty, *François Coty: Fragrance, Power, Money,* Pelican, 2009.

Mitsouko

On the history of Guerlain fragrances, see: Colette Fellous, *Guerlain*, Denoël, 1987.

In-depth coverage of Guerlain's range can be found at http://www.monsieur-guerlain.com, accessed 28 April 2015.

The Roaring Twenties: 1920—1929

Anonymous, *Meditations of a Flapper. By One.*, Dranes, 1922.

Brogan, Hugh, *The Penguin History of the United States of America*, 2nd edn, Penguin, 2001.

Gorman, Daniel, *The Emergence of International Society in the 1920s,* Cambridge University Press, 2012.

Marshik, Celia (ed.), *The Cambridge Companion to Modernist Culture*, Cambridge University Press, 2014.

Miller, Nathan, *New World Coming: The 1920s and the Making of Modern America,* DaCapo Press, 2004.

Moore, Lucy, *Anything Goes: A Biography of the Roaring Twenties,* Atlantic, 2009.

Peretti, Burton W., *Nightclub City: Politics and Amusement in Manhattan*, University of Pennsylvania Press, 2007.

Taylor, D. J., *Bright Young People: The Rise and Fall of a Generation 1918–1940*, Vintage, 2008.

Introduction

Account of schoolgirls ingesting perfume from 'Oppose Perfume Eaters',

New York Times, 29 January 1924.
'Once a woman has become accustomed to the use of perfumes and toilet preparations...': 'Perfume and Toilet Goods Trades on Solid Basis', *The American Perfumer and Essential Oil Review*, March 1921.
On trade responses to the Volstead Act, see: 'A National Menace', *The American Perfumer and Essential Oil Review*, June 1921.
'revealing at its top the face and figure of Dorothy Neville...': 'Mi Lady's Perfumes' *Variety*, March 1927.
'familiar with common perfumes like Coty and Houbigant...': Stefan Zweig, *The Post Office Girl*, trans. Joel Rotenberg, Sort of Books, 2009.
'Stay here and don't make any noise...': '$20,000 Perfume on Truck is Stolen', *New York Times*, 26 November 1927.
'You cannot illustrate the products you sell...': Howard S. Neiman, 'The Psychology of Trademarks', *The American Perfumer and Essential Oil Review*, May 1921.

Habanita

'We only know ABDULLA's best, so cheered and braced...': Cigarette advertisement can be viewed, at: http://tomboystyle.blogspot.co.uk/2014/06/moment-abdulla-advertisements-of-1920s.html, accessed 10 May 2015.
On the popularisation of cigarettes, see Allan M. Brandt, *The Cigarette Century: The Rise, Fall, and Deadly Persistence of the Product that Defined America*, Basic Books, 2007; Francesca Middleton, *Women, Smoking and the Popular Imagination of the 1920s: From Squalor to Glamour*, University of London, 2002.

No. 5

For a full history of Chanel No.5, see: Tilar J. Mazzeo, *The Secret of Chanel No. 5: The Intimate History of the World's Most Famous Perfume*,

Harper Collins, 2010.

For biographical accounts of Gabrielle Chanel, see: Lisa Chaney, *Chanel: An Intimate Life*, Penguin, 2012; Axel Madsen, *Coco Chanel: A Biography,* Bloomsbury, 2009; Paul Morand, *The Allure of Chanel*, trans. Euan Cameron, Pushkin Press, 2008; Justine Picardie, *Coco Chanel: The Legend and the Life*, Harper, 2013; Hal Vaughan, *Sleeping with the Enemy: Coco Chanel's Secret War*, Vintage, 2012.

'I hate you, too. I hate you so much I think I'm going to die from it...': line quoted from Charles Vidor (director), E.A. Ellington, Jo Eisinger, Marion Parsonnet (screenplay), *Gilda*, Columbia Pictures Corporation, 1946. Featured, in: Bettina Rheims, 'Sentiment Troublant' (1993), television advertisement for Chanel No 5. Available at: http://www.puretrend.com/media/1993-publicite-chanel-n-5_m870016, accessed 15 May 2015.

Nuit de noël

'This winter, New Yorkers have been trying to prove...': 'New York Heeds the Call of Fancy Dress, *Vogue*, American edition, 15 April 1922.

Bain de champagne

On the history of champagne see: Serena Sutcliffe, *A Celebration of Champagne,* Mitchell Beazley, 1988.

On Edward VII's proclivity for champagne baths, see: Jane Ridley, *Bertie: A Life of Edward VII,* Chatto & Windus, 2012.

For an overview of Prohibition in the United States, see: Edward Behr, *Prohibition: Thirteen Years That Changed America,* Skyhorse Publishing, 2011; Daniel Okrent, *Last Call: The Rise and Fall of Prohibition*, Scribner Book Company, 2011.

On Earl Carroll's reputation for racy shows, see: 'Earl Carroll Producer', *The Milwaukee Sentinel*, 1 November 1926.

'any man, even a minister...': 'News of 'Wild Party' Starts Investigation' *Modesto News Herald*, 25 February 1926.

On court proceedings relating to the prosecution of Earl Carroll, see: http://law.justia.com/cases/federal/appellate-courts/F2/16/951/1481403/, accessed 11 May 2015.

For accounts of Earl Carroll's trial and prison sentence, see: 'Earl Carroll on Trial for Perjury in Bathtub Case', *The Montreal Gazette*, 21 May 1926; 'Earl Carroll Will Start For Prison on April 12', *The Pittsburgh Press*, 4 April 1927.

'Three be the things I shall never attain...': Dorothy Parker, 'Inventory Poem', *Enough Rope Poems*, Bony & Liveright, 1926.

'Mirrors and lights to dazzle them, jazz to excite them...': Robert Forrest Wilson, *Paris on Parade*, Bobbs-Merrill, 1925.

Le dandy

'a perfumed pest with a silky beard...': Oliver Herford, *The Deb's Dictionary*, Methuen & Co., 1932.

An overview of Dandyism in the 1920s can be found in: Catherine R. Mintler, 'From Aesthete to Gangster: The Dandy Figure in the Novels of F. Scott Fitzgerald', *The F. Scott Fitzgerald Review*, Volume 8, 2010.

On jazz musician Lesley Hutchinson's link with Chanel No.5, see: Charlotte Breese, *Hutch*, Bloomsbury, 1999.

For a biography of Stephen Tennant, see: Philip Hoare, *Serious Pleasures: Life of Stephen Tennant*, Penguin, 1992.

Interview with Stephen Tennant's great-nephew, including reference to Worth fragrances: Rebecca Wallersteiner, 'The Brightest Young Thing', *The Lady*, 30 November 2001.

On the revival of the D'Orsay name as fragrance house in the twentieth century, see: http://fr.wikipedia.org/wiki/D'Orsay_(maison_de_parfum), accessed 11 May 2015; Nick Groom, *The New Perfume*

Handbook, Second edition, Blackie Academic and Professional, 1997.
'Worthy of Him. Worthy of You.': From D'Orsay advertisement, featured in *Vogue*, American edition, 13 October 1930.

Gardenia

For trade accounts of gardenia's increasing popularity in perfumes and beauty-counter displays, see: *Druggists' Circular*, Volume 80, 1936; *Perfumery and Essential Oil Record*, Volume 28, 1937.
Aldous Huxley, *Point Counter Point*, Doubleday, Doran and Co., 1928.

Amour amour; que sais-Je?; adieu sagesse

'The most difficult woman always...' and 'For this one – this slim, fragile little woman...': 'The Cult of the Nose', *Vogue*, American edition, 15 May 1925.
'strong, pungent scents have a depressing effect upon the golden-haired...':'Perfumes and Personality', *Arts and Decoration*, June 1925.

Tutankhamon pharaoh scent

For a comprehensive account of Egyptomania, see: Bob Brier, *Egyptomania: Our Three Thousand Year Obsession with the Land of the Pharaohs*, Palgrave Macmillan, 2013.
'Nubian slaves lead the Queen to her bath...': Dudley S. Corlett, 'The Kohl Pots of Egypt', *Vogue*, American edition, 1 September 1923.
'From father to eldest son in each generation...': Clara E. Laughlin, *So You're Going to the Mediterranean! And if I were going with you these are the things I'd invite you to do,* Houghton Mifflin Company, 1935.

Chaldée

For tanning as style statement in the 1920s, see: Alys Eve Weinbaum et al. (eds.), *The Modern Girl Around the World: Consumption, Modernity,*

and Globalization, Duke University Press, 2008.
Quotations about the Deauville scene taken fom: 'Deauville Diversions (Being the Musings of Miranda)', *The Sketch*, 2 August 1922 and 30 August 1922.

Zibeline

For statistics on the popularity of furs in this period, see: Carol Dyhouse: 'Skin Deep: The Fall of Fur', *History Today*, 22 February 2012.
On the history of fur clothing, see: Chantal Nadeau, *Fur Nation: From the Beaver to Brigitte Bardot*, Routledge, 2001.
'There was a different scent in the fur department, heavier...': Dodie Smith, *I Capture the Castle*, William Heinemann, 1948.
'among the coats and rubbed her face against them'...': C.S. Lewis, *The Lion, The Witch and the Wardrobe*, Geoffrey Bles, 1950.

The Threatening Thirties: 1930—1939

Basinger, Jeanine, *The Star Machine*, Vintage, 2009.
Gardiner, Juliet, *The Thirties: An Intimate History*, HarperPress, 2011.
Horwood, Catherine, *Keeping up Appearances: Fashion and Class Between the Wars*, The History Press, 2011.
Mcdonald, Paul, *The Star System: Hollywood's Production of Popular Identities*, Columbia University Press, 2001.
Pugh, Martin, *We Danced All Night: A Social History of Britain Between the Wars*, Vintage, 2009.

Introduction

On perfume used in psychological therapy, see: 'Nightmare Routed by Music, Perfume', *New York Times*, 17 May 1935.
Revillon advertisement, in: *Time*, 17 May 1937.
'Marcel Rochas is doing one that is wonderfully smart...': 'Beauty Notes

from Paris', *Harper's Bazaar*, UK edition, March 1937.
On the debutante lifestyle, see: Anne de Courcy, *1939: The Last Season,* Weidenfeld & Nicolson, 2012; Lucinda Gosling, *Debutantes and the London Season*, Shire Publications, 2013.
'chypre, which used in former days...': *The Queen*, *c.* 1936 (issue unknown).
'We can see little masked ladies, looking out of moonlit windows...': Edith Sitwell, *Harper's Bazaar*, UK edition, *c.*1936 (issue unknown).

Skin bracer

'Feel its ice-cool, stimulating tingle...': Advertisement for Skin Bracer in *LIFE*, 8 October 1945.
For an account of the product's use in the Korean War, see: Robert W. Black, *A Ranger Born: A Memoir of Combat and Valor from Korea to Vietnam*, Random House Publishing Group, 2007.

Scandal

On perfume dispensers, see: Kerry Segrave, *Vending Machines: An American Social History,* McFarland & Co., 2002.
On Guerlain's legal pursuit of perfume re-bottling, see: https://casetext.com/case/guerlain-inc-v-woolworth-co-1, accessed 11 May 2015.

Vol de nuit

On early flight, see: Tom D. Crouch, *Wings: A History of Aviation from Kites to the Space Age,* Norton, 2004.
For the novel which inspired Guerlain's fagrance, see: Antoine de SaintExupéry, *Vol de Nuit*, Gallimard, 1931.
'Tipped on one wing, they appeared to spin...': Elizabeth Bowen, *To the North*, Penguin, 1932.

Tweed

For a history of Harris Tweed, see: Francis G. Thompson, *Harris Tweed: The Story of a Hebridean Industry*, A.M. Kelley, 1968.

'because pungent lichens and herb roots, peat smoke, fire and water are used...': 'Rustic Cloth Goes to Night Clubs', *LIFE*, 17 October 1939.

Blue grass

On Elizabeth Arden's business, including an account of Blue Grass being used in the horse stables, see: Lindy Woodhead, *War Paint, Madame Helena Rubinstein and Miss Elizabeth Arden: Their Lives, Their Times, Their Rivalry*, Virago, 2012.

For the design of the Maine Chance spa, see: Victoria Sherrow, *For Appearance' Sake: The Historical Encyclopedia of Good Looks, Beauty, and Grooming*, The Oryx Press, 2001.

'reached such a nervous pitch in the last few years...': 'Getting Away From It All', *Vogue*, American edition, 15 May 1933.

In the midst of Sybaritic surroundings...' and 'You see the lake gleaming down the hill...': 'Give Yourself the Maine Chance', *Vogue*, American edition, 15 April 1937.

Fleurs de rocaille

'depicting squalor, sordidness and depravity...': Caron Corporation v. R.K.O. Radio Pictures, Inc., 28 N.Y.S. 2d 1020 (N.Y. App. Div. 1941).

For coverage of Caron's legal action against RKO for placement of Fleurs de Rocaille in *Primrose Path*, see: Variety, 27 March 1940.

Shocking

On Elsa Schiaparelli, her life and her fashion house, see: Elsa Schiaparelli, *Shocking Life: The Autobiography of Elsa Schiaparelli*, J.J. Dent & Sons Ltd, 1954; Patricia Volk, *The Art of Being a Woman: My Mother,*

Schiaparelli, and Me, Hutchinson, 2013; Judith Watt, *Vogue on: Elsa Schiaparelli*, Quadrille, 2012.

'Has she not the air of a young demon who tempts women...': Jean Cocteau, 'From Worth to Alix', *Harper's Bazaar*, March 1937.

Old spice

For the history of Shulton and Old Spice collectibles, see: http://www.oldspicecollectibles.com/, accessed 29 April 2015.

Colony

For an account of Jean Patou's perfume cocktail bar, see http://jeanpatouperfumes.blogspot.co.uk/2013/07/cocktail-by-jean-patou-c1931.html, accessed 29 April 2015. 'It is the inevitable reaction to the English fog...': Mrs. James Rodney, 'To and Fro', *Harpers Bazaar*, January 1937.

'You can credit them convincingly...': Peter Fleming, 'Cameras Over Cathay', *Harper's Bazaar*, June 1937.

Alpona

On the history of skiing and ski resorts, see: Roland Huntford, *Two Planks and a Passion*, Bloomsbury Continuum, 2013.

Ski fashions of the 1930s depicted in: Jenny De Gex, *The Art of Skiing: Vintage Posters from the Golden Age of Winter Sport*, Universe, 2006.

For the story of Sun Valley, Idaho, see: E. John B. Allen, From *Skisport to Skiing: One Hundred Years of an American Sport, 1840–1940,* University of Massachusetts Press, 1993; Wendolyn Holland, *Sun Valley: An Extraordinary History,* The Idaho Press, 1998; Van Gordon Sauter, *The Sun Valley Story*, Mandala Media LLC, 2011.

The Insubordinate Forties: 1940—1949

Calder, Angus, *The People's War: Britain, 1939–45,* Jonathan Cape, 1969.
Dillon, Steven, *Wolf-Women and Phantom Ladies: Female Desire in 1940s US Culture,* State University of New York, 2015.
Dirix, Emmanuelle, *1940s Fashion: The Definitive Sourcebook,* Carlton Books, 2014.
Rose, Sonya O., *Which People's War?: National Identity and Citizenship in Wartime Britain, 1939–1945,* Oxford University Press, 2003.
Summers, Julie, *Fashion on the Ration: Style in the Second World War,* Profile, 2015.
Veillon, Dominique, *Fashion Under the Occupation*, trans. Miriam Kochan, Berg 3PL, 2002.

Introduction

'She looked beautiful in this velvet. Put it against your face...': Daphne du Maurier, *Rebecca*, Victor Gollancz, 1938.
'cut as sofly as tempered steel into what could have been the fug of a sickbay...': Eric Baume, 'Perfume', *Britannia and Eve* magazine, October 1943.

Chantilly

On romance fiction, see: Jennifer McKnight-Trontz, *The Look of Love: The Art of the Romance Novel*, Princeton Architectural Press, 2002; Tania Modleski, *Loving with a Vengeance: Mass Produced Fantasies for Women*, 2nd Edition, Routledge, 2007.

Dri-perfume

On black-market trading and smuggling, see: 'Lifetime perfume proved short-lived', *New York Times*, 21 November 1944.
Q&A feature on perfume shortages, in: 'Perfume???', *Vogue*, American edition, November 1942.

On rising demand for fragrances in the United States, see: 'Shoppers Here Beaking Sales Records, With All Types of Goods in Heavy Demand', *New York Times*, 16 December 1944.

For negotiations on relieving blockades, see: 'Release is Sought of Perfume Bases', *New York Times*, 9 June 1941.

'A tale is told of vast supplies of jasmin extract stored at Casablanca...': Martha Parker, 'Beauty: New Perfumes', *New York Times*, 28 February 1943.

On attempts to cultivate naturals in the United States, see: 'U.S. Is Developing Oils For Perfume', *New York Times*, 11 April 1942.

For the growth in sachet scents, see 'Powder Perfumes Gain in Popularity', *New York Times*, 31 May 1944; 'Dry Perfume', *Tide: The Newsmagazine of Advertising and Marketing*, 15 August 1944.

Femme

For an account of Femme's creation, see: Michael Edwards, *Perfume Legends: French Feminine Fragrances,* Michael Edwards & Co., 1996.

On Rochas' atelier in the post-war years, see: Alice K. Perkins, *Paris Couturiers and Milliners*, Fairchild Publications, 1949.

White shoulders

'The whiteness of the glazed observatory...': Herman De Bachelle Seebold, *Old Louisiana Plantation Homes and Family Trees*, Pelican Press, 1941.

Tennessee Williams, *A Streetcar Named Desire*, New Directions, 1947.

Black satin

'they have attacked potential customers by spraying perfume wholesale into city streets...' and for the story of Granville and Swartout, see: Percy Knauth, 'How to Sell a Smell', *LIFE*, 4 December 1950.

On Angelique's perfume-spraying car, see: Bett Adams, 'Black Satin's

Coming!' *The Miami News*, 2 February 1952.

On Swartout's move to the Virgin Islands, see: 'Swartouts Retire to V.I.', *Sunday Herald*, 29 September 1957.

On the injunction placed on the firm by the Securities and Exchange Commission, see: 'Took Whiff of Stock: SEC Got on Scent of Perfume Maker', *Sunday Herald*, 3 May 1959.

Oh!

Claude Marsan's promotional strategies are detailed in: 'Speaking of Pictures...Frenchman Demonstrates Correct Way to Make Love', *LIFE*, 20 January 1947.

For some lively reader letters prompted by their feature on Claude Marsan, see: *LIFE*, 10 February 1947.

For a report on men allegedly 'calling' for Claude Marsan to leave their town, see: 'Texans World's Worst Lovers? Unwed Frenchman Says We Are', *El Paso Herald-Post*, 29 August 1947.

For an account of Claude Marsan's arrest, see: 'Police Disrupt Love Class, Hold Teacher', *The Salt Lake Tribune*, 21 November 1948.

'portions of your performance were so lewd and obscene...': '"Expert" Asserts Love is Relative', *The Monroe News-Star*, 4 February 1949.

'I am aggrieved in my heart...', Claude Marsan's response to the verdict: 'Letters to the Editors', *LIFE*, 21 February 1949.

St Johns bay rum

A corporate history of Bay Rum can be found at: http://www.stjohnsbayrum.com/pages/three-generations-of-st-johns-bay-rum, accessed 1 May 2015.

For opinions on the impact of Prohibition on the export of Bay Rum, see: 'West Indies Welcome Rum Trade Revival', *The Literary Digest*, 17 February 1934; Ray Lyman Wilbur and William Atherton Du

Puy, *Conservation in the Department of the Interior*, United States Government Printing Office, 1931; *Modification or repeal of national prohibition: Hearings, Seventy-second Congress, first session*, 2 Volumes, US Government Print Office, 1932.

Webb's distinctive Bay Rum packaging was eventually protected in 1962 after a ruling against a competitor. See: *The Virgin Islands Daily News*, 3 July 1962.

Ma griffe

For contemporary discourse about young people and emergent teenage cultures, see: Maureen Daly (ed.), *Profile of Youth: By Members of the Staff of the Ladies' Home Journal*, Lippincott, 1951.

L'air du temps

'A tenth muse, called Osme, Greek for perfume...': Virginia Pope, 'New Perfume has Impressive Debut, *New York Times*, 28 March 1945.

On the construction of L'Air du Temps and its influence on subsequent fragrances, see: Robert R. Calkin, J. Stephan Jellinek, *Perfumery: Practice and Principles*, John Wiley & Sons, 1994.

Fracas

On the femme fatale in noir cinema, see: Julie Grossman, *Rethinking the Femme Fatale in Film Noir: Ready For Her Close-Up*, Palgrave Macmillan, 2009; William Luhr, *Film Noir*, Wiley-Blackwell, 2012; Alain Silver et al. (eds.), *Film Noir: The Encyclopedia*, 4th edition, Gerald Duckworth & Co.,2010.

For fragrance in the Phillip Marlowe mysteries, see: Raymond Chandler, *The Big Sleep*, Alfred A. Knopf, 1939; Raymond Chandler, *The Lady in the Lake*, Alfred A. Knopf, 1943.

The Elegant Fifties: 1950—1959

Abrams, Nathan, and Hughes, Julie, *Containing America: Cultural Production and Consumption in 50s America*, Bloomsbury Academic, 2005.

Jones, Darryl et al. (eds.), *It Came from the 1950s! Popular Culture, Popular Anxieties*, Palgrave Macmillan, 2011.

Mort, Frank, *Capital Affairs: London and the Making of the Permissive Society*, Yale University Press, 2010.

Palmer, Alexandra, *Couture and Commerce: The Transatlantic Fashion Trade in the 1950s*, University of British Columbia Press, 2001.

Reed, Paula, *Fifty Fashion Looks that Changed the 1950s*, Conran, 2012.

Spigel, Lynn, *Welcome to the Dreamhouse: Popular Media and Postwar Suburbs*, Duke University Press, 2001.

Introduction

On the growth in advertising spend, see: http://adage.com/article/adageencyclopedia/history-1950s/98701/, accessed 2 May 2015.

'The ordinary woman persists in the belief...': *The Economist*, 21 April 1956, cited in Elizabeth Wilson, *Women and the Welfare State*, Routledge, 2002.

Wind song

'He created individual scents to dramatize...': Advertisement for Prince Matchabelli fragrances, in: *Spokane Daily Chronicle*, 20 December 1957.

Jolie madame

'When lunching in a restaurant, a lady removes her coat...': 'Glove Etiquette, compliments of Paris Gloves', at: http://www.retrowaste.com/1950s/fashion-in-the-1950s/1950s-gloves-etiquette-styles-trendspictures/, accessed 2 May 2015.

'She walked with long, easy strides, her arms motionless...' and 'to justify her title...': Pierre Balmain, *My Years and Seasons*, Cassell, 1964.

Youth dew

On the growth of the suburbs in 1950s America, see: Dianne Harris, *Second Suburb: Levittown, Pennsylvania*, University of Pittsburgh Press, 2010.

On home conveniences of the 1950s, see: Diane Boucher, *The 1950s American Home*, Shire, 2013; Kathryn Ferry, *The 1950s Kitchen*, Shire, 2011.

Noa noa

'The denizens of the great concrete jungle...': Hal Boyle, 'Big City Cocktail Party Great Place for Study of Animal Life!', Moberly Monitor-Index, 26 September 1953.

For an analysis of Les Baxter and trends in music, see: Philip Hayward, *Widening the Horizon: Exoticism in Post-War Popular Music*, John Libbey Publishing, 1997.

For cocktail-party etiquette, see: Joseph Russell Lynes, *A Surfeit of Honey: On Contemporary American Manners and Customs*, Harper, 1957.

'a mingled perfume, half animal, half vegetable': Paul Gauguin, *Noa Noa: The Tahitian Journal*, trans. O. F. Theis, Nicholas L. Brown, 1919.

'their flower-framed faces...': Advertisement for Noa Noa published in *Vogue*, American edition, 15 November 1954.

'toasted coconut chips, canned poi...': June Owen, 'New Party Service Features Everything That's Hawaiian, *New York Times*, 9 June 1955.

White fire

On British social history of the 1950s, see: David Kynaston, *Family Britain, 1951–57 (Tales of a New Jerusalem)*, Bloomsbury, 2010; Virginia

Nicholson, *Perfect Wives in Ideal Homes: The Story of Women in the 1950s*, Viking, 2015.

Pino sylvestre

On the rise in car ownership in Britain, see: http://www.vads.ac.uk/learning/designingbritain/html/crd_cultrev.html, accessed 2 May 2015.
For the story of Julius Sämann, see: Hilary Greenbaum and Dana Rubinstein, 'Who Made Those Little Trees Air Fresheners?', *New York Times Magazine*, 2 March 2012.
On Car-Freshner's legal action against competitors, see: http://www.worldipreview.com/article/norway-court-rules-in-air-freshener-case, accessed 11 May 2015.
'Then a sudden wind sprang up, a rain wind...': John Cheever, 'The Chimera', *The New Yorker*, 1 July 1961.

Diorissimo

'This is the way I want to live...': 'Vogue's Perfume Coloring Book', *Vogue*, American edition, 15 November 1962.
'When I say "they", you know who "they" are...': George Gobel, 'How to Take Command at the Perfume Counter', *Vogue*, American edition, December 1957.
Perfume-buying tips for husbands from: 'Perfume Investment Guide for Men', *Vogue*, American edition, December 1958.
On the life of Christian Dior, see: Marie France Pochna, *Christian Dior: The Man Who Made the World Look New,* Arcade Publishing, 1996.

Hypnotique

Rona Jaffe, *The Best of Everything*, Simon & Schuster, 1958.
'the fragrance we use at night we should use for others...': Catherine Finerty,

'Different Women Afer Five. Fragrance Is What They Remember You By', *Charm*, October 1954.

'Remember, if *you* can't smell it, probably *he* can't smell it...': Helen Gurley Brown, *Sex and the Single Girl*, B. Geis Associates, 1962.

On the Bridey Murphy phenomenon, see: Herbert Brean, 'Bridey Murphy Puts Nation in a Hypnotizzy', *LIFE*, 19 March 1956.

Tabac

On the art and conventions of adventure magazines, see: Max Allan Collins et al., *Men's Adventure Magazines in Postwar America: The Rich Oberg Collection*, Taschen, 2008; Adam Parfrey, *It's a Man's World: Men's Adventure Magazines-the Postwar Pulps*, Feral House, 2002.

For a wider survey of masculinity, see: David M. Earle, *All Man!: Hemingway, 1950s Men's Magazines, and the Masculine Persona*, Kent State University Press, 2009.

'strong, vigorous, and even lusty – at least in appearance...': Clint Dunathan, 'Good Evening', *The Escanaba Daily Press*, 11 April 1949.

'men have invaded the nice-smell market...': C. Patrick Thompson, 'The Perfumed Age', *Britannia and Eve*, March 1949.

The Swinging Sixties: 1960—1969

Boyreau, Jacques, *The Male Mystique: Men's Magazine Ads of the 1960s and '70s*, Chronicle Books, 2004.

Cracknell, Andrew, *The Real Mad Men: The Renegades of Madison Avenue and the Golden Age of Advertising*, Running Press, 2012.

Evans, Paul, *The 1960s Home*, Shire Publishing, 2010.

Forbes, Evelyn, *Hairdressing and Beauty as a Career*, B.T. Batsford, 1961.

Holderman, Angie, *'It's a Man's Man's, Man's World': Popular Figures and Masculine Identities in 1960s America*, California State University, 2007.

Miles, Barry: *London Calling: A Countercultural History of London Since 1945*, Atlantic Books, 2010.

Ogilvy, David, *Confessions of an Advertising Man*, Mayflower Books, 1966.

Introduction

'Feebly. Very feebly': Caron advertisement for Fleurs de Rocaille, 1963, at: http://file.vintageadbrowser.com/6r3ishbrn9ii80.jpg/, accessed 19 May 2015.

'You're only young once, *or twice*': Coty advertisement for Emeraude, 1964, at: http://file.vintageadbrowser.com/udosht2mo67au5.jpg/, accessed 19 May 2015.

Bal à versailles

Michael Jackson's alleged use of the scent, at: http://www.jeandesprez.com/balaversaillesexclusive.html, accessed 3 May 2015.

Brut

'When Men's faces are drawn with resemblance to some other Animals...': Thomas Browne, *Christian Morals — With the Life of the Author*, Read Books, 2008.

On the performance-enhancing use of testosterone, see: John M. Hoberman and Charles E. Yesalis, 'The History of Synthetic Testosterone', *Scientific American*, February 1995.

On theories of the brain and and the Human Potential movement, see:

http://www.theatlantic.com/technology/archive/2014/07/you-already-use-way-way-more-than-10-percent-of-your-brain/374520/, accessed 12 May 2015.

Zen

'There was never a time when the world began...': Alan Watts, *The Book: On the Taboo Against Knowing Who You Are*, Souvenir Press, 2009.

'So who are you? That must remain undefined...': 'Watts on Zen', *LIFE*, 21 April 1961.
The corporate history of Shiseido, in: Geofey Jones, *Beauty Imagined: A History of the Global Beauty Industry*, Oxford University Press, 2011.

Pretty peach

On toys in the mid-twentieth century, see: Stephen Kline, *Out of the Garden: Toys, TV, and Children's Culture in the Age of Marketing*, Verso Books, 1995; M.G. Lord, *Forever Barbie: The Unauthorized Biography of a Real Doll*, William Morrow, 1994.

Eau sauvage

For sample Eau Sauvage advertisements, see: http://www.hprints.com/search/Eau-Sauvage-Christian-Dior/, accessed 12 May 2015.
On bachelor lifestyles in post-war America, see: Elizabeth Fraterrigo, *'Playboy' and the Making of the Good Life in Modern America*, Oxford University Press, 2009; Bill Osgerby, *Playboys in Paradise: Masculinity, Youth and Leisure-Style in Modern America*, Bloomsbury Academic, 2001.
On bathrooms and grooming, see: David Grayson, 'The Man in his Bath', *Playboy*, July 1957.

Oh! de london

On 1960s London, see: David Johnson and Roger Dunkley, *Gear Guide, 1967:Hip-pocket Guide to Britain's Swinging Carnaby Street Fashion Scene*, Atlas, 1967; Rainer Metzger, *London in the Sixties*, Thames & Hudson, 2012.

Patchouli oil

'nagging urge to rebel against the dead middle...': Jenny Diski, *The Sixties*,

Profile Books, 2010.
'Children of Lysol, Listerine, and Wonder Bread...' and 'We wanted baptismal immersion in the film of dust, the press of flesh...': Annie Gottlieb, *Do You Believe in Magic?: The Second Coming of the 60's Generation*, Times Books, 1987.
On travelling to India in the 1960s, see: Rory MacLean, *Magic Bus: On the Hippie Trail from Istanbul to India*, Penguin, 2008.
'who complained to the local Citizens' Advice Bureau about being refused service...': 'The Last Word on...Aromatic Males', *New Scientist*, 1 May 1974.

Calandre

For Paco Rabanne's fashions, see: Jean Clemmer and Paco Rabanne, *Nues*, Éditions Pierre Belfond, 1969.
Account of Calandre's creation, fom: Michael Edwards, *Perfume Legends: French Feminine Fragrances*, Michael Edwards & Co., 1996.

The Spangly Seventies: 1970—1979

Dirix, Emmanuelle, *1970s Fashion: The Definitive Sourcebook*, Goodman-Fiell, 2014.
Kaufman, Will, *American Culture in the 1970s*, Edinburgh University Press, 2009.
Sandbrook, Dominic, *State of Emergency: The Way We Were: Britain, 1970–1974*, Penguin, 2011.
Sandbrook, Dominic, *Seasons in the Sun: The Battle for Britain, 1974-1979*, Penguin, 2013.
Schulman, Bruce J., *The Seventies: The Great Shift in American Culture, Society, and Politics*, Da Capo Press, 2001.
Shepherd, Janet and Shepherd, John, *1970s Britain*, Shire Publications, 2012.

Introduction

On the blockbuster Hollywood movie, see: Tom Shone, *Blockbuster: How the Jaws and Jedi Generation Turned Hollywood into a Boom-Town*, Simon & Schuster, 2004.

On Boots' share of the British beauty market, see Geoffey Jones, *Beauty Imagined: A History of the Global Beauty Industry*, Oxford University Press, 2010.

On the women's liberation movement's foray into perfume-blending, see: Kay Marsh, 'The Scent-agon Papers', *The Daily Herald*, 18 August 1971.

Rive gauche

On changing female roles and identities in television and advertising, see: Sherrie A. Inness (ed.), *Disco Divas: Women and Popular Culture in the 1970s*, University of Pennsylvania Press, 2003.

Aromatics elixir

'They chose orange flower because it's soothing...': 'Scent with Intent', *Vogue*, American edition, December 1971.

For the popularisation of aromatherapy in Britain, see: J. Bensouilah, 'The History and Development of Modern-British Aromatherapy', *The International Journal of Aromatherapy*, Volume 15, Issue 3, 2005; Robert Tisserand, *The Art of Aromatherapy*, C.W. Daniel Co., 1977.

No.19

Luca Turin and Tania Sanchez, *Perfumes: The A–Z Guide*, Profile, 2008.

Musk oil

On ballads and denigrated music of the 1970s, see: Mitchell Morris, *The Persistence of Sentiment: Display and Feeling in Popular Music of the*

1970s, University of California Press, 2013.
Life of Barry Shipp from his obituary, at: http://articles.chicagotribune.com/1999-09-08/news/9909080032_1_mr-shipp-fragrance-sold/, accessed 12 May 2015.
Jōvan Musk advertisement, in: *Ebony*, December 1975.

Diorella

On the influence of Biba, see: Barbara Hulanicki, *From A to BIBA*, Hutchinson & Co., 1983; Barbara Hulanicki, *The Biba Years: 1963–1975,* V&A Publishing, 2014.
'Breezy. Unaffected. Elegant, but relaxed about it...': 'Fall Fashions in Fragrance', *Vogue*, American edition, September 1973.

Charlie

'You got to keep tight at the ass...': Andrew P. Tobias, Fire and Ice: The Story of Charles Revson, the Man Who Built the Revlon Empire, William Morrow & Co., 1976.
Revlon advertisement for Fire and Ice lipstick featured, in: LIFE, 10 November 1952.
'You want more out of life...' and 'here to help...': Revlon Advertisement for Charlie featured, in: Pittsburgh Post-Gazette, 26 March 1973.
On the influence of disco culture, see: Alan Jones and Jussi Kantonen, Saturday Night Forever: The Story of Disco, Mainstream Publishing, 1999; Peter Shapiro, Turn the Beat Around: The Rise and Fall of Disco, Faber & Faber, 2009.

Babe

On representations of adolescence and the 1970s youth market, see: Patrick E. Jamieson and Daniel Romer (eds.), *The Changing Portrayal of Adolescents in the Media Since 1950*, Oxford University Press, 2008.

Data on median age of marriage in United States, from: https://www.census.gov/hhes/socdemo/marriage/data/acs/ElliottetalPAA2012figs.pdf/, accessed 12 May 2015.
On *Jackie* readers and their marriage aspirations, see: D.C. Thomson (ed.), *The Best of Jackie Magazine-The Seventies*, Prion Books, 2005.

Opium

On Sophie Dahl's controversial modelling campaign for Opium, see: http://news.bbc.co.uk/1/hi/uk/1077165.stm/, accessed 12 May 2015.
On consumer cultures of the 1970s, see: Sam Binkley, *Getting Loose: Lifestyle Consumption in the 1970s*, Duke University Press, 2007.
On Yves Saint Laurent's styles, see: Patricia Mears and Emma McClendon, *Yves Saint Laurent+Halston: Fashioning the '70s*, Yale University Press, 2015.
For the influence and culture of Studio 54, see: Anthony Haden-Guest, *The Last Party: Studio 54, Disco, and the Culture of the Night*, William Morrow, 1997.
On the 'Me' Decade, see: Tom Wolfe, 'The "Me" Decade and the Third Great Awakening', *New York Magazine*, 23 August 1976.

Magie noire

'How can you put a price tag on the thrill of being approached by a butler...': Henry Post, 'Going Baroque', *New York Magazine*, 29 June 1981.
On hedonism and party culture of the 1970s, see: Robert Hofler, *Party Animals: A Hollywood Tale of Sex, Drugs, and Rock 'n' Roll Starring the Fabulous Allan Carr*, Da Capo Press, 2010.

The Egotistical Eighties: 1980—1989

Turner, Alwyn W., *Rejoice! Rejoice!: Britain in the 1980s,* Aurum Press,

2010.
Rose, George, *Hollywood, Beverly Hills, and Other Perversities: Pop Culture of the 1970s and 1980s*, Ten Speed Press, 2008.
Evans, Peter William, and Deleyto, Celestino, *Terms of Endearment: Hollywood Romantic Comedy of the 80s and 90s*, Edinburgh University Press, 1990.
Honeycutt, Kirk, *John Hughes: A Life in Film*, Race Point Publishing, 2015.
Sivulka, Juliann, *Soap, Sex, and Cigarettes: A Cultural History of American Advertising*, Cengage Learning, 2011.

Introduction

'sweeter than any perfume else to women is good olive-oil...': Xenophon, *The Symposium*, trans. H.G. Dakyns., featured, in: *The Complete Xenophon Anthology*, Bybliotech, 2012.
Desmond Morris, *Manwatching: A Field Guide to Human Behavior,* Harry N. Abrams, 1979.
'Watch the men chat up the women. Watch them peering at the girls' faces...': Geoffrie W. Beattie, 'Truth and Lies in Body Language', *New Scientist*, 22 October 1981.
'you become credible and people listen to you...': Carole Jackson, *Color Me Beautiful*, Ballantine Books, 1985.
'"What is your glove size?" Kibbe, 32, asks a tall brunette...': Kim Hubbard, 'Even If You Look Like the Pentagon, Make-over Man David Kibbe Claims He Can Bring Out the Beauty Within, *People*, 26 October 1987.

Kouros

On 1980s action movies, see: Harvey O'Brien, *Action Movies: The Cinema of Striking Back*, Columbia University Press, 2012.

Giorgio beverly hills

'There are restaurants in New York that have signs up...': 'Bargepole', *Punch*, Volume 296, 21 April 1989.

On the life of Fred Hayman, see: Rose Apodaca, *Fred Hayman: The Extraordinary Difference-The Story of Rodeo Drive, Hollywood Glamour and the Showman Who Sold it All*, A+R Projects, 2011.

'people associate Giorgio with the rich and famous...': Rita Mercs, 'A Fuming Battle', *Orange Coast Magazine*, February 1989.

White musk

On the use of fragrance in laundry care, see: J.K. Funesti, 'Perfumery Applications: Functional Products', in P.M. Muller and D. Lamparsky (eds.), *Perfumes: Art, Science and Technology*, Blackie Academic & Professional, 1994.

Drakkar noir

On yuppie 'culture', see: Marissa Piesman and Marilee Hartley, *The Yuppie Handbook: The State-of-the Art Manual for Young Urban Professionals*, Pocket Books, 1984.

Vanderbilt

'Cher Seeks a Perfume Share': *Chicago Sun Times*, 11 August 1988.

On the life of Gloria Vanderbilt, see: Clarice Stasz, *The Vanderbilt Women: Dynasty of Wealth, Glamour, and Tragedy,* Excel Press, 1999; Gloria Vanderbilt, *It Seemed Important at the Time: A Romance Memoir,* Simon & Schuster, 2004.

Salvador dali for women

'Oh if only I could perfume myself with the odor of that ram...': Salvador Dali, *The Secret Life of Salvador Dali*, Dial Press, 1942.

'the secret of the subconscious-automatic nature of his art' and 'Are these scarecrows? No...': *The Sketch*, 1942.

Poison

On the depiction of women in Hollywood films of the 1980s, see: Marsha McCreadie, *The Casting Couch and Other Front Row Seats: Women in Films of the 1970s and 1980s*, Praeger, 1990.

'one aspect of the war on tobacco–the widespread acceptance of smokefree zones...': Dan Greenberg, 'What's your poison?', *New Scientist*, 18 September 1986.

Obsession

'America's undisputed pacesetter in turning out erotic ads and commercials...': *Time Magazine* quote featured, in: Genevieve Buck, 'Erotic Ads Ensure The Nothin' Comes Between Calvin and Controversy', *Chicago Tribune*, 15 January 1986.

On Calvin Klein's fashion house, see: Steven Gaines and Sharon Churcher, *Obsession: The Lives and Times of Calvin Klein*, Carol Publishing Group, 1994.

'Call it the flirt's dilemma: independence is possible without loneliness ...': Charles Bloche, 'Message in a bottle: The marketing of Calvin Klein's Obsession', *The Boston Phoenix*, 4 June 1985.

Cool water

For the story of the Athena L'Enfant poster, see: http://www.independent.co.uk/news/uk/this-britain/the-curse-of-man-and-baby-athena-and-the-birth-of-a-legend-432331.html, accessed 5 May 2015.

The Naughty Nineties: 1990—1999

Austin, Joe and Willard, Michael Nevin (eds.), Generations of Youth: Youth

Cultures and History in Twentieth-Century America, New York University Press, 1998.

Birnbach, Lisa, *The Official Preppy Handbook*, Workman Publishing, 1980.

Crewe, Ben, *Representing Men: Cultural Production and Producers in the Men's Magazine Market*, Berg 3PL, 2003.

Gough-Yates, Anna, *Understanding Women's Magazines: Publishing, Markets and Readerships in Late-Twentieth Century Britain*, Routledge, 2002.

Jackson, Peter et al., *Making Sense of Men's Magazines*, Blackwell Publishers, 2001.

Jones, Mark et al., (eds.), *Fake?: The Art of Deception*, University of California Press, 1990.

Klein, Naomi, *No Logo: Taking Aim at the Brand Bullies*, Picador, 1999.

Massoni, Kelley, *Fashioning Teenagers: A Cultural History of 'Seventeen' Magazine*, Lef Coast Press, 2010.Moore, Ryan, *Sells Like Teen Spirit: Music, Youth, and Social Crisis,* New York University Press, 2009.

Turner, Alwyn W.: *A Classless Society: Britain in the 1990s*, Aurum Press, 2013.

L'eau d'issey and l'eau d'issey pour homme

On the growth of the mineral water market in the 1980s and 90s, see: Bernice Kanner, 'On the Water Front', *New York Magazine*, 9 May 1988.

Impulse o_2

'Why, you see, the girls are always buying them...': Louisa May Alcott, *Little Women*, Roberts Brothers, 1868.

Tommy girl

'It's called social evolution, Dawson...': line quoted from Steve Miner (director), Jon Harmon Feldman (writer), 'Carnal Knowledge', *Dawson's Creek*, Episode 103, 10 February 1998.

'Genuine gucci'

On counterfeit operations in Britain in the 1990s, see: http://www.independent.co.uk/news/hot-on-the-scent-of-the-calvin-klein-fakers-1265505.html, accessed 5 May 2015; Glenda Cooper, 'On the Scent of the Fake Products...Which Devalue the Real Thing', *The Independent*, 27 June 1997.

A New Century

'a peep show...': 'Princess Margaret Goes in Swimming and British Press Has a Crisis', *LIFE*, 16 May 1949.

图书在版编目（C I P）数据
香水：一个世纪的气味 /（英）莉齐·奥斯特罗姆（Lizzie Ostrom）著；
刘若欣，顾晨曦译．-- 重庆：重庆大学出版社，2019.2（2022.4 重印）
书名原文：Perfume：A Century of Scents
ISBN 978-7-5689-1283-9
Ⅰ．①香… Ⅱ．①莉… ②刘… ③顾… Ⅲ．①香水—
历史—世界 Ⅳ．① TQ658.1
中国版本图书馆 CIP 数据核字（2018）第 174598 号

香水：一个世纪的气味
Xiangshui: Yige Shiji de Qiwei

[英] 莉齐·奥斯特罗姆 著
刘若欣 顾晨曦 译
李孟苏 审校

责任编辑 李佳熙 装帧设计 周伟伟
责任校对 邬小梅 责任印制 张 策

重庆大学出版社出版发行
出版人：饶帮华
社址：（401331）重庆市沙坪坝区大学城西路 21 号
网址：http://www.cqup.com.cn
印刷：天津图文方嘉印刷有限公司

开本：890mm × 1240mm 1/32 印张：15.125 字数：310 千
2019 年 2 月第 1 版 2022 年 4 月第 4 次印刷
ISBN 978-7-5689-1283-9 定价：68.00 元

First published as PERFUME: A CENTURY OF SCENTS by Hutchinson.
Hutchinson is part of the Penguin Random House group of companies.

版贸核渝字（2017）第201号